数据结构与算法

（Java 语言）

谭国律　王向军　王淑华 ▣ 主　编

李　俊　李　阳 ▣ 副主编

清华大学出版社

北京

内 容 简 介

本书内容分为数据结构和算法两大部分。数据结构部分详细讲述了线性数据结构、非线性数据结构的存储原理，以及对这些数据结构进行构建、添加、删除等操作。算法部分先介绍了递归、贪心、分治、动态规划、回溯等算法思维，然后详细讲解了十大排序算法、七大查找算法、四种字符串匹配算法及图的最短路径算法和最小生成树算法，以及这些算法的实现原理、实现步骤、代码实现、算法复杂度及应用场景。

本书可作为高等院校计算机及相关专业教材和参考书。同时本书无论对入门级程序员还是中高级软件开发人员来说，都具有很强的实用性，对夯实软件开发基础非常有价值。

图书在版编目（CIP）数据

数据结构与算法：Java 语言/谭国律，王向军，王淑华主编. —北京：清华大学出版社，2022.8（2023.8 重印）
ISBN 978-7-302-61159-2

Ⅰ.①数…　Ⅱ.①谭…　②王…　③王…　Ⅲ.①JAVA 语言—数据结构—算法分析—高等学校—教材　Ⅳ.①TP311.12 ②TP312.8

中国版本图书馆 CIP 数据核字（2022）第 110371 号

责任编辑：郭丽娜
封面设计：曹　来
责任校对：刘　静
责任印制：宋　林

出版发行：清华大学出版社
网　　　址：http://www.tup.com.cn，http://www.wqbook.com
地　　　址：北京清华大学学研大厦 A 座　　　邮　　编：100084
社　总　机：010-83470000　　　邮　　购：010-62786544
投稿与读者服务：010-62776969，c-service@tup.tsinghua.edu.cn
质量反馈：010-62772015，zhiliang@tup.tsinghua.edu.cn
课件下载：http://www.tup.com.cn，010-83470410
印　装　者：三河市铭诚印务有限公司
经　　　销：全国新华书店
开　　　本：185mm×260mm　　　印　　张：19　　　字　　数：457 千字
版　　　次：2022 年 8 月第 1 版　　　印　　次：2023 年 8 月第 2 次印刷
定　　　价：76.00 元

产品编号：097849-01

前　言

习近平总书记在党的二十大报告中指出"构建新一代信息技术、人工智能、生物技术、新能源、新材料、高端装备、绿色环保等一批新的增长引擎",其中,在新一代信息技术中,数据量越来越大,如何有效地处理这些数据成为了关键问题。而数据结构和算法正是解决这个问题的有效手段之一,它是程序设计的重要理论和技术基础,也是计算机类专业的核心课程。数据结构与算法是程序设计的重要理论和技术基础,也是计算机类专业的核心课程。

当前市面上《数据结构与算法》的相关书籍有很多,从读者角度来看,主要分为两类:第一类偏重理论,书中讲解了许多数学公式及高深难懂的数学理论,常常令读者"知难而退";第二类偏重计算机编程,但多数选择 C 语言作为编程语言。从著作者角度来看,也有两类:一类是国内知名教授学者编写的算法书籍,这类书理论扎实,功底雄厚,普遍作为高等院校计算机专业的教材;另一类是国外作者编著,国内译者翻译的书籍,这类书籍内容翔实,但是不适合中国人的学习习惯,跟国内读者的学习路线不太相同。

职业本科院校面向职业,强调技术,突出技能。虽然数据结构与算法的不断发展离不开高深的数学理论,但对于培养高层次技术技能型的软件开发人才来说,明白数据结构和算法的原理,掌握其实现步骤并能用代码加以实现,比用高深的数学公式推导算法的底层逻辑更具有实用价值。鉴于此,编者力图编写一本契合职业本科院校特点的数据结构和算法类书籍,也希望它是能让"文科生"也能学懂的数据结构和算法类书籍。

本书结构清晰,语言通俗易懂。本书通过绘制两百多张图形,让读者能够通过图形清晰直观地理解数据结构的存储原理和算法的实现步骤,更容易理解并掌握复杂的算法。本书采用 Java 语言来实现案例代码,70 多个案例注释清晰、代码简洁,具有很强的实践性。

本书共有八章,结合实际应用场景讲解,涵盖常用的数据结构和算法的原理、代码实现和应用场景。

第 1 章主要介绍了什么是数据结构,什么是算法,要学习它们的哪些核心内容,以及算法的时间复杂度和空间复杂度问题。重点介绍了算法的大 O 复杂度表示法。

第 2 章详细讲解了线性表(包括数组、链表、栈、队列、串)的特点、存储原理以及对这些数据结构进行增、删、查、改操作的实现步骤。重点讲解了单向链表、双向链表、单向循环链表的原理和操作。通过单向循环链表的原理讲解了约瑟夫死亡抽签游戏的解题思路。本章还讲解了 Java 语言中 ArrayList 和 LinkedList 的区别,逆波兰表达式及四则运算表达式的求解方法。

第 3 章详细讲解了非线性数据结构——二叉树(二叉查找树、平衡二叉树、AVL 树、哈夫曼树、二叉堆)、多路树(B-树、B+树)、图和散列表的存储原理及对这些数据结构进行添加、删除、遍历等操作的实现步骤,以及 Topk 问题的求解办法。本章重点在于二叉树的遍历、AVL 树的旋转再平衡、红黑树的构建和旋转、二叉堆的调整,以及哈夫曼树的构建。本章还讲解了图的基本理论以及 AOE 网求关键路径的实现过程。本章难点在于对 B-树和 B+树的操作。

第 4 章讲解了核心的几种算法思维——递归、贪心、分治、动态规划、回溯。分别讲解了各种算法思维的经典案例:递归求阶乘、递归求斐波那契数列、递归解决汉诺塔问题、部分背包问题、均分纸牌问题、拼接数字问题、分治求 n 次幂问题、01 背包问题、八皇后问题、走迷宫问题及骑士周游或马踏棋盘问题。

第 5 章详细讲解了十大排序算法——冒泡排序、选择排序、插入排序、快速排序、堆排序、希尔排序、归并排序、桶排序、计数排序、基数排序。用图示的方式一一阐述了每种排序算法的原理、实现步骤以及代码实现。

第 6 章讲解了七大查找算法——线性查找、二分查找、插值查找、斐波那契查找、哈希查找、分块查找、树表查找。重点用图示讲解了顺序查找、二分查找、插值查找、斐波那契查找的实现原理、实现步骤以及代码实现。

第 7 章讲解了四大字符串匹配算法——暴力匹配算法、KMP 算法、BM 算法、RK 算法的实现原理、实现步骤以及代码实现。

第 8 章是有关图的算法。主要包括两个最短路径算法——弗洛伊德算法和迪杰斯特拉算法;两个求解最小生成树的算法——普利姆算法和克鲁斯卡尔算法。

本书包含大量图形,用图示的方式细致地讲解了难懂的算法问题。本书出版的初衷是希望为职业教育本科、职业教育专科学生编写一本轻松学习数据结构和算法的辅助教材,但对所有计算机编程人员来说依然具有很强的实用性。同时,对于参加 1+X 证书制度下相关职业技能等级证书考试的考生能提供有效的帮助,对于报考国家软件设计师,用来复习和解答有关数据结构和算法的考题非常具有参考学习价值。本书编写过程中还得到了北京千峰互联科技有限公司、北京扣丁在线科技有限公司和北京锋企优联科技有限公司的大力支持。

本书引用了有关专业文献和资料,未在书中一一注明出处,在此对有关文献的作者表示感谢,限于编者的理论水平和实践经验,书中疏漏之处在所难免,恳请广大读者批评、指正。

源代码

编 者

2023.5

目　录

第1章 绪 论

初识数据
结构和算法

  掌握数据结构(data structure)和算法(algorithm)是程序员的内功,架构搭得再好,使用的技术再新,如果没有好的数据结构设计和算法,系统也会出问题甚至崩溃,细节决定成败,练好内功非常重要。数据结构和算法是计算机专业的一门基础课程,学习数据结构,对于初级程序员、软件设计师、系统架构设计师和追求细节的开发人员都有必要。

  为了方便学习数据结构和算法,推荐一个由旧金山大学计算机科学专业的大卫·加勒提供的学习网站"Data Structure Visualizations"("数据结构可视化",网址将在本书的数字资源中提供)。该网站将数据结构和算法用可视化的方式展现出来,方便学习者理解其中的原理。虽然是英文网站,但大多是容易理解的术语,其中涵盖了平时常见的数据结构和算法(见图 1.1)。

Data Structure Visualizations

About
Algorithms
F.A.Q
Known Bugs /
 Feature
Requests
Java Version
Flash Version
Create Your Own
/
 Source Code
Contact

David Galles
Computer Science
University of San
Francisco

Currently, we have visualizations for the following data structures and algorithms:

- Basics
  - Stack: Array Implementation
  - Stack: Linked List Implementation
  - Queues: Array Implementation
  - Queues: Linked List Implementation
  - Lists: Array Implementation (available in java version)
  - Lists: Linked List Implementation (available in java version)
- Recursion
  - Factorial
  - Reversing a String
  - N-Queens Problem
- Indexing
  - Binary and Linear Search (of sorted list)
  - Binary Search Trees
  - AVL Trees (Balanced binary search trees)
  - Red-Black Trees
  - Splay Trees
  - Open Hash Tables (Closed Addressing)
  - Closed Hash Tables (Open Addressing)
  - Closed Hash Tables, using buckets
  - Trie (Prefix Tree, 26-ary Tree)
  - Radix Tree (Compact Trie)
  - Ternary Search Tree (Trie with BST of children)
  - B Trees
  - B+ Trees
- Sorting
  - Comparison Sorting
    - Bubble Sort
    - Selection Sort
    - Insertion Sort
    - Shell Sort
    - Merge Sort
    - Quck Sort
  - Bucket Sort
  - Counting Sort
  - Radix Sort
  - Heap Sort
- Heap-like Data Structures
  - Heaps
  - Binomial Queues
  - Fibonacci Heaps
  - Leftist Heaps
  - Skew Heaps

图 1.1　数据结构和算法学习网站部分截图

1.1　初识数据结构和算法

1.1.1　学习数据结构和算法的必要性

（1）互联网软件特点是高并发、高性能、高扩展、高可用、海量数据。开发互联网软件必须掌握数据结构和算法。

（2）掌握数据结构和算法能够更好地使用类库。

（3）掌握数据结构和算法是对编程精益求精的追求。

（4）掌握数据结构和算法是面试大公司的必备技能。

1.1.2　数据结构和算法的关系

程序＝数据结构＋算法

（1）数据结构是算法的基础，要学好算法，必须把数据结构学到位。学好数据结构可以为学习算法打好基础。

（2）算法是程序的灵魂。优秀的程序可以在海量数据计算时，依然保持高速计算。

（3）数据结构指的是"一组数据的存储结构"，算法指的是"操作数据的一组方法"。

（4）数据结构是为算法服务的，算法是要作用在特定的数据结构上。

从分析问题的角度去厘清数据结构和算法之间的关系。通常每个程序问题的解决都要经过以下两个步骤。

步骤1：分析问题，从问题中提取出有价值的数据，并将其存储。

步骤2：对存储的数据进行处理，最终得出问题的答案。

数据结构负责实现步骤1，即解决数据的存储问题。针对数据的不同逻辑结构和物理结构，可以选出最优的数据存储结构来存储数据。

步骤2属于算法的职责范围。算法从字面意思来理解，即解决问题的方法。评价一个算法的好坏，取决于在解决相同问题的前提下哪种算法的效率最高。这里的效率指的就是处理数据、分析数据的能力。

所以，数据结构和算法是解决编程问题必不可少的两个步骤。毋庸置疑，数据结构不仅有用，更是每个程序员必须掌握的基本功。

1.1.3　数据结构和算法的主要学习内容

本书所讲解的数据结构和算法的主要内容如图1.2和图1.3所示。

1.2　数　据　结　构

1.2.1　数据结构的概念

数据结构是计算机存储、组织数据的方式，它是相互之间存在一种或多种特定关系的数据元素的集合。数据结构是研究数据组织方式的学科。简单来说，数据结构是用来存储数

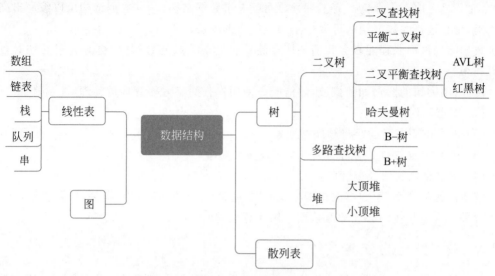

图 1.2 数据结构的学习内容

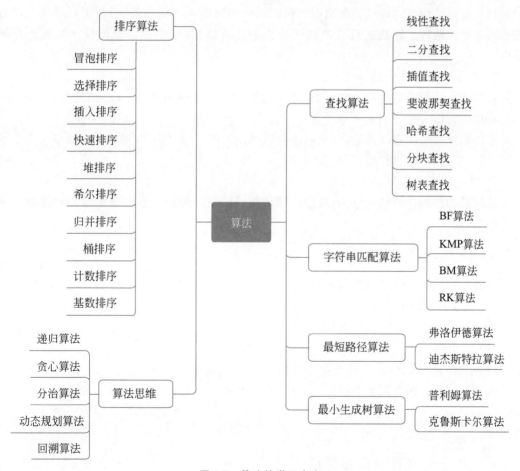

图 1.3 算法的学习内容

据的，而且是在内存中存储。有了编程语言就有了数据结构，学好数据结构可以编写出高效的代码，精心选择的数据结构可以带来最优效率的算法。

数据结构这门课程能教会我们如何存储具有复杂关系的数据，才更有利于后期对数据的再利用。

例如，图书馆的图书如何摆放，才能既方便用户查阅又方便管理员管理？

（1）图书随便摆放？

（2）图书按照书名的字母顺序摆放？

（3）图书按照类别＋书名的字母顺序摆放？

（4）图书类别的划分粒度该多大？

解决问题的效率，跟数据的组织方式有关，也跟空间的利用效率有关，还跟算法的巧妙程度有关。这也是我们必须学习数据结构和算法的原因。

1.2.2　数据结构的分类

数据结构可以按照逻辑结构与物理结构来分类。数据的逻辑结构是对数据元素之间逻辑关系的描述；数据的物理结构，又叫作存储结构，是对数据元素在计算机内存中存储情况的表示。逻辑结构与物理结构是数据结构的两个密切相关的概念，同一种逻辑结构可以对应不同的物理结构。算法的设计取决于数据的逻辑结构，算法的实现依赖于数据的存储结构。

1. 数据结构按逻辑结构划分

数据结构按逻辑结构分为两大类：线性结构（linear structure）和非线性结构（nonlinear structure）。

常用的线性结构有线性表，包括一维数组、链表、栈、队列、串；常见的非线性结构有多维数组、树（二叉树、多路树、堆）、图、散列表。

2. 数据结构按存储结构划分

数据结构按照存储结构分为：顺序存储结构、链式存储结构、索引存储结构和散列存储结构四类。

1.2.3　线性数据结构的特征

线性数据结构有如下四个特征。

（1）集合中存在唯一的一个"第一个元素"。

（2）集合中存在唯一的一个"最后一个元素"。

（3）除最后一个元素之外，其他数据元素均只有一个"后继"。

（4）除第一元素之外，其他数据元素均只有一个"前驱"。

线性结构作为最常用的数据结构，其特点是数据元素之间存在一对一的线性关系。如集合$(a0,a1,a2,\cdots,an)$，$a0$为第一个元素，an为最后一个元素，此集合即为一个线性结构的集合。

1.2.4　非线性数据结构的特征

非线性数据结构不具有线性数据结构的特征，元素之间的关系可以是一对多或多对多，其逻辑特征是一个结点元素可能有多个直接前驱和多个直接后继。

1.3 算　法

1.3.1 算法的定义

数据结构是数据的存储结构,是数据对象在计算机中存储和组织的方式。数据对象不是孤立的,必定与一系列加在其上的操作相关联,而完成这些操作所用的方法就是算法(algorithm)。

在计算机科学中,计算机程序通过一系列的数学步骤来解决问题,解决特定问题的步骤就是算法。算法是计算机科学的基石。

如果从编程的角度来描述,算法是一个有限指令集,接收一些输入(有些情况不需要输入),产生输出,并一定在有限步骤之后终止。算法的每一条指令必须有充分明确的目标,不可以有歧义;每一条指令必须在计算机能处理的范围之内;每一条指令的描述不应依赖于任何一种计算机语言以及具体的实现手段。如 LRU(least recently used,最近最少使用)算法解决的就是当空间不够用时,应该淘汰谁的问题。这是一种策略,不是唯一的答案,所以算法无对错,只有优劣之分。

1.3.2 算法的作用

为一个任务找到最合适的算法,可以大大提升计算机的性能。算法可以在固定的硬件条件下提升系统的性能,如果没有算法,我们只能靠增加机器设备来提升系统性能,所以算法有助于系统优化。

学习算法需要掌握的知识:掌握一门编程语言,如 Java、C、C++、Python 等,理解数据结构(数组、链表、栈、堆、树、图等)的用法,且最好具有一定的数学功底。

1.3.3 学习算法前要掌握数据结构的原因

算法一般会有数据的输入,且一定会有输出,如 1~100 累加的算法。入参就是输入的数据,返回值就是输出的数据。往往有一些算法在执行之前,需要先整理数据,如把数据存起来。整理数据必然要涉及数据结构。数据提前整理好,算法可能就比较简单;数据比较杂乱,算法可能就比较复杂。

1.3.4 算法的特征

算法具有如下五个特征。

(1) 有穷性:一个算法必须总是在执行有限步数之后结束,且每一步都可在有限时间内完成。换言之,算法运行一定会结束,不会无限循环。

(2) 确定性:算法中的每一条指令必须有确切的含义,在理解时不会产生二义性。并且在任何条件下,算法只有唯一的一条执行路径,即对于相同的输入只能得出相同的输出。

(3) 可行性:一个算法中描述的操作都可以通过对基本运算的有限次执行来实现。

（4）输入：一个算法可以有零个或多个输入。有些算法的输入需要在执行过程中输入，有些算法则将输入嵌入算法之中。

（5）输出：一个算法必须有一个或多个输出，这些输出是算法对输入进行运算后的结果。

1.3.5　算法分析

在实际开发中，为了找到一个最优算法，需要反复进行复杂的数学分析，这就是算法分析。算法分析是对一个算法所需要的资源进行估算，这些资源包括计算机硬件、内存、通信宽带、运行时间等。

好的算法需要精心的设计。设计一个好的算法需要考虑达到几个目标：正确性、可读性、健壮性、效率与低存储量需求。算法的可读性是为了方便人的阅读与交流，有助于对算法的理解，晦涩难懂的算法容易隐藏错误，不利于调试和修改，也不容易被推广使用。算法的健壮性是指一个算法对不合理数据输入的反应能力和处理能力，也称为算法容错性。算法的效率指的是算法执行的时间。对同一个问题，如果有多个算法可以解决，执行时间短的算法效率就高。存储量需求指的是算法执行过程中所消耗的最大存储空间。

1.4　算法复杂度

1.4.1　算法复杂度的概念

算法复杂度

算法效率和算法存储空间是用算法复杂度来度量的。掌握和使用数据结构和算法的目的，归根到底是为了程序"快"和"省"。衡量代码的好坏，包括两个非常重要的指标：第一个是算法效率，即运行时间；第二个是存储量需求，即占用空间。对应的就是算法的两个复杂度：时间复杂度和空间复杂度。

时间复杂度表示计算机执行一段算法所需要的时长。对于计算机来说，解决同一个问题，所需时间越少的算法越优（不考虑空间问题），所以时间复杂度是衡量一个算法好坏的指标之一。由于运行环境的不同，代码的绝对执行时间是无法估计的，但是可以预估出代码的基本操作执行次数。平时我们写程序更关注时间复杂度，它是算法的基石。

1.4.2　算法不同导致执行效率不同的案例

例 1：求 $1+2+3+\cdots+n$ 的和。

初级程序员和高级程序员的代码通常会采用普通算法和高斯算法来实现。如代码 1.1 所示。

【代码 1.1】

```
1  / * *
2   * 算法的重要性
3   * 求 1 + 2 + 3 + 4 + 5 + … + n 的结果
4   * 初级程序员和高级程序员会采用不用算法,运行效率不同
5   * /
```

```
6   public class SumDemo1 {
7       public static void main(String[ ] args) {
8           double sum = 0;
9           //放在要检测的代码段前,取开始前的时间戳
10          Long startTime = System.currentTimeMillis();
11
12          //1.调用初级程序员的方法,分别运行第12行和第16行代码,观察两者差异
13          sum = sum1(100000000);
14
15          //2.调用高级程序员的方法
16          sum = sum2(100000000);
17
18          System.out.println(sum);
19          //放在要检测的代码段后,取结束后的时间戳
20          Long endTime = System.currentTimeMillis();
21          System.out.println("花费时间" + (endTime - startTime) + "ms");
22      }
23
24      //初级程序员的代码
25      //1 + 2 + 3 + 4 + 5 +…+ n
26      //时间复杂度:O(n)
27      public static double sum1(int n) {
28          double sum = 0;
29          for (int i = 1; i <= n; i++) {
30              sum += i;
31          }
32          return sum;
33      }
34
35      //高级程序员的代码
36      //1 + 2 + 3 + 4 + 5 +…+ n
37      //时间复杂度:O(1)
38      public static double sum2(int n) {
39          return n / 2 * (n + 1);
40      }
41  }
```

📘 代码分析

在同一台机器上运行,相同条件下运行结果,初级程序员的算法需要176ms,而高级程序员的算法仅耗时2ms。

普通算法和高斯算法导致运行效率相差大的原因分析如下。

1) 普通算法的执行过程

(1) int $i = 1$ 执行 1 次。

(2) $i \leqslant n$ 执行 $n + 1$ 次(因为 for 循环执行的顺序,只有 i 大于 n 时才会停止循环,所以 $i = n + 1$ 时,还会再判断一下 $i \leqslant n$,所以相比较而言会多执行一次)。

（3）$i++$ 执行 n 次。

（4）sum $+=1$ 执行 n 次。

（5）汇总以上步骤，上述代码执行 $1+n+1+n+n=3n+2$ 次。

（6）用极限思维，$n\to\infty$，$3n+2\to 3n\to n$，记作 O(n)。

（7）O(n)就是上述代码的时间复杂度。

2）高斯算法的执行过程

同样计算 1 加到 n，采用高斯算法就简单多了。上述代码只需要执行 1 次，没有循环。所以时间复杂度就是 O(1)。

O(1)和 O(n)的区别是什么呢？

当初级程序员代码和高级程序员代码中的变量 n 不断增大的时候，高斯算法消耗的时间基本不变，但是初级程序员代码的时间就会增加。

对于计算机来说，高斯算法求解 1 连续加到 n 的计算速度远远大于 for 循环的速度。速度越快，系统的性能就会越好。

例 2：求 $x+x^2+x^3+x^4+\cdots+x^n$ 的和。

初级程序员和高级程序员采用不同的算法，如代码 1.2 所示。

【代码 1.2】

```
1  /**
2   * 算法的重要性
3   * 求 x^1 + x^2 + x^3 + x^4 + … + x^n 的结果
4   * 初级程序员和高级程序员会采用不用算法,运行效率不同
5   */
6  public class SumDemo2 {
7      public static void main(String[] args) {
8          double sum = 0;
9          //放在要检测的代码段前,取开始前的时间戳
10         Long startTime = System.currentTimeMillis();
11
12         //调用初级程序员的方法,分别运行第 13 行和第 16 行代码,观察其差异
13         sum = sum3(2, 1000000);
14
15         //调用高级程序员的方法
16         sum = sum4(2, 1000000);
17
18         System.out.println(sum);
19         //放在要检测的代码段后,取结束后的时间戳
20         Long endTime = System.currentTimeMillis();
21         System.out.println("花费时间" + (endTime - startTime) + "ms");
22     }
23
24     //初级程序员的代码
25     //x^1+x^2+x^3+x^4+…+x^n
26     //时间复杂度:O(n)
27     public static double sum3(int x, int n) {
28         double sum = 0;
```

```
29          for (int i = 1; i <= n; i++) {
30              sum += Math.pow(x, i);
31          }
32          return sum;
33      }
34
35      //高级程序员的代码
36      //x^1+x^2+x^3+x^4+…+x^n
37      //时间复杂度:O(1)
38      /**
39       * s = x^1+x^2+x^3+x^4+…+x^n
40       * sx = x(x^1+x^2+x^3+x^4+…+x^n) //等式左右两侧同时乘以 x
41       * sx = x^2+x^3+x^4+…+x^(n+1))
42       * sx - s = x^(n+1)-x
43       * s = (x^(n+1)-x)/(x-1)
44       */
45      public static double sum4(int x, int n) {
46          return (Math.pow(x,n+1)-x)/(x-1);
47      }
48  }
```

代码分析

在同一台机器上运行,相同条件下运行结果,初级程序员的算法需要398ms,而高级程序员的算法耗时1ms。

例3:求 $a[0]+a[1]*x+a[2]*x^2+a[3]*x^3+\cdots+a[n]*x^n$ 的和。

初级程序员和高级程序员采用不同的算法,如代码1.3所示。

【代码1.3】

```
1  /**
2   * 算法的重要性
3   * 求 a[0]+a[1]*x^1+a[2]*x^2+a[3]*x^3+…+a[n]*x^n 的结果
4   * 初级和高级程序员采用不用算法,运行效率不同
5   */
6  public class SumDemo3 {
7      public static void main(String[] args) {
8          double sum = 0;
9          //放在要检测的代码段前,取开始前的时间戳
10         Long startTime = System.currentTimeMillis();
11
12         //定义一个数组
13         double arr[] = new double[1000000];
14         //给数组动态赋值
15         for (int i = 0; i < arr.length; i++) {
16             arr[i] = i + 1;
17         }
18
19         //调用初级程序员的方法,分别运行第20行和第23行代码,观察其差异
```

```
20          sum = sum5(2, arr);
21
22          //调用高级程序员的方法
23          sum = sum6(2, arr);
24
25          System.out.println(sum);
26          //放在要检测的代码段后,取结束后的时间戳
27          Long endTime = System.currentTimeMillis();
28          System.out.println("花费时间" + (endTime - startTime) + "ms");
29      }
30
31      //初级程序员的代码
32      //a[0] + a[1] * x + a[2] * x^2 + a[3] * x^3 + ... + a[n] * x^n
33      //计算机运行加减法的速度比运行乘除法的速度快很多
34      //以下循环执行乘法的次数为:(n² + n)/2 次
35      //时间复杂度:O(n²)
36      public static double sum5(int x, double[] arr) {
37          double sum = arr[0];
38          for (int i = 1; i <= arr.length - 1; i++) {
39              sum += arr[i] * Math.pow(x, i);
40          }
41          return sum;
42      }
43
44      //高级程序员的代码
45      //a[0] + a[1] * x + a[2] * x^2 + a[3] * x^3 + ... + a[n] * x^n
46      //a[0] + x(a[1] + x(...(a[n-1] + x*a[n]))...)
47      //时间复杂度:O(n)
48      public static double sum6(int x, double[] arr) {
49          double sum = arr[arr.length - 1];
50          for (int i = arr.length - 1; i > 0; i--) {
51              sum = arr[i - 1] + x * sum;
52          }
53          return sum;
54      }
55  }
```

📝**代码分析**

在同一台机器上运行,相同条件下运行结果,初级程序员的算法需要 $404ms$,而高级程序员的算法耗时 $13ms$。

1.4.3 算法的时间复杂度表示法

时间复杂度的表示法源于数学的极值问题。例如,一元二次函数 $f(x) = 2x^2 + 2x + 2$,当持续增大 x 的值,甚至 x 为无穷大时,$2x^2 + 2x + 2$ 表达式中的 $2x + 2$ 这一项就可以忽略不计,在极限思想里面,$2x^2$ 前面的系数 2 也可以省略。也就是说 $x \to \infty$ 时,$f(x) = 2x^2 + 2x + 2 \approx x^2$。

所以对于以下两个表达式:$T(n) = O(2n + 2)$ 和 $T(n) = O(2n^2 + 2n + 3)$,当 n 很大时,

表达式中的低阶、常量、系数三部分并不能影响增长趋势,所以可以忽略,只需要记录一个最大量级就可以了。所以以上两个表达式,当忽略常数项,忽略低次项,再忽略系数,可以记为:$T(n)=O(n)$;$T(n)=O(n^2)$。算法复杂度用大 O 复杂度表示法。

1.4.4 大 O 复杂度表示法

大 O 时间复杂度实际上并不具体表示代码真正的执行时间,而是表示代码执行时间随数据规模增长的变化趋势。所以叫作渐近时间复杂度(asymptotic time complexity),简称时间复杂度。

在大 O 复杂度表示法中,时间复杂度的公式是:$T(n)=O(f(n))$。其中 $f(n)$ 表示每行代码执行次数之和,而 O 表示正比例关系。

(1) $T(n)$ 表示代码执行的时间。

(2) n 表示数据规模的大小。

(3) $f(n)$ 表示每行代码执行的次数总和。

(4) 公式中的 O,表示代码的执行时间 $T(n)$ 与 $f(n)$ 表达式成正比。

1.4.5 时间复杂度的场景举例

场景 1:一串长 10cm 的香肠,如果每 3 天吃 1cm,那么吃完整个香肠需要几天?

答案是 $10/(1/3)=30$(天)。如果香肠的长度是 $n$cm 呢? 此时吃完整个香肠,需要 $n/(1/3)=3n$(天)。如果用一个函数来表达这个相对时间,可以记作 $T(n)=3n$。

场景 2:一串长 16cm 的香肠,如果每 5 天吃掉剩余长度的一半,第一次吃掉 8cm,第二次吃掉 4cm,第三次吃掉 2cm……那么香肠吃得只剩下 1cm,需要多少天呢?

解题思路:数字 16 不断地除以 2,除几次以后的结果等于 1? 要用到数学中的对数,以 2 为底 16 的对数,简写为 $\log_2 16$。因此,把香肠吃得只剩下 1cm,需要 $5*\log_2 16=5*4=20$(天)。如果香肠的长度是 $n$cm 呢? 需要 $5*\log_2 n=5\log_2 n$(天),记作 $T(n)=5\log_2 n$。

场景 3:一串长 10cm 的香肠和一只烤鸭,如果每 2 天吃完一个烤鸭。那么吃掉整只烤鸭需要多少天呢?

答案是 2 天。因为只问吃烤鸭的事情,和 10cm 的香肠没有关系 。如果香肠的长度是 $n$cm 呢? 无论香肠有多长,吃掉烤鸭的时间仍然是 2 天,记作 $T(n)=2$。

场景 4:一串长 10cm 的香肠,如果吃掉第一个 1cm 需要 1 天时间,吃掉第二个 1cm 需要 2 天时间,吃掉第三个 1cm 需要 3 天时间……每多吃 1cm,所花的时间也多一天。那么吃完整串香肠需要多少天呢?

答案是从 1 累加到 10 的总和,也就是 55 天。如果香肠的长度是 $n$cm 呢? 此时吃完整串香肠,需要 $1+2+3+\cdots+n-1+n=(1+n)*n/2=1/2*n^2+1/2*n$。记作 $T(n)=1/2*n^2+1/2*n$。

1.4.6 时间复杂度的种类

上述吃香肠的四种场景,分别对应了程序中最常见的四种执行方式,也正对应了四种最常见的时间复杂度。

场景 1：$T(n)=3n$。

执行次数是线性的。最高阶项为 $3n$，省去系数 3，转化的时间复杂度为：$T(n)=O(n)$。这就是线性阶时间复杂度（见图 1.4）。

场景 2：$T(n)=5\log_2 n$。

$5\log_2 n$ 省去系数 5，以及底数 2，转化的时间复杂度为：$T(n)=O(\log n)$。这就是对数阶时间复杂度（见图 1.5）。

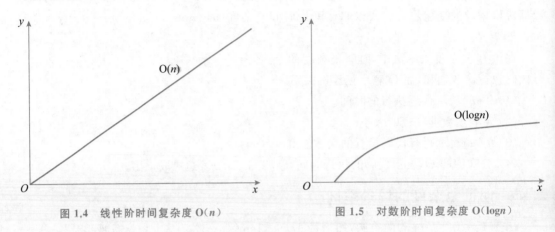

图 1.4　线性阶时间复杂度 $O(n)$　　　　　　图 1.5　对数阶时间复杂度 $O(\log n)$

场景 3：$T(n)=2$。

只有常数量级，转化的时间复杂度为：$T(n)=O(1)$。这就是常数阶时间复杂度（见图 1.6）。

场景 4：$T(n)=1/2n^2+1/2n$。

最高阶项为 $1/2n^2$，省去系数 $1/2$，转化的时间复杂度为：$T(n)=O(n^2)$。这就是平方阶时间复杂度（见图 1.7）。

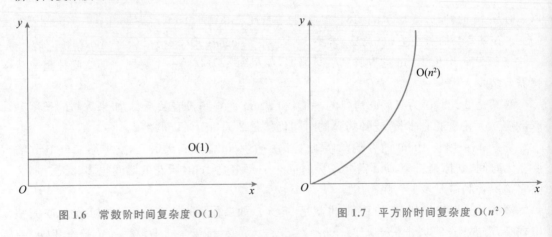

图 1.6　常数阶时间复杂度 $O(1)$　　　　　　图 1.7　平方阶时间复杂度 $O(n^2)$

$O(1)$、$O(n)$、$O(\log n)$、$O(n^2)$ 分别称为常数阶、线性阶、对数阶和平方阶时间复杂度。

除了常数阶、线性阶、对数阶、平方阶之外，还有如下时间复杂度：

- $O(n\log n)$，称为线性对数阶时间复杂度。
- $O(n^3)$，称为立方阶时间复杂度。
- $O(2^n)$，称为指数阶时间复杂度。

- O($n!$)，称为阶乘阶时间复杂度。
- O($\sqrt{n}$)，称为平方根阶时间复杂度。

1.4.7 常见的时间复杂度

1. O(1)

常数阶时间复杂度 O(1) 是最简单的，也是最好理解的时间复杂度。

O(1) 是最好的算法时间复杂度，它是同比效率最高的算法。其中的 1 表示的不是一次，只要是代码执行时间不随着 n 的变化而变化，这样的时间复杂度都记作 O(1)。

常量级不是只执行了一行代码，只要代码的执行时间不随数据规模的增大而增长，就是常量级。无论代码执行了多少行，只要是没有循环等复杂结构，它消耗的时间不随着某个变量的增长而增长，即使代码有几万行，都可以用 O(1) 来表示它的时间复杂度。

知识加油站

是不是所有 O(1) 时间复杂度的算法的执行时间都相等呢?

不是。O(1) 可能是 2 个单位时间，也可能是 10 个单位时间。此外计算机的硬件不同、环境不同，即便是同一个算法在不同机器上执行所消耗的时间也是不一样的，但是它们的时间复杂度都是 O(1)。所以即使时间复杂度都是 O(1) 的，算法所消耗的时间也是不相等的。

2. O(n)

线性阶时间复杂度 O(n) 是最常见的一个时间复杂度。很多线性表操作的时间复杂度都是 O(n)。O(n) 的时间变化是随着数据量 n 的增长而线性增长的。

线性增长也称为等速增长。如 $2n+2$ 这个函数就是线性增长，因为当 n 为 1 时 $2n+2=4$，当 $n=2$ 时为 6，当 $n=3$ 时为 8，每次增量都是 2，等量增长，也是等速增长。这样的增长称为线性增长。代码 1.4 是线性阶时间复杂度的示例代码，通过代码能看出程序执行次数的增长与 n 的增长是线性关系。

【代码 1.4】

```
1   //线性阶时间复杂度:O(n)
2   public static void oN(int n) {
3     int count = 0;
4     for (int i = 1; i <= n; i++) {
5       count++;
6     }
7     //执行次数的增长与 n 的增长是线性关系
8     System.out.println("执行次数:" + count);
9   }
```

数组插入、删除元素的时间复杂度都是 O(n)，链表遍历的时间复杂度是 O(n)。

3. O(n^2)

平方阶时间复杂度 O(n^2)。如果把 O(n) 的代码再嵌套循环一遍，它的时间复杂度就是 O(n^2)。O(n^2) 随着数据量 n 的增大其时间变化是急剧增长。求平方阶时间复杂度如代码 1.5 所示。

【代码 1.5】

```
1   //线性阶时间复杂度:O(n²)
2   public static void oNSquare(int m, int n) {
3       int count = 0;//记录执行次数
4       int s = 1;
5       int i = 1;
6       int j = 1;
7       for (; i <= m; i++) {
8           j = 1;//重置j=1
9           for (; j <= n; j++) {
10              s = s + i + j;
11              count++;
12          }
13      }
14      System.out.println("总执行次数为:" + count);
15      return s;
16  }
```

根据乘法法则,代码的复杂度为两段时间复杂度之积,即 $T(n) = O(mn)$,记作 $O(mn)$。当 $m == n$ 时,为 $O(n^2)$。

冒泡排序、选择排序、插入排序算法的平均时间复杂度都是 $O(n^2)$。

4. $O(\log n)$

$O(\log n)$ 是对数阶时间复杂度。

先复习一下对数的概念。如以 2 为底,8 的对数是 3,记作 $\log_2 8 = 3$,也就是 $2^3 = 8$。如果 $2^x = n$,转换成对数表达式就是 $x = \log_2 n$。当 n 非常大时,时间复杂度的增长反而比较小。比如 $n = 256$ 时,$\log_2 256 = 8$。也就是 n 为 256,但是 $O(\log n)$ 的时间复杂度只有 8。因此,$O(\log n)$ 复杂度的算法也是相对来说比较优秀的算法。实际上,不管是以 2 为底、以 3 为底,还是以 10 为底,我们把所有对数阶的复杂度都记为 $O(\log n)$。根据对数换底公式,$\log_3 n = \log_3 2 * \log_2 n$,所以 $O(\log_3 n) = O(\log_3 2 * \log_2 n)$,其中,$\log_3 2$ 是一个常量。在采用大 O 标记复杂度时,可以忽略系数。所以 $O(\log_2 n)$ 就等于 $O(\log_3 n)$,因此在对数阶复杂度的表示方法里,忽略对数的"底",统一表示为 $O(\log n)$。

对数阶时间复杂度如代码 1.6 所示。

【代码 1.6】

```
1   //对数阶时间复杂度:O(logn)
2   public static void oLogn(int n) {
3       int count = 0;
4       int i = 1;
5       while (i < n) {
6           i *= 2;
7           count++;
8       }
9       //执行次数的增长与n的增长是对数关系
10      System.out.println("执行次数:" + count);
11  }
```

从上面的代码可以看到，在 while 循环里每次都将 i 乘以 2，乘完之后，i 的数值就跟 n 越来越近了。假设循环的次数为 x，则由 $2^x = n$ 得出 $x = \log_2 n$，因此得出这个算法的时间复杂度为 $O(\log n)$。

5. $O(n \log n)$

线性对数阶时间复杂度 $O(n \log n)$，就是将时间复杂度为 $O(\log n)$ 的代码循环 n 遍，那么它的时间复杂度就是 $n * O(\log n)$，也就是 $O(n \log n)$。求线性对数阶时间复杂度如代码 1.7 所示。

【代码 1.7】

```
1   //线性对数阶时间复杂度:O(nlogn)
2   public static void oNlogn(int n) {
3     int count = 0;
4     for (int m = 0; m < n; m + +) {
5       int i = 1;
6       while (i < n) {
7           i * = 2;
8           count + + ;
9       }
10    }
11    //执行次数的增长与n的增长是线性对数关系
12    System.out.println("执行次数:" + count);
13  }
```

$O(n \log n)$ 的耗费时间的增速比 $O(n)$ 要大，但是比 $O(n^2)$ 要小。

快速排序、堆排序、归并排序的时间复杂度是 $O(n \log n)$。

1.4.8 时间复杂度的分析原则

时间复杂度的分析原则如下。

（1）单段代码看高频：如循环。只关注循环执行次数最多的一段代码。

（2）多段代码取最大：如一段代码中有单循环和多重循环，那么取多重循环的复杂度。

（3）嵌套代码求乘积：这是乘法法则，嵌套代码的复杂度等于嵌套内外代码复杂度的乘积。如递归、多重循环等。

（4）多个规模求加法：这是加法法则，总复杂度等于量级最大的那段代码的复杂度。如方法有两个参数控制两个循环的次数，那么这时就取二者复杂度相加。

（5）for 循环的时间复杂度＝循环体次数×循环体代码的复杂度。

（6）if-else 结构的复杂度取决于 if 的条件判断复杂度和分支部分的复杂度，总体复杂度取三者中最大的部分。

时间复杂度
分析原则

1.4.9 时间复杂度的增长趋势图

常用时间复杂度的增长趋势有：$O(1) < O(\log n) < O(n) < O(n \log n) < O(n^2) < O(2^n)$，如图 1.8 所示。在实际开发中，我们对算法的优化尽量往 $O(\log n)$ 方向靠拢，就会更节省时间。

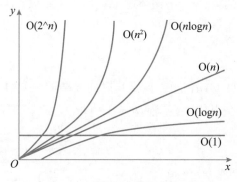

图 1.8　时间复杂度增长趋势

　　时间复杂度的增长趋势：常数阶 $O(1)$、对数阶 $O(\log n)$、线性阶 $O(n)$、线性对数阶 $O(n\log n)$、平方阶 $O(n^2)$、立方阶 $O(n^3)$、K 次方阶 $O(n^k)$、指数阶 $O(2^n)$、阶乘阶 $O(n!)$。

　　从前至后依次的时间复杂度越来越大，执行的效率越来越低。

$$O(1) < O(\log n) < O(n) < O(n\log n) < O(n^2) < O(n^3) < O(n^k) < O(2^n) < O(n!)$$

1.4.10　分析时间复杂度的几个概念

　　分析时间复杂度时，有以下四个概念。

　　（1）最坏情况时间复杂度：代码在最坏情况下执行的时间复杂度。

　　（2）最好情况时间复杂度：代码在最理想情况下执行的时间复杂度。

　　（3）平均时间复杂度：代码在所有情况下执行的次数的加权平均值。

　　（4）均摊时间复杂度：在代码执行的所有复杂度情况中绝大部分是低级别的复杂度，个别情况是高级别复杂度且发生具有时序关系时，可以将个别高级别复杂度均摊到低级别复杂度上。基本上均摊结果就等于低级别复杂度。

　　因为平均时间复杂度、均摊时间复杂度都很难计算，所以我们平时最关注最坏情况时间复杂度。

知识加油站

为什么要引入这四个概念？

　　（1）同一段代码在不同情况下时间复杂度会出现量级差异，引入这四个概念是为了更全面、更准确地描述代码的时间复杂度。

　　（2）代码复杂度在不同情况下出现量级差别时才需要区别这四种复杂度。大多数情况下，是不需要区别分析的。

1.4.11　空间复杂度的概念

　　衡量算法复杂度的另一个指标就是空间复杂度。时间复杂度不是用来计算程序具体耗时的，同样地，空间复杂度也不是用来计算程序实际占用内存空间大小的。空间复杂度就是在执行算法过程中需要分配的内存空间的渐进性大小。

空间复杂度和时间复杂度是两个共同衡量算法复杂度的指标,都是用大 O 复杂度表示法,记作 O($f(n)$)。以下代码,还是计算 1 加到 n 的题目。它的时间复杂度是 O(n),那么它的空间复杂度是多少呢?

```
1  int sum = 0;
2  for (int i = 1; i <= n; i++) {
3    sum += i;
4  }
```

上述代码,有两个位置会分配存储空间,一个是 *sum* 的定义,一个是 *i* 的定义。这两个 int 变量的定义,在上述代码中只会定义一遍,不会出现重复定义的现象。所以上述代码无论 n 是多少,都只占用两个 int 数据类型所需的空间大小,我们称为 2 个单位的内存空间。随着 n 越来越大,也只会占用 2 个单位的内存空间。所以上述代码的空间复杂度是 O(1)。

O(1)中的 1 代表的是一个常量。所占空间无论是 1 个单位、2 个单位,还是 10 个单位,只要不受 n 的变化而变化,这样固定空间大小的空间复杂度记作 O(1)。

如果代码写成如下格式,其空间复杂度是多少呢?

```
1  int sum = 0;
2  for (int i = 1; i <= n; i++) {
3    sum += i;
4    int m = sum;
5  }
```

上述代码,在 for 循环中定义了一个整数变量 *m*,随着 n 越来越大,每次执 *int m = sum*;这段代码的时候,都会在内存里面分配存储空间。如果 n 为 10,就会分配(10+2)个单位的存储空间(2 是 *sum* 和 *i* 的存储空间,10 是 *m* 被定义 10 次要分配的空间)。利用极值思想,$n→∞$,$n+2$ 中的 2 忽略不计,所以空间复杂度就是 O(n)。求空间复杂度如代码 1.8 所示。

【代码 1.8】

```
1  //用递归求 1 到 n 累加
2  public static void main(String[] args) {
3      //递归实现 1 到 n 之间的累加
4      sum(16000);
5      System.out.println(result);
6  }
7
8  public static long result;
9  //递归实现 1 到 n 之间的累加
10  public static long sum(int n) {
11      if (n < 1) return result;
12      result += n;
13      return sum(n - 1);
14  }
15
16  //判断该方法的空间复杂度
17  public static int[] test(int n) {
18      int[] arr = new int[n];
```

```
19      int j = 0;
20      for (int i = 0; i < n; i + +) {
21          j = i;
22          + +j;
23          arr[i] = j;
24      }
25      return arr;
26  }
```

运行结果：

Exception in thread "main" java.lang.StackOverflowError

Java 语言中的方法在任何时候都只会被初始化一次，也就是说方法中的参数定义只会执行一次。上述递归算法的空间复杂度是 O(n)。

每递归一次，内存就会分配一个空间用来存储 sum()方法在上一次执行后的状态，随着 n 的增大，内存要存储 sum()这个方法的 n 次执行状态，就要分配 n 个单位的存储空间。当 n 过大，就产生堆栈溢出错误 StackOverflowError。

> **知识加油站**
>
> test()方法的空间复杂度是什么呢？
>
> test()方法的第一行 new 了一个数组，这个数据占用的大小为 n，后续代码虽然有循环，但没有再分配新的空间，因此，这段代码的空间复杂度主要看第一行。所以以上代码的空间复杂度也是 O(n)。

1.4.12　常用的空间复杂度

常用的空间复杂度有三个：O(1)、O(n)和 O(log$n$)。在讲解排序算法的时候会涉及这些空间复杂度。

小　　结

本章讲解了为什么要学习数据结构和算法，数据结构和算法的关系以及数据结构和算法主要学习的内容。

好的算法需要精心设计，衡量一个算法好坏的指标是算法复杂度。本章重点对常用的时间复杂度：常数阶 O(1)、对数阶 O(log$n$)、线性阶 O(n)、线性对数阶 O($n$log$n$)进行了详细的分析和讲解。

本章要求大家熟练掌握常见时间复杂度的含义和区别。在学完后续的算法章节后，要记住每种算法的时间复杂度。算法中往往对于时间复杂度的关注要高于空间复杂度，所以不对空间复杂度做更多要求。学完算法章节后，记住对空间有特殊需求的算法即可。比如排序算法中对空间有额外要求的是快速排序、归并排序、桶排序、计数排序、基数排序。

第2章 线性数据结构

线性表的数据排成像一条线样的结构,其特点就是数据元素之间存在一对一的线性关系。数据只有前后两个方向。线性表可以通过不同的物理结构实现,按照存储结构分为顺序存储和链式存储。

按照人们的生活习惯,存放东西时一般是找一块空间,然后将需要存放的东西依次摆放,这就是顺序存储。计算机中的顺序存储是指在内存中用一块连续的地址空间依次存放数据元素,顺序存储的线性表称为顺序表。其特点是表中相邻的数据元素在内存中的存储位置也相邻。在Java语言中,使用一维数组来表示顺序表。

使用链式存储实现的线性表称为链表。链表中的存储元素不一定是连续的,元素结点中存放的是数据元素和相邻元素的地址信息。

线性表中还存在两种操作受限的使用场景,即队列和栈。栈的操作只能在线性表的一端进行,就是常说的先进后出(first in last out,FILO);队列的插入操作在线性表的一端进行,而其他操作在线性表的另一端进行,就是常说的先进先出(first in first out,FIFO)。由于线性表存在两种存储结构,因此队列和栈各有两种实现方式,即顺序存储和链式存储。

数据结构中,字符串要单独用一种存储结构来存储,叫作串存储结构。串存储结构也是一种线性数据结构,因为字符串中的字符之间具有"一对一"的逻辑关系,只不过串结构只用于存储字符类型的数据。串存储结构包含三种具体存储结构:静态数组存储字符串、动态数组存储字符串和链表存储字符串。

本章重点学习线性表中的顺序表(一维数组)、链表、栈和队列。

2.1 顺序表(一维数组)

2.1.1 数组的概念

数组(array)是有限个相同类型的变量所组成的有序集合,数组中的每一个变量被称为元素。一维数组是最简单、最常用的线性数据结构。它用一组连续的内存空间,来存储一组具有相同类型的数据。一维数组是顺序存储的线性表。二维数组和多维数组的逻辑结构则属于非线性结构。连续的内存空间和相同类型的数据是实现随机访问的前提。数组的索引下标从零开始。

顺序表

2.1.2 数组的存储原理

（1）数组用一组连续的内存空间来存储一组具有相同类型的数据（见图 2.1）。

（2）数组可以根据索引下标随机访问数据。如图 2.2 中是一个整型数组 int a[5]，其长度为 5。

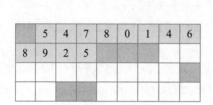

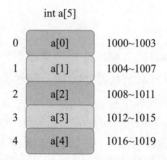

图 2.1　模拟数组在内存的存储　　　　图 2.2　模拟数组在内存的存储

注：深色格子表示被使用的内存；浅色格子表示数组占用的内存；白色格子表示空闲的内存。

假设首地址是 1000，int 为 4 个字节（32 位），第一个元素的地址是 1000～1003，第二个元素的地址是 1004～1007，依此类推。通过图 2.2 能看出数组的三个特征：连续性分配、相同的类型，以及索引下标从 0 开始。

2.1.3 对数组的操作

1. 读取元素

根据索引下标读取元素的方式叫作随机读取。读取元素时不要数组索引下标越界，也就是索引下标不要超出数组元素个数－1。读取数组元素可以随机访问，时间复杂度为 O(1)。

2. 更新元素

根据数组索引下标更新元素。更新元素值时不要数组下标越界。更新数组元素时可以随机访问，时间复杂度为 O(1)。

3. 插入元素

根据插入数据的位置，时间复杂度分三种情况：最好情况时间复杂度为 O(1)、最坏情况时间复杂度为 O(n) 和平均时间复杂度为 O(n)。

1）尾部插入

在数据的实际元素数量小于数组长度的情况下，直接把插入的元素放在数组尾部的空闲位置即可，等同于更新元素的操作（见图 2.3）。这种情况下时间复杂度为 O(1)。

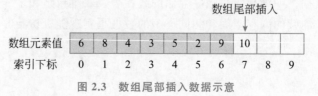

图 2.3　数组尾部插入数据示意

2) 中间插入

在数据的实际元素数量小于数组长度的情况下,由于数组的每一个元素都有其固定下标,所以首先把插入位置及后面的元素向后移动,空出地方,再把要插入的元素放到对应的数组位置上(见图2.4)。在这种情况下时间复杂度为 O(n)。

图 2.4 数组中间位置插入数据的示意

3) 超范围插入

假如现在有一个数组,已经装满了元素,还想插入一个新元素,或者插入位置是越界的,这时就要对原数组进行扩容。创建一个新数组,长度是旧数组的 2 倍,再把旧数组中的元素全部复制过去,这样就实现了数组的扩容(见图2.5)。在这种情况下时间复杂度为 O(n)。

图 2.5 数组超范围插入数据的示意

4. 删除元素

数组的删除操作和插入操作的过程相反。如果删除一个元素,则该元素之后的元素都需要向前挪动一位(见图2.6)。所以时间复杂度也有三种情况:尾部删除元素的时间复杂度是 O(1),头部和中间删除元素的时间复杂度是 O(n),平均时间复杂度为 O(n)。

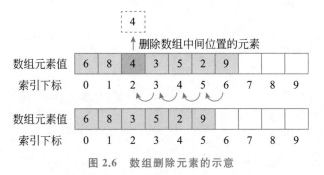

图 2.6 数组删除元素的示意

自定义数组
工具类

自定义数组
工具类代码解析

2.1.4　数组工具类的代码实现

扫描二维码获取自定义数组工具类的详见代码，代码 2.1 仅展示了核心代码。

【代码 2.1】

```
1  /**
2   * 自定义数组工具类
3   * 数组查找元素,时间复杂度是 O(1)
4   * 数组修改元素,时间复杂度是 O(1)
5   * 在数组头部添加元素,时间复杂度是 O(n),在中间位置添加元素的时间复杂度是 O(n),在数组
       尾部添加元素,时间复杂度是 O(1)
6   * 删除数组头元素,时间复杂度是 O(n),删除指定位置结点的时间复杂度都是 O(n),删除数组尾
       部元素,时间复杂度是 O(1)
7   */
8  public class MyArray {
9      /**
10      * 按照索引查找元素
11      * 时间复杂度:O(1)
12      */
13     public Object get(int index) {...}
14     /**
15      * 按照索引更新元素
16      * 时间复杂度:O(1)
17      */
18     public boolean set(int index, Object element) {...}
19     /**
20      * 在数组尾部添加元素
21      * 时间复杂度:O(1)
22      */
23     public void add(Object element) {...}
24     /**
25      * 在数组的索引位置添加元素
26      * 时间复杂度:O(n)
27      */
28     public void add(int index, Object element) {...}
29     /**
30      * 在数组的头部添加元素
31      * 时间复杂度:O(n)
32      */
33     public void addBeforeHead(Object element) {...}
34     /**
35      * 根据索引位置删除元素
36      * 时间复杂度:O(n)
37      */
38     public Object remove(int index) {...}
39     /**
40      * 删除数组的第一个元素
41      * 时间复杂度:O(n)
42      */
43     public Object removeFirst() {...}
```

```
44        / * *
45         *  删除数组的最后一个元素
46         *  时间复杂度:O(1)
47         * /
48        public Object removeLast() {...}
49        / * *
50         *  数组扩容一倍,旧数组数值复制到新数组中
51         *  时间复杂度:O(n)
52         * /
53        public Object[] copyOf() {...}
54        / * *
55         *  数组扩容指定长度,旧数组数值复制到新数组中
56         *  时间复杂度:O(n)
57         * /
58        public Object[] copyOf(int newSize) {...}
59        / * *
60         *  超出数组下标的插入数值.先扩容,再插入新值
61         *  时间复杂度:O(n)
62         * /
63        public void addOutOfBounds(int position, Object element) {...}
64        / * *
65         *  数组倒序排列
66         *  时间复杂度:O(n)
67         * /
68        public Object[] reverse() {...}
69        / * *
70         *  去除数组中重复元素,形成新数组
71         *  时间复杂度:O(n²)
72         * /
73        public Object[] distinct(Object[] arr1) {...}
74
75        / * *
76         *  将两个数组合并到一起,形成新数组
77         *  时间复杂度:O(n²)
78         * /
79        public Object[] merge(Object[] arr1, Object[] arr2) {...}
80
81        / * *
82         *  判断索引下标是否越界
83         *  时间复杂度:O(1)
84         * /
85        private boolean isElementIndex(int index) {...}
86    }
```

代码分析

在以上自定义数组工具类中,自定了一个去除数组中重复元素的方法 distinct()。实现
数组去重,一般常采用 Set 集合的不可重复性进行元素过滤,也可以借助其他集合对象来实
现。本案例采取双层循环遍历数组的方法实现。将数组中的每个元素与该元素的后续元素

逐一进行比对。如果没有重复则将该数值放到新数组中,如果有重复则跳过。本案例的完整代码中,采用了 continue ＋ 标签的形式实现循环跳出。此处的作用是,当发现数组中的某个元素与其后的元素相同时,忽略内部循环的当次循环,跳出到标签所在的外循环。

2.1.5　一维数组的时间复杂度

一维数组各种操作的时间复杂度如下。

（1）数组查找元素,时间复杂度是 O(1)。

（2）数组修改元素,时间复杂度是 O(1)。

（3）数组头部添加元素,时间复杂度是 O(n);在数组中间位置添加元素,时间复杂度是 O(n);在数组尾部添加元素,时间复杂度是 O(1);数组插入元素,需要扩容的情况下,时间复杂度是 O(n)。

（4）数组删除头部的元素,时间复杂度是 O(n);删除指定位置的元素,最坏情况时间复杂度是 O(n);删除数组尾部元素,时间复杂度是 O(1)。

2.1.6　一维数组的优缺点

1. 优点

数组拥有非常高效的随机访问能力,只要给出索引下标,就可以用常量时间找到对应元素。修改元素值同样如此。所以数组的优点是执行查找、修改效率高。

2. 缺点

由于数组元素连续紧密地存储在内存中,当执行插入、删除某元素操作时,都会导致大量元素被迫移动,影响效率。如果插入元素时超出数组的范围,还需要重新申请内存空间进行存储,申请的空间必须是连续的,也就是说,即使有空间也可能因为没有足够的连续空间而创建失败。简而言之,数组的缺点就是执行删除、插入效率低。

2.1.7　应用

数组作为最基础的数据结构,应用非常广泛。ArrayList、Redis、消息队列等都是基于数组而构建的。

2.2　链　　表

2.2.1　链表的概念

链表

链表和数组一样,也是一种线性表。采用链式存储的线性表称为链表。链表是一种在物理上非连续、非顺序的线性数据结构。链表中每一个元素称为结点,链表由一系列结点组成。

假如现在要存放一堆物品,但是没有足够大的空间将所有的物品一次性放下。如何既能放下所有物品,又无须记那么多存放地址？我们可以采用下面的解决方案:存放物品时每放置一件物品就在物品上贴一个小纸条,标明下一件物品放在哪里,只需要记住第一件物品的位置,从第一件物品上的小纸条,可以找到所有的物品,这就是链式存储。链表实现的时候不像顺序表只存数据就可以了,还要存储下一个数据元素的地址。因此,在实现时要先定义一个结点类,该结点类记录物品信息和下一件物品的地址,我们把物品本身叫作数据域,存储下一件物品地址信息的小纸条称为引用域或指针域。链表结构如图 2.7 所示。

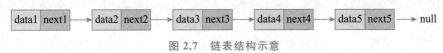

图 2.7 链表结构示意

寻找物品时我们发现:从一件物品找下一件物品的时候很容易,但是如果要找上一件物品就得从头开始找,的确很麻烦。如何解决呢?我们可以在存放物品的时候多放置一个小纸条,记录上一件物品的位置,这样就可以很快找到上一件物品了。我们把这种方式称为双向链表。而前面只放置一张小纸条的方式称为单向链表。

常见的链表包括单向链表、双向链表、循环链表。

2.2.2 链表的特性

(1)从内存结构来看,链表的内存结构是不连续的内存空间,是将一组零散的内存块串联起来进行数据存储的数据结构。

(2)链表由一系列结点组成,每个结点包括两个部分:一个是存储数据元素的数据域,另一个是存储下一个结点地址的指针域。链表中数据元素的逻辑顺序就是通过这些指针域实现的。

(3)链表和数组相比,内存空间消耗更大,因为每个存储数据的结点都需要额外的空间存储指针域。

2.2.3 常见链表介绍

1. 单向链表

单向链表的每一个结点包含两部分:一部分是存放数据的变量 data,另一部分是指向下一个结点的 next 指针。单链表只能单向读取(图 2.7 所示的链表结构就是单向链表)。单向链表的结点代码如下:

```
Node {
    Object item;
    Node next;
}
```

2. 双向链表

双向链表的每一个结点除了拥有 data 和 next 指针,还拥有指向前置结点的 prev 指针(见图 2.8)。

```
Node {
    Object item;
    Node next;
    Node prev;
}
```

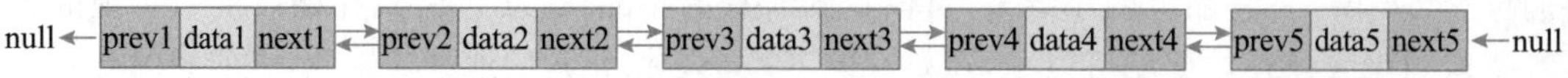

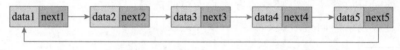

图 2.8　双向链表结构示意

3. 循环链表

链表的尾结点指向头结点形成一个环，称为循环链表。我们常用的是单向循环链表。如果把单向链表的最后一个结点的 next 指向链表头部，而不是指向 null，那么就构成了一个单向循环链表。在单向链表中，头指针相当重要，因为单向链表的操作都需要头指针，如果头指针丢失或者破坏，那么整个链表就会遗失，白白浪费了内存空间，因此引入了单向循环链表这种数据结构(见图 2.9)。这样只需要知道任何一个结点的地址信息，就可以查到整条链上的所有数据。

图 2.9　单向循环链表结构示意

单向循环链表就是约瑟夫环(Josephu Loop)。约瑟夫死亡抽签游戏就是利用单向循环链表实现的。

2.2.4　链表的存储原理

数组在内存中的存储方式是顺序存储(连续存储)，链表在内存中的存储方式则是随机存储(见图 2.10)。链表的每一个结点分布在内存的不同位置，依靠 next 指针关联起来。这样可以灵活有效地利用零散的碎片空间。链表的第一个结点被称为头结点，没有任何结点的 next 指针指向它，它的前置结点为 null。头结点用来记录链表的基地址。有了它，就可以遍历得到整条链表的数据。链表的最后一个结点被称为尾结点，它的 next 指向为 null。

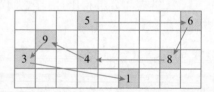

图 2.10　链表存储原理示意

注：浅蓝色格子为链表占用的内存；白色格子为被占用的内存。

2.2.5　对单向链表的操作

1. 查找结点

在查找元素时，链表只能从头结点开始向后，一个结点一个结点逐一查找(见图 2.11)。查找头结点的时间复杂度是 O(1)，查找其他位置结点的最坏情况时间复杂度是 O(n)。

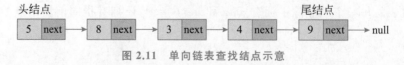

图 2.11　单向链表查找结点示意

2. 更新结点

找到要更新的结点，然后把旧数据替换成新数据(见图 2.12)。单向链表更新头结点的时间复杂度是 O(1)，更新其他结点的最坏情况时间复杂度是 O(n)。

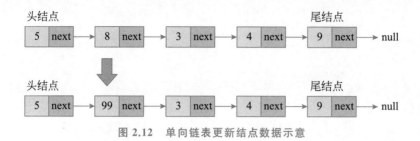

图 2.12 单向链表更新结点数据示意

3. 插入结点

1）尾部插入

把最后一个结点的 next 指针指向新插入的结点即可（见图 2.13）。因为要从头开始遍历，所以单向链表添加尾结点的时间复杂度是 O(n)。

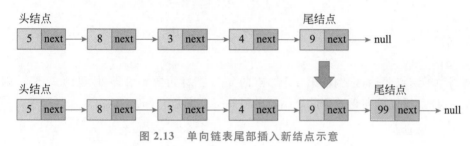

图 2.13 单向链表尾部插入新结点示意

2）头部插入

第一步，把新结点的 next 指针指向原先的头结点。第二步，把新结点变为链表的头结点（见图 2.14）。

单向链表添加头结点的时间复杂度是 O(1)。

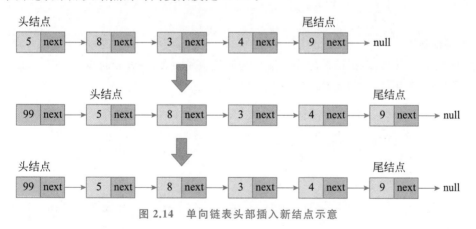

图 2.14 单向链表头部插入新结点示意

3）中间插入

第一步，新结点的 next 指针，指向插入位置的结点。第二步，插入位置前置结点的 next 指针，指向新结点（见图 2.15）。只要内存空间允许，能够插入链表的元素是无限的，不需要像数组那样考虑扩容的问题。单向链表在中间位置添加结点的时间复杂度是 O(n)。

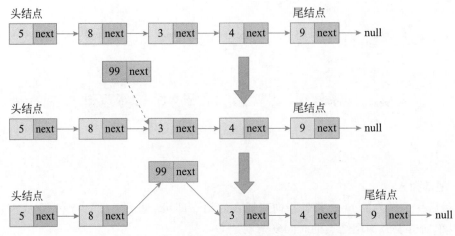

图 2.15　单向链表在中间位置插入新结点示意

4. 删除结点

1）尾部删除

要删除尾结点，只需把倒数第 2 个结点的 next 指针指向 null 即可（见图 2.16）。因为要从头开始遍历，所以单向链表删除尾结点的时间复杂度是 O(n)。

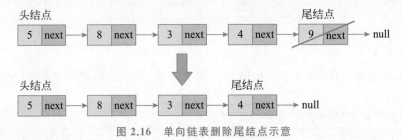

图 2.16　单向链表删除尾结点示意

2）头部删除

要删除头结点，只需把链表的头结点设为原先头结点的 next 指针即可（见图 2.17）。单向链表删除头结点的时间复杂度是 O(1)。

图 2.17　单向链表删除头结点示意

3）中间删除

找到要删除结点的前后结点，把要删除结点的前驱结点的 next 指针，指向要删除元素的下一个结点（见图 2.18）。单向链表删除中间位置结点的时间复杂度为 O(n)。

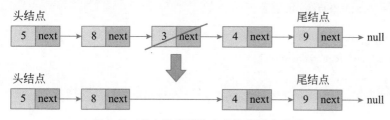

图 2.18 单向链表删除中间位置结点示意

2.2.6 单向链表的代码实现

扫描二维码获取单向链表的详细代码,代码 2.2 仅展示了核心代码。

单向链表的
代码实现

【代码 2.2】

```
1  /* *
2   * 自定义单向链表的实现
3   * 通过该案例掌握:单链表的结构、单链表的基本操作、虚拟头结点的使用
4   * 单向链表
5   * 单向链表添加头结点的时间复杂度是 O(1),在其他位置添加的最坏情况时间复杂度是 O(n)
6   * 单向链表查找头结点的时间复杂度是 O(1),查找其他位置结点的最坏情况时间复杂度是 O(n)
7   * 单向链表删除头结点的时间复杂度是 O(1),删除其他结点的最坏情况时间复杂度都是 O(n)
8   * 单向链表修改头结点的时间复杂度是 O(1),修改其他结点的最坏情况时间复杂度是 O(n)
9   */
10 public class SingleLinkedList implements ILinkedList {
11     ...
12     /* *
13      * 链表添加头结点
14      * 时间复杂度为:O(1)
15      */
16     @Override
17     public void addFirst(Object element) {...}
18
19     /* *
20      * 链表尾部添加结点
21      * 时间复杂度为:O(n)
22      */
23     @Override
24     public void add(Object element) {...}
25
26     /* *
27      * 链表中间位置添加结点
28      * 时间复杂度为:O(n)
29      x /
30     @Override
31     public void add(int index, Object element) {...}
32
33     /* *
34      * 删除头结点
```

```
35        *  时间复杂度为:O(1)
36        */
37        @Override
38        public Object removeFirst() {...}
39
40        /**
41         *  删除尾结点
42         *  时间复杂度为:O(n)
43         */
44        @Override
45        public Object removeLast() {...}
46
47        /**
48         *  删除指定位置的结点
49         *  时间复杂度为:O(n)
50         */
51        @Override
52        public Object remove(int index) {...}
53
54        /**
55         *  删除链表指定数据的结点
56         *  时间复杂度为:O(n)
57         */
58        @Override
59        public void removeElement(Object element) {...}
60
61        /**
62         *  查找头结点的数据
63         *  时间复杂度为:O(1)
64         */
65        @Override
66        public Object getFirst() {...}
67
68        /**
69         *  查找尾结点的数据
70         *  时间复杂度为:O(n)
71         */
72        @Override
73        public Object getLast() {...}
74
75        /**
76         *  查找指定位置结点的数据
77         *  时间复杂度为:O(n)
78         */
79        @Override
80        public Object get(int index) {...}
81
82        /**
83         *  查找头结点
```

```
84       *  时间复杂度为:O(1)
85       */
86      public Node getFirstNode() {...}
87
88      //获取尾结点
89      public Node getLastNode() {...}
90
91      //寻找目标位置结点
92      public Node getNode(int index) {...}
93
94      //寻找目标索引位置的结点
95      private Node getCurNode(int index) {...}
96
97      //获取指定位置的前一个结点
98      private Node getPrevNode(int index) {...}
99
100      /**
101       *  更新结点
102       *  时间复杂度为:O(n)
103       */
104      @Override
105      public boolean set(int index, Object element) {...}
106
107      /**
108       *  更新头结点
109       *  时间复杂度为:O(1)
110       */
111      @Override
112      public boolean setFirst(Object element) {...}
113
114      /**
115       *  更新尾结点
116       *  时间复杂度为:O(n)
117       */
118      @Override
119      public boolean setLast(Object element) {...}
120
121      //当查找或更新时,判断参数是否是已存在元素的索引
122      @Override
123      public boolean isElementIndex(int index) {...}
124
125      //当添加结点时,判断参数是否是有效的索引
126      @Override
127      public boolean isPositionIndex(int index) {...}
128
129      //返回链表结点的个数
130      @Override
131      public int size() {...}
132
```

```
133    //判断是否为空
134    @Override
135    public boolean isEmpty() {...}
136
137    //判断链表是否包含某个元素
138    public boolean contains(Object element) {...}
139
140    //查找元素在链表中首次出现的索引位置
141    @Override
142    public int indexOf(Object element) {...}
143
144    //清空链表
145    @Override
146    public void clear() {...}
147
148    / * *
149     * 链表倒序排列
150     * 时间复杂度为:O(n)
151     */
152    public SingleLinkedList reverse() {...}
153
154    //单向链表的内部结点类
155    private static class Node<E> {
156        Eitem;
157        Node<E> next;
158        Node(E element) {}
159        Node(E element, Node<E> next) {}
160    }
161 }
```

代码分析

单向链表查找、修改某个位置的结点数据，只需要通过位置查找到待操作结点，然后进行相关操作即可。

单向链表添加、删除某个位置的结点数据，一定要得到待操作位置的前一个结点。尤其要注意结点操作时的执行顺序，否则就会导致错误。

1. 单向链表添加结点的执行顺序

第一步，先找到目标索引的前一个结点，记录为 prev。

第二步，prev 原来的下一个结点就是要插入结点 newNode 的 next：

    newNode.next = prev.next;

第三步，再把 prev.next 指向到新插入的结点 newNode：

    prev.next = newNode;

如果将以上第二步和第三步颠倒顺序，则会产生错误。因为先运行 prev.next = newNode，再执行 newNode.next = prev.next 的话，其实是把要插入的结点指向了自身，这个新插入的结点就没有连上该链表的后续结点。

2. 单向链表删除结点的执行顺序

第一步,先找到目标索引位置的前一个结点,记录为 prev。

第二步,获取要删除结点,也就是 prev.next。

第三步,将要删除结点 curNode 的上一个结点和下一个结点连接在一起:

    prev.next = curNode.next;

第四步,再把要删除结点 curNode 设置为 null,便于 GC 回收。其实就是将 curNode 里的属性赋值为 null:

    curNode.next = null;
    curNode.item = null;

2.2.7 双向链表的代码实现

双向链表的
代码实现

扫描二维码获取双向链表实现的详细代码,代码 2.3 仅展示了核心代码。

【代码 2.3】

```
1  / * *
2   *  自定义链表,参考 LinkedList
3   *  通过该案例,熟悉 LinkedList 源码
4   *  双向链表的时间复杂度
5   *  查找双向链表的头结点或尾结点,时间复杂度是 O(1),查找指定位置结点的最坏情况时间复杂
        度是 O(n)
6   *  在双向链表添加头结点或尾结点,时间复杂度是 O(1),在指定位置添加的最坏情况时间复杂度
        是 O(n)
7   *  删除双向链表的头结点或尾结点,时间复杂度是 O(1),删除指定位置结点的最坏情况时间复杂
        度都是 O(n)
8   *  修改双向链表的头结点或尾结点,时间复杂度是 O(1),修改指定位置结点的最坏情况时间复杂
        度是 O(n)
9   * /
10  public class DoubleLinkedList implements ILinkedList {
11      ...
12      / * *
13       *  在链表尾部添加结点
14       *  时间复杂度为:O(1)
15       * /
16      @Override
17      public void add(Object element) {...}
18
19      / * *
20       *  在指定位置添加结点
21       *  时间复杂度为:O(n)
22       * /
23      @Override
24      public void add(int index, Object element) {...}
25
```

```
26      / * *
27       *  链表添加头结点
28       *  时间复杂度为:O(1)
29       */
30      @Override
31      public void addFirst(Object element) {...}
32
33      / * *
34       *  添加尾结点
35       *  时间复杂度为:O(1)
36       */
37      public boolean addLast(Object element) {...}
38
39      / * *
40       *  查找链表头结点
41       *  时间复杂度为:O(1)
42       */
43      @Override
44      public Object getFirst() {...}
45
46      / * *
47       *  查找链表尾结点
48       *  时间复杂度为:O(1)
49       */
50      @Override
51      public Object getLast() {...}
52
53      / * *
54       *  查找链表的指定位置结点
55       *  时间复杂度为:O(n)
56       */
57      @Override
58      public Object get(int index) {...}
59
60      / * *
61       *  返回链表元素的个数
62       *  时间复杂度为:O(1)
63       */
64      @Override
65      public int size() {...}
66      / * *
67       *  修改指定位置的结点
68       *  时间复杂度为:O(n)
69       */
70      @Override
71      public boolean set(int index, Object element) {...}
72
73      / * *
74       *  修改头结点
```

```
75          *  时间复杂度为:O(1)
76          */
77         @Override
78         public boolean setFirst(Object element) {...}
79
80          /**
81          *  修改尾结点
82          *  时间复杂度为:O(1)
83          */
84         @Override
85         public boolean setLast(Object element) {...}
86
87          /**
88          *  删除头结点
89          *  时间复杂度为:O(1)
90          */
91         @Override
92         public Object removeFirst() {...}
93
94          /**
95          *  删除尾结点
96          *  时间复杂度为:O(1)
97          */
98         @Override
99         public Object removeLast() {...}
100
101          /**
102          *  删除指定位置的结点
103          *  时间复杂度为:O(n)
104          */
105         @Override
106         public Object remove(int index) {...}
107
108          /**
109          *  删除指定数据的结点
110          *  时间复杂度为:O(n)
111          */
112         @Override
113         public void removeElement(Object element) {...}
114
115         //清空链表
116         @Override
117         public void clear() {...}
118
119         //链表中是否包含某个元素
120         @Override
121         public boolean contains(Object element) {...}
122
123         //返回指定元素第一次出现的索引,如果列表中不包含该元素,则为-1
```

```
124        @Override
125        public int indexOf(Object element) {...}
126
127        //返回指定元素最后一次出现的索引,如果列表中不包含该元素则为-1
128        public int lastIndexOf(Object element) {...}
129
130        //在非空结点前插入新数据
131        void linkBefore(Object element, Node succ) {...}
132
133        //根据索引下标找结点
134        Node node(int index) {...}
135
136        //添加为头结点
137        private void linkFirst(Object element) {...}
138
139        //添加为尾结点
140        void linkLast(Object element) {...}
141
142        //删除结点
143        Object unlink(Node node) {...}
144
145        //删除头结点
146        private Object unlinkFirst(Node first) {...}
147
148        //删除尾结点
149        private Object unlinkLast(Node last) {...}
150
151        //当查找或更新时,判断参数是否是已存在元素的索引
152        @Override
153        public boolean isElementIndex(int index) {...}
154
155        //当添加结点时,判断参数是否是有效的索引
156        @Override
157        public boolean isPositionIndex(int index) {...}
158        //双向链表的内部结点类
159        private static class Node<E> {
160            E item;
161            Node<E> next;
162            Node<E> prev;
163
164            Node(Node<E> prev, E element, Node<E> next) {...}
165        }
166    }
```

📝 代码分析

　　以上自定义双向链表类,参考了系统自带的 LinkedList 类的源码。通过该案例,希望大家能增加对 LinkedList 源码的理解。

2.2.8 单向循环链表的代码实现

扫描二维码获取单向循环链表实现的详细代码,代码 2.4 仅展示了核心代码。

单向循环链
表的代码实现

【代码 2.4】

```
1  /* *
2   * 单向循环链表(单向环形链表)
3   * 单向循环链表添加头结点的时间复杂度是 O(1),在其他位置添加的最坏情况时间复杂度是 O(n)
4   * 单向循环链表首尾衔接,在尾部添加结点就是在头部添加结点
5   * 单向循环链表查找头结点和尾结点,时间复杂度是 O(1),查找其他位置结点的最坏情况时间复
       杂度是 O(n)
6   * 单向循环链表删除头结点的时间复杂度是 O(1),删除其他结点的最坏情况时间复杂度都是 O(n)
7   * 单向循环链表修改头结点和尾结点的时间复杂度是 O(1),修改其他结点的最坏情况时间复杂
       度是 O(n)
8   */
9  public class LoopSingleLinkedList implements ILinkedList {
10     ...
11     /* *
12      * 查找指定位置的结点
13      * 时间复杂度为:O(n)
14      */
15     @Override
16     public Object get(int index) {...}
17
18     /* *
19      * 查找头结点
20      * 时间复杂度为:O(1)
21      */
22     @Override
23     public Object getFirst() {...}
24
25     /* *
26      * 查找尾结点
27      * 时间复杂度为:O(1)
28      */
29     @Override
30     public Object getLast() {...}
31
32     /* *
33      * 修改指定位置的结点
34      * 时间复杂度为:O(n)
35      */
36     @Override
37     public boolean set(int index, Object element) {...}
38
39     /* *
40      * 修改头结点
```

```
41          *  时间复杂度为:O(1)
42          */
43         @Override
44         public boolean setFirst(Object element) {...}
45
46         /**
47          *  修改尾结点
48          *  时间复杂度为:O(1)
49          */
50         @Override
51         public boolean setLast(Object element) {...}
52
53         /**
54          *  在指定位置添加结点
55          *  单向循环链表添加头结点的时间复杂度是 O(1),在其他位置添加的最坏情况时间复杂度
                是 O(n)
56          */
57         @Override
58         public void add(int index, Object element) {...}
59
60         @Override
61         public void add(Object element) {...}
62
63         /**
64          *  添加头结点
65          *  时间复杂度为:O(1)
66          */
67         @Override
68         public void addFirst(Object element) {...}
69
70         /**
71          *  删除指定位置的结点
72          *  时间复杂度为:O(n)
73          */
74         @Override
75         public Object remove(int index) {...}
76
77         /**
78          *  删除链表头结点
79          *  时间复杂度为:O(1)
80          */
81         @Override
82         public Object removeFirst() {...}
83
84         /**
85          *  删除链表尾结点
            *  虽然可以直接定位到尾结点,但是因为要寻找到尾结点的前驱结点,所以还是需要循环
                遍历才可以获取.所以时间复杂度为:O(n)
86          */
```

```
87      @Override
88      public Object removeLast() {...}
89
90      /**
91       * 删除链表中指定数据的结点
92       * 时间复杂度为:O(n)
93       */
94      @Override
95      public void removeElement(Object data) {...}
96
97      //当查找或更新时,判断参数是否是已存在元素的索引
98      @Override
99      public boolean isElementIndex(int index) {...}
100
101     //当添加结点时,判断参数是否是有效的索引
102     @Override
103     public boolean isPositionIndex(int index) {...}
104
105     /**
106      * 判断链表中包含指定数据的索引位置
107      * 时间复杂度为:O(n)
108      */
109     @Override
110     public int indexOf(Object element) {...}
111
112     /**
113      * 判断链表是否包含指定数据
114      * 时间复杂度为:O(n)
115      */
116     @Override
117     public boolean contains(Object element) {...}
118
119     /**
120      * 链表转数组
121      * 时间复杂度为:O(n)
122      */
123     @Override
124     public Object[] toArray() {...}
125
126     //清空链表
127     @Override
128     public void clear() {...}
129
130     /**
131      * 链表数据倒序排列
132      * 时间复杂度为:O(n)
133      */
134     public LoopSingleLinkedList reverse() {...}
135
```

```
136        //单向循环链表的内部结点类
137        private static class Node<E> {
138            E item;
139            Node<E> next;
140            Node(E element) {...}
141            Node(E element, Node<E> next) {...}
142        }
143    }
```

✎ 代码分析

　　单向循环链表的添加结点与单向链表有所不同，因为单向循环链表首尾相连，在尾部添加结点就是在头部添加结点，所以没有尾部添加的问题。

　　1. 从链表头部插入

　　将新插入的结点变为链表头部，next 指向原来的第一个结点，再遍历整个链表找到链表末尾（即它的 next 指向的是 head 的那个结点），将这个结点的 next 指向新插入的结点，最后将链表头指针指向新结点。此时时间复杂度是 $O(1)$。

　　2. 从链表中间插入

　　此时插入的过程和单向链表的一样，找到要插入位置的前驱结点，将新结点的 next 指向该前驱结点的 next，再将前驱结点的 next 指向新插入的结点。此时最坏情况时间复杂度是 $O(n)$。可以理解为领导升迁，将他的下属交付给你领导，而他只领导你。

2.2.9　约瑟夫问题及约瑟夫环

　　约瑟夫问题，是一个计算机科学和数学中的问题，在计算机编程的算法中，类似问题称为约瑟夫环（Josephus Loop），又称"丢手绢问题"。

　　据说著名犹太历史学家约瑟夫（Josephus）有过以故事：在罗马人占领乔塔帕特后，39 个犹太人与 Josephus 及他的朋友躲到一个洞中，39 个犹太人决定宁愿死也不要被敌人抓到，于是决定了一个自杀方式。41 个人排成一个圆圈，由第 1 个人开始报数，每报数到第 3 人，该人就必须自杀，然后由下一个重新报数，直到所有人都自杀为止。这就是著名的约瑟夫死亡抽签。Josephus 并不想束手待毙，但是他先假装遵从，他计算出站在特定位置就能避免被处决。于是 Josephus 将他朋友与自己安排在第 16 和第 31 的位置，最终他们逃脱了这场危险。

　　类似的传说还有"加斯帕的死亡抽签游戏"。17 世纪法国数学家加斯帕（Gaspar）在《数目的游戏问题》中讲了这样一个故事：15 个教徒和 15 个非教徒在深海上遇险，必须将一半的人投入海中，其余的人才能幸免于难。于是想了一个办法，30 个人围成一圆圈，从第一个人开始依次报数，每数到 9，就将这个人扔入大海，如此循环进行直到仅余 15 个人为止。问怎样排，才能使每次投入大海的都是非教徒。其实充分利用单向循环链表，就能准确计算出答案了。

约瑟夫环的
代码实现

2.2.10 约瑟夫环的代码实现

扫描二维码获取约瑟夫环实现的详细代码,代码 2.5 仅展示了核心代码。

【代码 2.5】

```
1  /* *
2   * 1.Josephus 的抽签死亡游戏
3   * 41 个人排成一个圆圈,由第 1 个人开始报数,每报数到第 3 人,该人就必须自杀,然后由下一个
       重新报数,直到所有人都自杀为止
4   * 要站在什么地方才能避免被处决?答案是第 16 个与第 31 个位置
5   * 2.加斯帕的抽签死亡游戏
6   * 30 个人围成一圆圈,从第一个人开始依次报数,每数到第 9 个人就将他扔入大海,如此循环进
       行直到仅余 15 个人为止.怎样排才能使每次投入大海的都是非教徒
7   * 3.猴子选大王
8   * 一群猴子编号是 1~9,围成圈从第 1 开始数,每数到第 3 只,该猴子就要离开此圈,然后由下一
       个重新数,数到 3 的猴子离开,圈中最后剩下的一只猴子为大王
9   */
10 public class JosephusLoop {
11     public static void main(String[] args) {
12         //Josephus 死亡抽签游戏
13         doDrawLots(1, 3, 41, 41);
14
15         //Gaspar 死亡抽签游戏
16         doDrawLots(1, 9, 15, 30);
17
18         //猴子选大王游戏
19         doDrawLots(1, 3, 9, 9);
20     }
21
22     /* *
23      * 抽签
24      * @param start    从几号开始报数
25      * @param count    数几下要出圈
26      * @param outCount  当出圈多少人之后,游戏可以退出
27      * @param totalCount 一开始围成圈的总人数
28      */
29     public static void doDrawLots(int start, int count, int outCount, int totalCount) {
30         JosephusLoop loop = new JosephusLoop();
31         //围成圈,每人一个编号,从 1 开始(给链表添加结点)
32         for (int i = 0; i < totalCount; i++) {
33             loop.add(i + 1);
34         }
35         //执行出圈
36         loop.drawLotsDetail(start, count, outCount);
37     }
38
39     //在链表尾部添加数据
```

```
40      public void add(int num) {...}
41      /**
42       * 抽签出局的过程
43       * @param start   从几号开始报数
44       * @param count   数几下要出圈
45       * @param outCount 出圈的人数(当达到指定数量后可以提前退出)
46       */
47      public void drawLotsDetail(int start, int count, int outCount) {
48          //验证参数有效性
49          if (first == null || start > outCount || start < 1 || count < 0) {
50              System.out.println("参数不正确!");
51              return;
52          }
53
54          //头结点和尾结点向后移动 start 次.确定新的头结点和尾结点
55          for (int i = 0; i < start - 1; i++) {
56              first = first.next;
57              last = last.next;
58          }
59
60          //循环出圈的过程
61          int order = 0;//记录出圈的次序
62          while (true) {
63              //只剩下最后一个人时跳出循环
64              if (last == first) {
65                  break;
66              }
67
68              //执行报数,让 first 和 last 往后移动 count 次.则 first 就是要出圈的人
69              for (int i = 0; i < count - 1; i++) {
70                  first = first.next;
71                  last = last.next;
72              }
73              System.out.printf("第 %d 个出圈的是编号:%d\n", ++order, first.num);
74
75              //当有人出圈后,新的 first 就是刚才 first 的下一个,而 last 的下一个就是新
                   的 first
76              first = first.next;
77              last.next = first;
78
79              //如果不需要执行到最后,当出圈人数达到指定数量时则退出循环
80              if (order >= outCount) {
81                  break;
82              }
83          }
84          if (outCount == size) {
85              System.out.println("最后一个在圈的是编号:" + last.num);
86          }
87      }
```

```
88
89        //约瑟夫环的内部结点类
90        private static class Node {
91            int num;
92            Node next;
93            public Node( int num) {...}
94        }
95    }
```

📝**代码分析**

在 Josephus 死亡抽签中,倒数第二个出圈的是编号 16,最后一个是编号 31,所以这两个位置是安全的。

2.2.11　单向链表和双向链表的区别

单向链表中添加、删除某个结点时,一定要得到待操作结点的前一个结点;单向链表中修改、查找某个结点时,一定要得到待操作结点。方法是从头结点开始向尾部查找,一个一个结点逐一查找,直到指定索引位置。

双向链表在添加、删除、修改、查找结点时,会判断当前要操作结点的索引下标在链表的前半段还是后半段。如果是前半段则从头结点开始查找,如果是后半段则从尾结点倒序查找。因此指针移动操作减半。用二分法的思路,使得双向链表的效率提高一倍。

为什么实际应用中单向链表的使用多于双向链表呢?

从存储结构来看,每个双向链表的结点要比单向链表的结点多一个结点属性,因此它占用空间大于单向链表所占用的空间。这是一种工程总体上的衡量。

2.2.12　链表的时间复杂度

1. 单向链表的时间复杂度

(1) 单向链表查找头结点的时间复杂度是 $O(1)$,查找其他位置结点的最坏情况时间复杂度是 $O(n)$。

(2) 单向链表修改头结点的时间复杂度是 $O(1)$,修改其他结点的最坏情况时间复杂度是 $O(n)$。

(3) 单向链表添加头结点的时间复杂度是 $O(1)$,在其他位置添加的最坏情况时间复杂度是 $O(n)$。

(4) 单向链表删除头结点的时间复杂度是 $O(1)$,删除其他结点的最坏情况时间复杂度都是 $O(n)$。

2. 双向链表的时间复杂度

(1) 查找双向链表的头结点或尾结点,时间复杂度是 $O(1)$,查找指定位置结点的最坏情况时间复杂度是 $O(n)$。

(2) 修改双向链表的头结点或尾结点,时间复杂度是 $O(1)$,修改指定位置结点的最坏情况时间复杂度是 $O(n)$。

（3）在双向链表添加头结点或尾结点，时间复杂度是 $O(1)$，在指定位置添加的最坏情况时间复杂度是 $O(n)$。

（4）删除双向链表的头结点或尾结点，时间复杂度是 $O(1)$，删除指定位置结点的最坏情况时间复杂度都是 $O(n)$。

3. 单向循环链表（单向环形链表）的时间复杂度

（1）查找单向循环链表的头结点或尾结点，时间复杂度是 $O(1)$，查找其他位置结点的最坏情况时间复杂度是 $O(n)$。

（2）单向循环链表修改头结点和尾结点的时间复杂度是 $O(1)$，修改其他结点的最坏情况时间复杂度是 $O(n)$。

（3）单向循环链表添加头结点的时间复杂度是 $O(1)$，在其他位置添加的最坏情况时间复杂度是 $O(n)$；单向循环链表首尾衔接，在尾部添加结点就是在头部添加结点。

（4）单向循环链表删除头结点的时间复杂度是 $O(1)$，删除其他结点的最坏情况时间复杂度是 $O(n)$。

2.2.13 链表与顺序表的对比

数据结构没有绝对的好与坏，顺序表和链表各有千秋，两者的对比如表 2.1 所示。

表 2.1 顺序表与链表的对比

维　度	顺　序　表	链　表
内存地址	内存空间连续	内存空间不连续
数据长度	长度固定，一般不可以动态扩展	长度可以动态变化
数据访问方式	随机访问	顺序访问
查询效率	效率高，通过数组索引下标直接访问	效率低，只能通过遍历结点依次查询
增删效率	效率低，需要移动被修改元素之后的所有元素	效率高，只需要修改指针指向

顺序表开辟了一块连续的内存空间来存储对象。如同一支队伍在操场上排队，大家连续排列成一队。如果把其中的某位从队伍中拉出来，那么需要后面每个人都要上前一步，重新把队伍排整齐。当顺序表在中间增加或删除元素后，需要移动被修改元素之后的所有元素。因此，顺序表的增删效率低。

链表则如同聪明的情报人员，平时隐藏在城市的各个角落，需要接头时，可以根据自己手里的联系方式，找到其上级或下级。每位成员只能找到其直接的上级或下级，而其他成员的信息他们无从所知。这些成员的联系方式就是链表中的指针信息。链表的查询效率低，因为要查到某个结点，只能通过遍历结点依次查询；而链表增删效率高，因为删除某个结点后，只需要修改指针指向即可。

数据存储结构的不同，会导致使用场景上的差异。如果频繁进行查找、修改操作，而不反复执行增加、删除操作的，建议使用顺序表来存储数据。反之，增加、删除操作频繁的则建议使用链式存储数据。

2.2.14 ArrayList 和 LinkedList 的区别

Java 语言里有两个非常重要的集合类——ArrayList 和 LinkedList。ArrayList 是动态数组的数据结构，LinkedList 是链表的数据结构。两者有联系也有区别，而 ArrayList 和 LinkedList 的区别，本质就是顺序表和链表的区别。

先来看两个类的类图，便于我们清晰理解两者的关系，如图 2.19 和图 2.20 所示。

```
java.util

Class ArrayList<E>

java.lang.Object
    java.util.AbstractCollection<E>
        java.util.AbstractList<E>
            java.util.ArrayList<E>

All Implemented Interfaces:
Serializable ,  Cloneable ,  Iterable <E>,  Collection <E>,  List <E>,  RandomAccess
```

图 2.19 ArrayList 的类图

```
java.util

Class LinkedList<E>

java.lang.Object
    java.util.AbstractCollection<E>
        java.util.AbstractList<E>
            java.util.AbstractSequentialList<E>
                java.util.LinkedList<E>

参数类型
E – 在这个集合中保存的元素的类型

All Implemented Interfaces:
Serializable ,  Cloneable ,  Iterable <E>,  Collection <E>,  Deque <E>,  List <E>,  Queue <E>
```

图 2.20 LinkedList 的类图

1. ArrayList 和 LinkedList 的共同点

（1）ArrayList 和 LinkedList 都是 List 接口的实现类，有共同的父类 AbstractList 和 AbstractCollection。

（2）两者存储的数据都是有序的，值允许重复。

（3）可以插入多个 null 元素。

（4）都是非线程安全的。

2. Array 和 ArrayList 的关系

（1）ArrayList 是 Array 的复杂版本。ArrayList 内部封装了一个 Object 类型的数组，可以说 ArrayList 对数组进行了一层封装。但是 ArrayList 是动态数组，是可变大小的复杂数组，可以动态添加和删除元素。

（2）两者在存储的数据类型上有差异。我们在定义一个数组的时候，必须指定这个数组的数据类型，也就是说，数组是相同数据类型的集合。Array 只能存储相同数据类型的数据。而 ArrayList 可以存储异构对象。在不使用泛型的情况下，ArrayList 可以添加不同类型的元素；在使用泛型时，则只能添加一种类型的数据。

（3）两者在长度可变与否上有差异。在数组声明的时候，我们需要声明数组的大小，数组的元素个数是固定的，也就是说，Array 的长度是固定的、不可变的。而 ArrayList 的长度既可以指定也可以不指定，ArrayList 的容量根据需要自动扩展，默认情况下 ArrayList 可以增加原来空间的 50%。如果更改 ArrayList.Capacity 属性的值，也可以自动进行内存重新分配和元素复制。

（4）其他区别。Array 位于 System 命名空间中；ArrayList 位于 System.Collections 命名空间中。Array 可以具有多个维度，而 ArrayList 始终只是一维的。在 Array 中，只能一次获取或设置一个元素的值，而 ArrayList 提供了添加、插入或移除某一范围元素的方法。存储非 Object 类型数据，ArrayList 的性能不如 Array 的性能好。因为 ArrayList 的元素属于 Object 类型，往 ArrayList 里面添加、修改值类型元素，都会引起装箱和拆箱的操作，频繁操作会降低效率。

3. ArrayList 和 LinkedList 的区别

1）ArrayList 和 LinkedList 两者性能上存在差别

（1）ArrayList 基于数组实现，LinkedList 基于链表实现。

（2）一般认为基于数组实现，增删慢，查找快；基于链表实现，增删快，查找慢。其实这个说法不够准确。

在指定位置插入新数据时，LinkedList 因为是双向链表，新增某个结点后，只需要修改指针指向即可，所以在哪个位置插入新结点，效率都是一样的。而 ArrayList 在新插入数据后，要对后续所有元素批量复制，也就是要重新调整队伍，所以在数据结构前段和数据结构后段，或者在数据结构末尾，由于涉及的元素在数量越来越少，所以执行效率上是不同的。在 ArrayList 的末尾插入新数据，其实只是在指定位置上赋值即可。但是 LinkedList 则需要创建 Node 对象，且要建立前后结点的关联，当对象越大时，执行效率是降低。至于删除元素，LinkedList 在删除元素后，要重新指向指针，而如果在 ArrayList 末尾删除元素，则仅仅将元素弹出而已。

综上所述，ArrayList 增删不一定慢于 LinkedList，要视具体情况具体分析。

> **知识加油站**
>
> LinkedList 整体插入、删除的执行效率比较稳定，没有 ArrayList 这种越往后越快的情况；此外，插入元素的时候，如果空间不足，ArrayList 会进行自动扩容，ArrayList 底层数组扩容是一个既消耗时又消耗空间的操作，遇到需要扩容的情况，ArrayList 新增元素的执行效率一定是低于 LinkedList 的。
>
> 实际开发中怎么选择是使用 ArrayList 还是 LinkedList 呢？
>
> 当数据结构需要频繁插入和删除元素，那么选择 LinkedList；当数据结构需要频繁查找元素，那么选择 ArrayList；如果不确定到底增删多还是查询多，那么建议使用 LinkedList。

（3）更新指定位置的元素时，ArrayList 比 LinkedList 更快。ArrayList 执行数组 [index] = elelement 就可以了，非常得快。LinkedList 需要先找到 index 位置的元素，然后调整指针的指向。因此，替换元素时，ArrayList 比 LinkedList 更快。

2）ArrayList 和 LinkedList 在遍历方式的选择上不同

（1）遍历 ArrayList 推荐使用 for 循环。遍历 ArrayList 可以使用 for 循环，也可以使用 foreach 循环。如果使用 foreach，当数据量增多时，耗时会有稍许增加。其实两种遍历方式在效率上没有明显差异，只不过数据量越大，遍历 ArrayList 使用 for 循环会更快。但是 foreach 代码简洁美观，相对于下标循环而言的，foreach 不必关心下标初始值、终止值及越界等，所以不易出错。如果考虑 foreach 的代码优点，遍历 ArrayList 也可选用 foreach。

（2）遍历 LinkedList 推荐使用 foreach 循环。如果使用 for 循环，则效率会降低，当数据量越大时，耗时会大幅增加。

2.3 栈

2.3.1 栈的概念

栈（stack）是一种操作受限的线性表。栈的操作被限定在线性表的尾部进行，其尾部被称为栈顶（top）；另一端固定不动，被称为栈底（bottom）。栈中的元素只能先入后出。最早进入栈的元素所在的位置是栈底，最后进入栈的元素所在的位置是栈顶。数据进入栈的过程叫入栈或压栈，数据从栈中出去的过程叫出栈或弹栈（见图 2.21）。

栈既可以用数组来实现，也可以用链表来实现。数组实现的栈叫作顺序栈或静态栈；链表实现的栈叫作链式栈或动态栈（见图 2.22）。

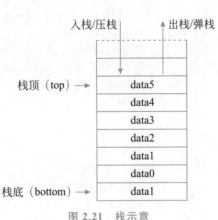

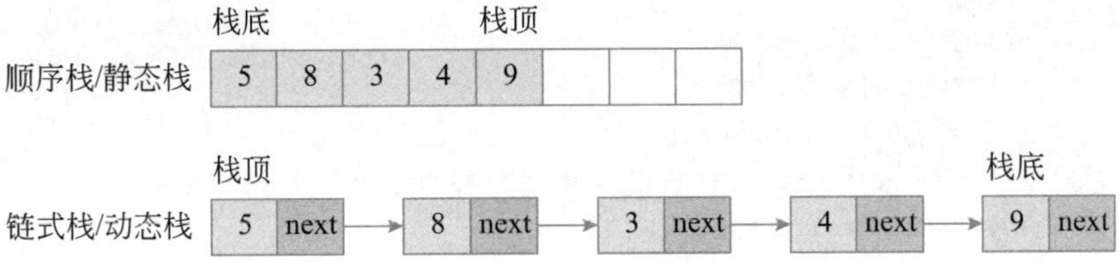

图 2.21　栈示意

图 2.22　顺序栈与链式栈示意

2.3.2 栈的操作

1. 入栈（压栈，push）

入栈操作就是把新元素放入栈中。只允许从栈顶放入元素，进入栈的新元素将会成为新的栈顶。入栈操作的时间复杂度是 O(1)。

2. 出栈（弹栈，pop）

出栈操作就是把元素从栈中弹出。只有栈顶的元素才允许出栈，出栈元素的后一个元素将会成为新的栈顶。出栈的时间复杂度是 O(1)。

2.3.3 顺序栈的代码实现

扫描二维码获取顺序栈实现的详细代码，代码 2.6 仅展示了核心代码。

【代码 2.6】

```
1   //顺序栈或静态栈——数组实现的栈
2   public class ArrayStack {
3       ...
4       //初始化数组,申请一个大小为 n 的数组空间当作栈容器
5       public ArrayStack(int maxSize) {...}
6
7       /* *
8        * 顺序栈的入栈操作
9        * 时间复杂度为 O(1)
10       */
11      public boolean push(Object element) {
12          //数组空间不够了,直接返回 false,入栈失败。没有扩容
13
14          if (isFull()) return false;
15          //将 item 放到下标为 size 的位置,并且 size 加一
16          stack[size] = element;
17          size++;
18          return true;
19      }
20
21      /* *
22       * 顺序栈的出栈操作
23       * 时间复杂度为 O(1)
24       */
25      public Object pop() {
26          //栈为空,则直接返回 null
27          if (isEmpty()) return null;
28          //返回下标为 size-1 的数组元素,并且栈中元素个数 size 减一
29          Object data = stack[size - 1];
30          size--;
31          return data;
32      }
33
34      //判断栈中是否包含某个元素
35      public boolean contains(Object element) {...}
36
37      //查找元素在栈中首次出现的索引位置
38      public int indexOf(Object element) {...}
39
40      //遍历栈,返回数组
41      public Object[] toArray() {...}
42  }
```

2.3.4　链式栈的代码实现

扫描二维码获取链式栈实现的详细代码,代码 2.7 仅展示了核心代码。

【代码 2.7】

```
1   //链式栈(动态栈):核心思想就是利用链表的头结点作为栈顶的元素
2   public class LinkedStack {
3       ...
4       //查看栈顶数据
5       public Object peek() {
6           if (first != null) return first.item;
7           return null;
8       }
9
10      //查看栈中的结点数量
11      public int size() {...}
12
13      / * *
14       * 链式栈的入栈操作。相当于在链表头部增加新的头结点
15       * 时间复杂度为 O(1)
16       * /
17      public void push(Object element) {
18          Node node = new Node(element);
19          if (size == 0) {
20              first = node;
21              first.next = null;
22          } else {
23              node.next = first;
24              first = node;
25          }
26          size + + ;
27      }
28
29      / * *
30       * 链式栈的出栈操作。相当于删除链表的头结点
31       * 时间复杂度为 O(1)
32       * /
33      public Object pop() {
34          if (isEmpty()) {
35              return null;
36          }
37          //要删除的结点是头结点
38          Node node = first;
39          //获取头结点中的数据,作为返回值返回
40          Object data = first.item;
41          first = first.next;
```

```
42            //将要删除结点里的属性赋值为null,方便GC回收
43            node.next = null;
44            node.item = null;
45            size - - ;
46            return data;
47        }
48
49        //判断栈中是否包含某个元素
50        public boolean contains(Object element) {...}
51
52        //查找元素在栈中首次出现的索引位置
53        public int indexOf(Object element) {...}
54
55        //遍历栈,返回数组
56        public Object[] toArray() {...}
57
58        //链式栈的内部结点类
59        private static class Node<E> {
60            E item;
61            Node<E> next;
62            Node(E element) {...}
63            Node(E element, Node<E> next) {...}
64        }
65 }
```

✔️ 代码分析

本案例用链表实现栈的先进后出,实现栈的入栈(push),出栈(pop),查看 peek 方法。主要就是利用链表的头结点作为栈顶的元素。以链表的头结点作为栈顶,在实现入栈和出栈时,就是在操作头结点,时间复杂度就是 $O(1)$。如果以尾结点作为栈顶,则时间复杂度就是 $O(n)$。

（1）push 的时候,new 一个新的结点,让该结点的 next 指针指向原来的 first,同时将该结点作为新的头结点。

（2）pop 的时候,只要将链表的头指针后移到它的 next,将 next 作为新的头结点即可。

（3）peek 的时候,返回头结点的值。

2.3.5 栈的时间复杂度

顺序栈和链式栈的入栈和出栈的时间复杂度都是 $O(1)$。对于链式栈来说,没有容量限制,而对于顺序栈则有容量上限。顺序栈支持动态扩容,当数组空间不够时,可以重新申请一块更大的内存,将原来数组中的数据完整拷贝。顺序栈动态扩容的时间复杂度是 $O(n)$。

2.3.6 栈的应用

1. 方法调用

每进入一个方法,就会将临时变量作为一个栈入栈,当被调用方法执行完成,返回之后,将这个方法对应的栈帧出栈。

2. 浏览器的后退功能

我们使用两个栈 X 和 Y,把首次浏览的页面依次压入栈 X,当单击后退按钮时,再依次从栈 X 中出栈,并将出栈的数据依次放入栈 Y。当单击前进按钮时,我们依次从栈 Y 中取出数据,放入栈 X 中。当栈 X 中没有数据时,说明没有页面可以继续后退浏览了。当栈 Y 中没有数据,那就说明没有页面可以单击前进按钮浏览了。

3. 利用栈实现四则运算表达式的运算

用栈实现四则算术表达式的运算,要先了解算术表达式的三种写法。

2.3.7 三种算术表达式

1. 表达式介绍

1) 中缀表达式

中缀表达式是一个通用的算术或逻辑公式表示方法,我们从小学阶段接触的算术表达式就是中缀表达式的写法。中缀表达式对我们来说很熟悉,但是对计算机来说比较难计算。因为要比较运算符的优先级,所以一般将中缀表达式转化为后缀表达式再进行表达式的运算。

2) 前缀表达式

前缀表达式是一种没有括号的算术表达式,与中缀表达式不同的是,其将运算符写在前面,操作数写在后面。为纪念其发明者波兰数学家简·卢卡西维茨(Jan Lukasiewicz),前缀表达式也称为"波兰表达式"。如"- 1 + 2 3",等价于"1 - (2 + 3)"。

计算机执行前缀表达式的求值过程如下。

(1) 计算机从右至左进行扫描。

(2) 遇到数字,将数字压入数栈。

(3) 遇到运算符,则弹出数栈中的栈顶和次顶的两个数字,和运算符进行运算,并将得到的结果压入栈中。

(4) 重复上述操作,直至操作进行到表达式最左端。最后运算得到的结果即为最后的结果。

例如,(1 + 2) * 3 - 4 的前缀表达式为:- * + 1 2 3 4,计算步骤如下。

(1) 从右至左进行扫描,将 4、3、2、1 依次压入栈。

(2) 继续向左扫描,遇到运算符 +,弹出栈顶元素 1 和次顶元素 2,计算 1 + 2 = 3。将计算结果 3 压入栈。

(3) 向左扫描,遇到运算符 *,弹出 3 和 3,计算 3 * 3 = 9。将结果 9 压入栈。

(4) 继续向左扫描,遇到运算符 -,弹出 9 和 4,计算 9 - 4 = 5。5 就是最后的运算结果。

3) 后缀表达式

后缀表达式,将运算符写在操作数之后。也叫作逆波兰表达式(reverse Polish notation,RPN,或逆波兰记法)。

2. 后缀表达式求值

1）计算机执行后缀表达式的规则

遍历后缀表达式中的数字和运算符，遇到数字则将数字入栈；遇到运算符，则弹出栈顶和次顶的两个数字（栈顶 top 和次顶 pre），计算 pre [+ − ∗ /] top，将运算结果入栈。

2）后缀表达式的运算求值思路

从左至右扫描后缀表达式；遇到数字时，将数字压入栈；遇到运算符时，弹出栈顶的两个数，用运算符对它们做出相应的计算，并将结果入栈。重复上述过程，直到表达式的最右端。最后运算得出的值即为表达式的计算结果。

例如，中缀表达式(3+4) ∗ 5−6 对应的后缀表达式为：3 4 + 5 ∗ 6 −，针对后缀表达式的计算步骤如下。

（1）从左至右扫描，将 3 和 4 压入栈。

（2）继续向右扫描，遇到运算符 +，弹出 4 和 3，4 为栈顶元素，3 为次顶元素，计算 3+4=7，将结果 7 入栈。

（3）向右扫描，遇到数字 5，将 5 入栈。

（4）向右扫描，遇到运算符 ∗，弹出 5 和 7，5 为栈顶元素，7 为次顶元素，计算 7 ∗ 5=35，将结果 35 入栈。

（5）向右扫描，遇到数字 6，将 6 入栈。

（6）向右扫描，遇到运算符 −，弹出 6 和 35，6 为栈顶元素，35 为次顶元素，计算 35−6=29。数字 29 就是运算结果。

3. 中缀表达式转后缀表达式

1）中缀表达式转后缀表达式的规则

（1）遍历中缀表达式中的数字和运算符，遇到数字直接输出。

（2）如果遇到运算符，就与栈顶运算符的优先级比较。优先级高的运算符直接压入栈。如果当前运算符比栈顶的优先级低，则弹出优先级高的运算符并输出，然后将当前运算符入栈。

（3）如果遇到左括号将其放入栈中。

（4）如果遇到一个右括号，则将栈数字中左括号弹出及之上的数字全部弹出并输出。注意，只有在遇到右括号的情况下才弹出左括号，其他情况都不会弹出左括号，且左括号只弹出并不输出。

（5）如果读到了表达式的末尾，则将栈中所有元素依次弹出。

例如，9+(3−1) ∗ 3+10/2 对应的后缀表达式是 9 3 1 − 3 ∗ + 10 2 / +。

2）中缀表达式转为后缀表达式实现过程

如中缀表达式为 9+(3−1) ∗ 3+10/2，其处理过程如下。

（1）首先读到数字 9，直接输出。

（2）读到运算符 +，将其放入栈中。

（3）读到运算符(，左括号优先级最高，直接放入栈中。

（4）读到数字 3，直接输出。

（5）读到运算符 −，将其放入栈中。

（6）读到数字 1，直接输出。此时栈和输出的情况如图 2.23 所示。

图 2.23 中缀表达式转后缀表达式过程 1

（7）接下来读到运算符），则直接将栈中元素弹出并输出，直到遇到运算符（为止。这里右括号前只有一个运算符 - 出栈并输出（见图 2.24）。

图 2.24 中缀表达式转后缀表达式过程 2

（8）接下来读到运算符 ＊，因为栈顶元素 ＋ 优先级比 ＊ 低，所以将 ＊ 直接压入栈中。

（9）读到数字 3，直接输出（见图 2.25）。

图 2.25 中缀表达式转后缀表达式过程 3

（10）读到运算符 ＋，因为栈顶元素 ＊ 的优先级比它高，所以弹出 ＊ 并输出。同理，栈中下一个元素 ＋ 优先级与读到的运算符 ＋ 一样，所以也要弹出并输出。然后将读到的 ＋ 压入栈中（见图 2.26）。

图 2.26 中缀表达式转后缀表达式过程 4

（11）读到数字 10，直接输出。

（12）读到运算符/，当前栈顶元素 ＋ 的优先级比它低，所以将/直接压入栈中。

（13）读到数字 2，直接输出（见图 2.27）。

图 2.27　中缀表达式转后缀表达式过程 5

（14）此时已经读到算术表达式末尾，栈中还有两个运算符"＋"和"/"，直接弹出并输出。至此整个转换过程完成（见图 2.28）。

图 2.28　中缀表达式转后缀表达式过程 6

2.3.8　栈实现四则运算表达式运算的代码实现

栈实现四则
运算表达式
运算的代码

扫描二维码获取栈实现四则运算表达式运算的详细代码，代码 2.8 仅展示了核心代码。

【代码 2.8】

```
1  /**
2   * 数组实现的栈,实现四则运算计算器
3   * 计算一个四则运算表达式的结果
4   */
5  public class StackCalculator {
6      ...
7      //执行计算方法
8      public static void testEval(String expression) {...}
9
10     //后缀表达式求值
11     public double eval(List<String> suffixExp) throws Exception {
12         double res = 0.0;
13         MyArrayStack stack = new MyArrayStack(20);
14         for (String s : suffixExp) {
15             if (s.matches("[ + \\ - * /]")) { //遇到运算符,取出前两个数,计算
16                 double top = Double.parseDouble(stack.pop());
17                 double pre = Double.parseDouble(stack.pop());
18                 res = calculate(pre, top, s);
19                 stack.push(String.valueOf(res));   //将当前结果入栈
20             } else {   //遇到数字,入栈
21                 stack.push(s);
22             }
```

```
23              }
24              return Double.parseDouble(stack.pop());
25      }
26
27      //中缀表达式转后缀表达式
28      public List<String> infixToSuffix(String infix) {
29              if (infix.trim().equals("")) {
30                      return null;
31              }
32              //表达式的正则
33              String pattern = "[ + \\ - * /\\(\\)\\d\\.\\s] + [\\d\\)]";
34              if (!Pattern.matches(pattern, infix)) {
35                      throw new IllegalArgumentException("参数不正确,表达式不合法!");
36              }
37              //分组的正则
38              List<String> suffixList = new ArrayList<>();  //保存后缀表达式
39              MyArrayStack operatorStack = new MyArrayStack(20);
40              //匹配数字和运算符
41              //(?<!exp2)exp1:查找前面不是 exp2 的 exp1
42              //是否是合法的表达式
43              String regString = "(?<!\\d) - ?\\d + (\\.\\d + )?|[ + \\ - * /\\(\\)]";
44              Pattern p = Pattern.compile(regString);
45              Matcher m = p.matcher(infix);
46              while (m.find()) {
47                      String s = m.group();
48                      //System.out.println(":::" + s);
49                      if (s.matches("[ + \\ - * /\\(\\)]")) {
50                              if (s.equals("(")) {  //遇到(,入栈
51                                      operatorStack.push(s);
52                              } else if (s.equals(")")) {  //遇到),出栈直到(
53                                      String top = "";
54                                      //判断栈里是否有左括号
55                                      while (operatorStack.contains("(") && !(top = operatorStack.pop
                                        ()).equals("(")) {
56                                              suffixList.add(top);
57                                      }
58                              } else {  //遇到运算符
59                                      //出栈,直到栈顶操作符的优先级小于当前运算符的优先级
60                                      while (!operatorStack.isEmpty() && operatorPriority(operatorStack.
                                        peek()) >= operatorPriority(s)) {
61                                              suffixList.add(operatorStack.pop());
62                                      }
63                                      operatorStack.push(s);  //当前运算符入栈
64                              }
65                      } else {  //遇到数字,直接输出
66                              suffixList.add(s);
67                      }
68              }
69              //System.out.println(":" + suffixList);
```

```
70              //读到输入的末尾,将栈中所有元素依次弹出
71              while (!operatorStack.isEmpty()) {
72                  suffixList.add(operatorStack.pop());
73              }
74              return suffixList;
75          }
76          /**
77           * 两个数求四则运算的结果
78           * @param pre    次栈顶数据
79           * @param top    栈顶数据
80           * @param operator   运算符
81           * @return
82           * @throws Exception
83           */
84          public double calculate(double pre, double top, String operator) throws Exception {...}
85
86          //运算符的优先级
87          public int operatorPriority(String symbol) {...}
88
89          //内部类
90          private class MyArrayStack {...}
91      }
```

📗**代码分析**

本案例的难点是中缀表达式转后缀表达式的实现过程。读者要结合中缀表达式转后缀表达式的图示步骤,去分析代码实现。本案例还用到了正则表达式。

2.4　队　　列

2.4.1　队列的概念

队列(queue)也是一种操作受限的线性表,是先进先出的线性表。队列的出口端叫作队头(front),队列的入口端叫作队尾(rear)。队列只允许在队尾进行添加操作,在队头进行删除操作。队列的操作方式和栈类似,唯一的区别在于队列只允许新数据在队尾进行添加(见图2.29)。

图 2.29　队列示意

　　队列是 Java 语言中常用的数据结构,队列的存储结构有两种:一种是基于数组实现的;另一种是基于单链表实现的。

　　用数组实现队列时,为了入队操作的方便,把队尾位置规定为最后入队元素的下一个位置。用数组实现的队列叫作顺序队列。数组实现的队列在创建的时候就已经确定了数组的长度,所以队列的长度是固定的,但是可以循环使用数组,这种队列也称为循环队列。

　　用链表实现的队列叫作链式队列,其内部通过指针指向形成一个队列,这种队列是单向的且长度不固定,所以也称为非循环队列(见图 2.30)。

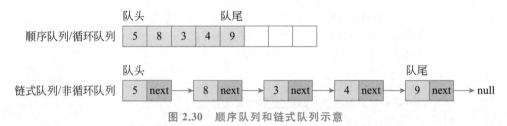

图 2.30　顺序队列和链式队列示意

2.4.2　队列的操作

1. 入队

　　入队(enqueue)就是把新元素放入队列中,只允许在队尾的位置放入元素,新元素的下一个位置将会成为新的队尾。

　　添加数据时,首先判断队列的长度是否超出了数组的长度,如果超出则就添加失败(也可以设置成等待,等队列里的数据出队,然后添加进去)。元素入队完成后,队列长度加一,rear 指针也会相应自增一(见图 2.31)。

图 2.31　队列入队模拟

2. 出队

　　出队(dequeue)操作就是把元素移出队列,只允许在队头一侧移出元素,出队元素的后一个元素将会成为新的队头。元素出队后,队列的长度减一,front 指针自增一(见图 2.32)。

图 2.32　队列出队模拟

2.4.3 数组实现顺序循环队列的代码实现

扫描二维码获取数组实现顺序循环队列的详细代码，代码 2.9 仅展示了核心代码。

【代码 2.9】

```java
1    //数组实现的队列,叫作顺序队列,也叫循环队列
2    public class ArrayQueue {
3        ...
4        /* *
5         * 入队:往队尾添加数据
6         * 入队完成后,队列长度加一,rear 指针也会相应自增一
7         * 时间复杂度为 O(1)
8         */
9        public void enqueue(Object data) {
10           //判断队列是否已满。如果为满,则抛出异常
11           if (isFull()) {
12               throw new RuntimeException("队列已满,无法添加数据!");
13           }
14           size++;
15           rear++;
16           if (rear > maxSize - 1) {
17               rear = 0;
18           }
19           queue[rear] = data;
20       }
21
22       /* *
23        * 出队:从队列头部拉出数据
24        * 出队完成后,队列的长度减一,front 指针自增一
25        * 时间复杂度为 O(1)
26        * @return 返回出队的元素数据
27        */
28       public Object dequeue() {
29           //判断队列是否为空。如果为空,则抛出异常
30           if (isEmpty()) {
31               throw new RuntimeException("队列空,无法取出数据!");
32           }
33           size--;
34           front++;
35           Object data = queue[front];
36           queue[front] = null;
37           if (front >= maxSize - 1) {
38               front = -1;
39           }
40           return data;
41       }
42
43       //查看队头数据
```

```
44        public Object peek() {...}
45
46        //队列中当前存储的数据量
47        public int size() {...}
48
49        //队列是否为空
50        public boolean isEmpty() {...}
51
52        //队列是否已满
53        public boolean isFull() {...}
54
55        //清空队列
56        public void clear() {...}
57
58        //判断栈中是否包含某个元素
59        public boolean contains(Object element) {...}
60
61        //查找某个数据在队列首次出现的位置
62        public int indexOf(Object element) {...}
63
64        //遍历队列,返回集合
65        public Object[] toArray() {...}
66    }
```

代码分析

本案例演示了一个循环队列多次入队和出队后的变化情况。当队列中入队的元素大于队列的容量时,将无法再添加元素,直至有元素出队。

因为数组构成的队列是循环队列,所以队列的 front 不一定在 rear 的左侧。为了配合该案例,如图 2.33 所示,请观察 front 和 rear 的位置变化。

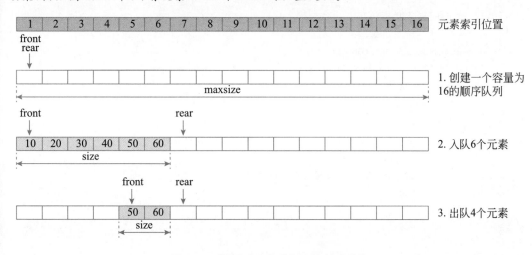

图 2.33 循环对列入队和出队效果演示

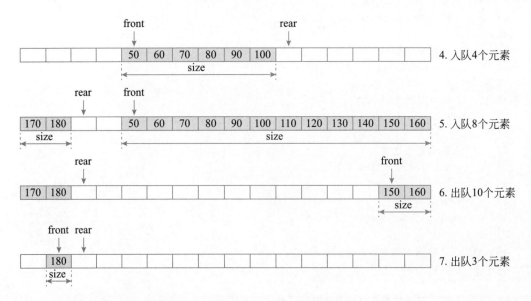

图 2.33　循环对列入队和出队效果演示（续）

链表实现链式
队列的代码

2.4.4　链表实现链式队列的代码实现

扫描二维码获取链表实现链式队列的详细代码，代码 2.10 仅展示了核心代码。

【代码 2.10】

```
1    //链表实现的队列,叫作链式队列,也叫非循环队列
2    public class LinkedQueue {
3        ...
4        / * *
5         * 入队:数据从队尾入队列
6         * 时间复杂度是 O(1)
7         * /
8        public void enqueue(Object data) {
9            Node node = new Node(data);
10           if (size = = 0) {
11               front = rear = node;
12           } else {
13               //将当前队尾结点的下一个结点设置为新添加结点
14               rear.next = node;
15               //将新添加结点设置为新的队尾结点
16               rear = node;
17           }
18           size+ + ;
19       }
20
21       / * *
22        * 出队:数据从队头出队列,返回结点中存储的数据
```

```
23          * 时间复杂度是 O(1)
24          */
25         public Object dequeue() {
26             if (isEmpty()) return null;
27             //获取即将出列的结点,即原队列首结点
28             Node old = front;
29             //获取出列结点中的数据,将数据返回
30             Object data = old.item;
31             //将原队列首结点的下一个结点变成新的队首
32             front = old.next;
33             //队列为空
34             if (front == null) {
35                 rear = null;
36             }
37             size--;
38             return data;
39         }
40
41         //查看队头元素
42         public Object peek() {
43             if (front != null) return front.item;
44             return null;
45         }
46
47         //队列中当前存储的元素总量
48         public int size() {...}
49
50         //清空队列
51         public void clear() {...}
52
53         //遍历队列,返回数组
54         public Object[] toArray() {...}
55
56         //判断队列中是否包含某个元素
57         public boolean contains(Object element) {...}
58
59         //查找元素在队列中首次出现的索引位置
60         public int indexOf(Object element) {...}
61
62         //链式队列的内部结点类
63         private static class Node<E> {
64             E item;
65             Node<E> next;
66             Node(E element) {...}
67         }
68     }
```

2.4.5 队列的时间复杂度

无论是顺序队列还是链式队列，入队和出队的时间复杂度都是 O(1)。队列主要应用于资源池、消息队列、命令队列等。

2.5 串

2.5.1 串的定义

字符串一般简称为串，是由零个或多个字符组成的有限序列。串可以是字母、数字或其他字符。串中字符的个数称为串的长度。零个字符的串称为空串，它的长度为 0。

串中任意一个连续的字符组成的子序列称为该串的子串，包含子串的串称为主串。通常称字符在序列中的序号为该字符在串中的位置。子串在主串中的位置则以子串的第一个字符在主串中的位置来表示。当两个串的长度相等，并且各个对应的字符都相等时，称为两个串相等。由一个或多个空格组成的串称为空格串。空格串并非空串，它有长度，它的长度为串中空格符号的个数。

2.5.2 串的实现

1. 定长顺序存储串

类似于线性表的顺序存储结构，用一组地址连续的存储单元存储字符序列，也叫作静态数组存储字符串。在串的定长顺序存储结构中，按照预定义的大小，为每个串分配一个固定长度的存储区。串的实际长度可以在预定义长度范围内随意取值，超过预定义长度的串值则被舍去，称为截断。截断约定用截尾法处理。定长顺序存储的串存在被截断的弊病，如果要克服这个弊病则需要不限定串的最大长度，这就需要动态分配串的存储空间。

2. 动态分配方式存储串

这种存储的特点仍然是以一组地址连续的存储单元存放字符序列，但是它们的存储空间是在程序执行过程中动态分配而得。动态分配存储的字符串既有顺序存储结构的特点（处理方便），操作中对串长又不产生闲置，更加灵活，因此在串处理的应用程序中常被选用。

3. 链表方式存储串

链表方式存储串和线性表的链式存储结构类似，由于串结构的每个元素都是一个字符，用链表存储串时，存在一个结点大小的问题，即每个结点可以存放一个字符，也可以存放多个字符。为了便于进行串的操作，当以链表存储串时，除了头指针外，还附设一个尾指针，并给出当前串的长度。这样定义的串存储结构为块链结构。

串的链式存储结构不如另外两种存储结构灵活，它占用存储量大且操作复杂。

2.5.3 串的算法

关于串的算法将在本书第 7 章"字符串匹配算法"中详细讲解。

小　　结

　　本章介绍了数据结构中的线性结构:顺序表(一维数组)、链表、队列和栈。分别讲解了这几种线性结构的存储原理,对数列的操作(读取、更新、插入、删除)的时间复杂度。

　　数组作为最基础的数据结构,应用非常广泛。数组执行查找元素,时间复杂度是 O(1);数组修改元素,时间复杂度是 O(1);数组头部添加元素,时间复杂度是 O(n);数组在中间位置添加元素,时间复杂度是 O(n);在数组尾部添加元素,时间复杂度是 O(1);数组插入元素,需要扩容的情况下,时间复杂度是 O(n);数组删除头部的元素,时间复杂度是 O(n);数组删除指定位置的元素,最坏情况下是 O(n);删除数组尾部元素,时间复杂度是 O(1)。

　　在链表中讲解了单向链表、双向链表、单向循环链表和约瑟夫环的实现。单向链表查找头结点的时间复杂度是 O(1),查找其他位置结点的最坏情况时间复杂度是 O(n);单向链表修改头结点的时间复杂度是 O(1),修改其他结点的最坏情况时间复杂度是 O(n);单向链表添加头结点的时间复杂度是 O(1),在其他位置添加的最坏情况时间复杂度是 O(n);单向链表删除头结点的时间复杂度是 O(1),删除其他结点的最坏情况时间复杂度都是 O(n)。

　　查找双向链表的头结点或尾结点,时间复杂度是 O(1),查找指定位置结点的最坏情况时间复杂度是 O(n);修改双向链表的头结点或尾结点,时间复杂度是 O(1),修改指定位置结点的最坏情况时间复杂度是 O(n);在双向链表添加头结点或尾结点,时间复杂度是 O(1),在指定位置添加的最坏情况时间复杂度是 O(n);删除双向链表的头结点或尾结点,时间复杂度是 O(1),删除指定位置结点的最坏情况时间复杂度都是 O(n)。

　　查找单向循环链表的头结点或尾结点,时间复杂度是 O(1),查找其他位置结点的最坏情况时间复杂度是 O(n);单向循环链表修改头结点和尾结点的时间复杂度是 O(1),修改其他结点的最坏情况时间复杂度是 O(n);单向循环链表添加头结点的时间复杂度是 O(1),在其他位置添加的最坏情况时间复杂度是 O(n);单向循环链表首尾衔接,在尾部添加结点就是在头部添加结点;单向循环链表删除头结点的时间复杂度是 O(1),删除其他结点的最坏情况时间复杂度都是 O(n)。

　　栈是先入后出(FILO)的线性表。顺序栈和链式栈的入栈和出栈的时间复杂度都是 O(1)。本章中还讲解了有关栈的中缀表达式、前缀表达式、后缀表达式(逆波兰表达式)。

　　队列是先进先出(FIFO)的线性表,无论是顺序队列还是链式队列,入队和出队的时间复杂度都是 O(1)。

　　本章要求熟练掌握顺序表、链表、队列和栈的存储原理,对数列不同操作的时间复杂度。要重点掌握约瑟夫环的核心代码以及栈计算逆波兰表达式的实现步骤。

第3章 非线性数据结构

第2章我们学习了线性数据结构,线性结构中元素都是一对一的关系。线性结构中必须存在唯一的第一个元素和唯一的最后一个元素,除第一元素外,其他元素均有唯一的"前驱",除最后一个元素外,其他元素均有唯一的"后继"。其实生活中有很多数据的逻辑关系并不是线性关系,在实际场景中,常常存在着一对多,甚至是多对多的情况。例如,家谱图、公司的组织架构,以及我们平时整理知识点的思维导图(见图3.1),这些都属于非线性数据结构。非线性结构中元素之间可以是一对多或多对多的关系,一个元素可能有多个"前驱"和多个"后继"。

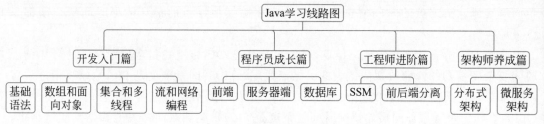

图 3.1　非线性结构示意

非线性结构的代表就是树,除了树还包括图、散列表、多维数组。本章我们将学习二叉树(平衡二叉树、二叉查找树、AVL树、红黑树、哈夫曼树、二叉堆)、B-树/B+树、图、散列表、稀疏数组。

3.1　树 的 概 述

3.1.1　树的概念

树的概述

树(Tree)是非线性结构的典型代表,生活中有很多树形结构的例子。其数据元素之间存在一对多的关系。在数据结构中,树的定义是:树是由 $n(n>0)$ 个有限结点组成一个具有层次关系的集合。当 $n=0$ 时,称为空树。把它叫作"树",是因为它看起来像一棵倒挂的树,也就是说它是根朝上,叶朝下的。树具有以下特点:

(1) 树有且仅有一个特定的根(root)结点。

(2) 除了根结点,其余每个结点都有且只有一个直接前驱,这个前驱结点叫父结点。

(3) 树的每个结点都可以有多个后继,叫作子结点。没有后继的结点称为叶子结点(leaf)。有父结点,也有子结点,这样的结点被称为中间结点或分支结点。

（4）除了根结点，其余结点可分为 $m(m>0)$ 个互不相交的有限集合。其中每一个集合本身又是一棵树，称为子树。

如图 3.2 所示，结点 1 是根结点，该结点没有父结点。结点 5、7、8、9、10 是树的末端，没有子结点，是叶子结点。结点 2、3、4、6 在树的中间，有父结点和子结点，是中间结点（分支结点）。图中的虚线部分是子树。T1、T2 是根结点 1 的子树，T3 是结点 2 的子树，T4 是结点 3 的子树。子树没有个数的限制，但是它们之间一定不相交。图 3.3 产生子树相交的情况，不符合定义的树结构。

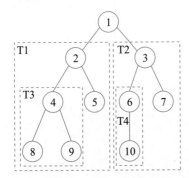

图 3.2　标准树形结构示意

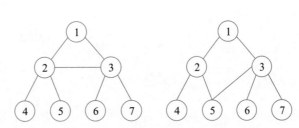

图 3.3　不符合定义的树结构

3.1.2　树的基本术语

1. 树的高度（深度）

树的最大层级数，被称为树的高度或深度。如图 3.4 所示，该树的高度（深度）是 4。根结点在第 1 层，结点 8、9、10 位于第 4 层（注：托马斯·H. 科尔曼（Thomas H. Cormen）等所著的《算法导论》（*Algorithms Unlocked*）一书中，树的高度是从"0"开始计数的，本书遵循惯例，树的高度是从"1"开始计数）。

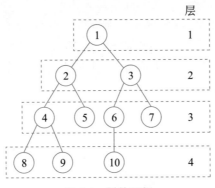

图 3.4　树的层级

2. 结点关系

具有同一父结点的结点互相称为兄弟结点。图 3.4 中，结点 2 和 3，结点 4 和 5，结点 6 和 7，结点 8 和 9 彼此是兄弟结点。

3. 树的度数

一个结点的子结点的个数称为该结点的度数。度为 0 的结点是叶子结点，而度不为 0

的结点为分支结点。一棵树的度是指该树中结点的最大度数。图3.4中，结点2、3、4的度为2，结点6的度为1，结点5、7、8、9、10的度为0。这棵树的度为2。

3.1.3 树的分类

树根据度的大小分为二叉树和多路树。堆也属于一种多路树结构，根据度的大小堆也分为二叉堆和多叉堆。本章重点讲解图3.5所示的树。

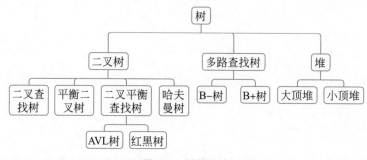

图3.5 树的分类

3.2 二 叉 树

3.2.1 二叉树的概念

二叉树

二叉树(binary tree)是树的一种特殊形式。二叉树的任意结点最多可以有两个子结点，也可以只有一个或者没有子结点，因此二叉树的度数一定小于等于2。二叉树结点的两个子结点，一个被称为左子结点，另一个被称为右子结点。二叉树严格区分左右子结点，两个子结点的顺序是固定的，即使只有一棵子树也要区分左右。

二叉树继续分类，衍生出满二叉树和完全二叉树。

满二叉树是一种理想状态。二叉树的所有非叶子结点都存在左右子结点，每个非叶子结点的度都是2，并且所有叶子结点都在同一层上，那么这个树就是满二叉树（见图3.6）。

图3.7为非满二叉树，虽然除了叶子结点，其他结点都具有左右子结点，但叶子结点不在同一层，所以不是满二叉树。

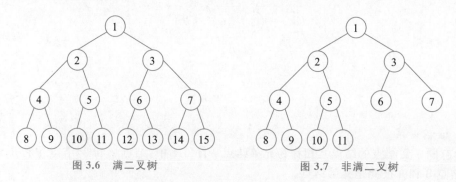

图3.6 满二叉树   图3.7 非满二叉树

如果二叉树中除去最后一层结点为满二叉树，且最后一层的结点依次从左到右分布，则此二叉树被称为完全二叉树。满二叉树和完全二叉树的区别在于,满二叉树要求所有分支都是满的,而完全二叉树只需保证最后一个结点之前的结点都齐全即可(见图 3.8)。

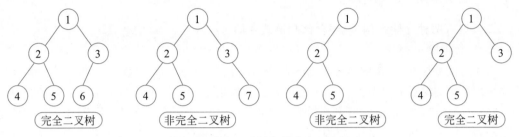

图 3.8 完全二叉树和非完全二叉树

3.2.2 二叉树的性质

1. 普通二叉树的性质

性质 1:二叉树中,第 i 层最多有 2^{i-1} 个结点。二叉树的第 1 层最多有 1 个结点,第 2 层最多有 2 个结点,第 3 层最多有 4 个结点,依次类推。

性质 2:如果二叉树的深度为 k,那么此二叉树最多有 2^k-1 个结点。二叉树的深度为 1,结点最多为 1 个;深度为 2,结点最多有 3 个;深度为 3,结点最多有 7 个;深度为 4,结点最多有 15 个,依次类推。

性质 3:二叉树中,叶子结点数为 $n0$,度为 2 的结点数为 $n2$,则 $n0=n2+1$。换言之,叶子结点数比度为 2 的结点多一个。

性质 3 的计算过程:对于一个二叉树来说,总结点数就是度为 0、1、2 的子结点的总和(总结点数用 n 表示,度为 0、1、2 的子结点数用 $n0$、$n1$、$n2$ 表示),所以 $n=n0+n1+n2$。对于每一个结点来说都是由其父结点分支表示的,假设树中分支数为 b,那么总结点数 $n=b+1$。而分支数是可以通过 $n1$ 和 $n2$ 表示的,即 $b=n1+2*n2$。由此得出 $n=n1+2*n2+1$。$n=n0+n1+n2$ 和 $n=n1+2*n2+1$ 组成一个方程组,得出 $n0+n1+n2=n1+2*n2+1$,最后得出 $n0=n2+1$。

2. 满二叉树的性质

满二叉树除了满足普通二叉树的性质,还具有以下性质:

性质 1:满二叉树中第 i 层的结点数必是 2^{i-1} 个。

性质 2:深度为 k 的满二叉树必有 2^k-1 个结点,叶子结点数必然是 2^{k-1}。

性质 3:具有 n 个结点的满二叉树的深度为 $\log_2(n+1)$。

3. 完全二叉树的性质

完全二叉树除了满足普通二叉树的性质,还具有以下性质:具有 n 个结点的满二叉树的深度为 $\log_2 n+1$。

对于任意一个完全二叉树来说,如果将含有的结点按照层次从左到右依次标号(见图 3.7),对于任意一个结点 i,完全二叉树还具有以下结论:

(1) 当 $i>1$ 时,父结点的编号是 $i/2$($i=1$ 时,表示的是根结点,无父结点)。

(2) 如果 $2i>n$(n 为总结点的个数),则结点 i 肯定没有左子结点;否则其左子结点是结点 $2i$。

（3）如果 $2i+1>n$，则结点 i 肯定没有右子结点；否则右子结点是结点 $2i+1$。

3.2.3　二叉树的存储结构

二叉树有两种存储结构：顺序存储和链式存储。

1. 二叉树顺序存储

二叉树的顺序存储，指的是使用顺序表（数组）存储二叉树。使用数组存储时，会按照层级顺序把二叉树的结点放到数组中对应的位置上。如果某一个结点的左子结点或右子结点空缺，则数组的相应位置也要空出来。对于一个稀疏的二叉树（子结点不满）来说，用顺序存储是非常浪费空间的。所以二叉树的顺序存储一般只适用于完全二叉树，或者说完全二叉树才适合使用顺序表存储。当顺序存储普通二叉树时，需要提前将普通二叉树转化为完全二叉树。

二叉树顺序存储有如下特点。

（1）二叉树顺序存储通常只考虑完全二叉树。

（2）第 n 个元素的左子结点为第 $2n+1$ 个元素。

（3）第 n 个元素的右子结点为第 $2n+2$ 个元素。

（4）第 n 个元素的父结点为第 $(n-1)/2$ 个元素。

二叉树顺序存储如图 3.9 所示。

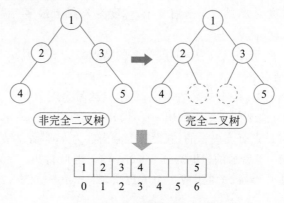

图 3.9　二叉树顺序存储示意

2. 二叉树链式存储

二叉树推荐使用链式存储。链式存储二叉树，其结点结构与双向链表一致，每一个结点都包含三个部分：存储数据的 data 变量、指向左子结点的 left 指针和指向右子结点的 right 指针，这样的链表称为二叉链表。二叉树链式存储如图 3.10 所示。

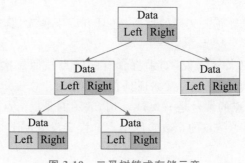

图 3.10　二叉树链式存储示意

3.2.4　二叉树的遍历

二叉树是典型的非线性数据结构,遍历时需要把非线性关联的结点转化成一个线性的序列。以不同的方式来遍历,遍历出的序列顺序也不同。二叉树的遍历包括:深度优先遍历(包括前序遍历、中序遍历、后序遍历)和广度优先遍历(层序遍历)。

1. 深度优先遍历

所谓深度优先遍历(depth first search,DFS),顾名思义就是偏向于纵深,"一头扎到底"的访问方式。它包括前序遍历、中序遍历、后序遍历。

1)前序遍历

二叉树遍历每个子树时,按照根结点、左子树、右子树的顺序来遍历,因为根结点在前,所以叫作前序遍历。前序遍历中根结点的优先级最高。如图3.11所示,前序遍历的步骤如下。

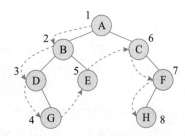

图 3.11　前序遍历示意

(1)前序遍历时根结点是整个树中优先级最高的,第一个输出,所以首先输出根结点 A。

(2)根结点 A 存在左子树,所以遍历到结点 B 并输出 B。结点 B 是这棵树左侧优先级别最高的结点。

(3)结点 B 也存在左子树,所以遍历到结点 D,并输出 D。

(4)按照"根左右"的顺序,应该遍历到结点 D 的左右子树。结点 D 没有左子结点,但是有右子结点 G,所以遍历到结点 G。因为结点 G 没有子树,所以输出 G 并返回上一层子树。

(5)在 B、D、E 所构成的子树中,B、D 已经输出,因为结点 E 没有子树,所以输出 E 并返回上一层子树。

(6)返回 A、B、C 所构成的子树。A、B 已经输出,则输出右子结点 C。结点 C 是这棵树右侧优先级别最高的结点。

(7)遍历到下一层 C、F 构成的子树。按照"根左右"的顺序输出,结点 C 没有左子树,输出右子结点 F。

(8)遍历到下一层 F、H 构成的子树。结点 F 有左子树,输出左子结点 H。

(9)到此为止,所有的结点都遍历输出完毕。输出顺序为:A→B→D→G→E→C→F→H。

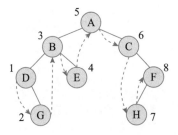

图 3.12　中序遍历示意

通过分析,我们发现规律:二叉树前序遍历第一个输出的是根结点,最后一个输出的是根结点右侧最底层最后一个元素。

2)中序遍历

二叉树遍历每个子树时,按照左子树、根结点、右子树的顺序来遍历,因为根结点在中间,所以叫作中序遍历。如图3.12所示,中序遍历的步骤如下。

(1)中序遍历时整个树最左侧的结点优先级别最高,第一个输出。所以首先访问根结点的左子树,如果这个左子树还有左子树,则一层一层深入访问下去,一直找到不再有左子树的结点并输出。符合条件的是结点 D,所以首先输出 D。

（2）在 D、G 所构成的子树中,按照"左根右"的顺序遍历,左子树为空,D 已经输出,则遍历到结点 G。因为结点 G 没有子树,所以输出 G 并返回上一层子树。

（3）返回 B、D、E 所构成的子树,按照"左根右"的顺序遍历,D 已经输出,所以先输出 B。因为结点 E 没有子树,所以输出 E,并返回上一层子树。

（4）返回 A、B、C 所构成的子树,按照"左根右"的顺序遍历,B 已经输出,则输出 A。接下来遍历到结点 C。如果 C 有左子树,则要继续逐层深入查找是否还有左子树。因为结点 C 没有左子树,所以直接输出 C。

（5）往下遍历到 C、F 构成的子树。按照"左根右"的顺序,没有左子树,C 已经输出,则遍历到结点 F。F 不能直接输出,因为在下一层 F、H 构成的子树中,按照"左根右"的顺序,结点 H 比结点 F 优先级别高。所以先输出 H,再输出 F。

（6）到此为止,所有的结点都遍历输出完毕。输出顺序为:D→G→B→E→A→C→H→F。

通过分析,我们发现规律:二叉树中序遍历第一个输出的元素是树结构中最左侧的元素,最后一个输出的是树结构中最右侧的元素,根结点在中间位置输出。

3）后序遍历

二叉树遍历每个子树时,按照左子树、右子树、根结点的顺序来遍历,因为根结点在最后,所以叫作后序遍历。如图 3.13 所示,后序遍历的步骤如下。

（1）后序遍历时整个树最底层最左侧的结点优先级最高,第一个输出。所以首先访问根结点的左子树,找到最底层最左侧的元素。符合条件的是结点 G。

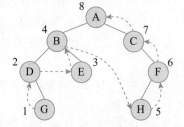

图 3.13　后序遍历示意

（2）在 D、G 所构成的子树,按照"左右根"的顺序遍历,左子结点为空,右子结点为 G,根为 D,则先遍历到 G,再遍历到 D。因为结点 G 没有子树,所以先输出 G,再输出 D,并返回上一层子树。

（3）返回 B、D、E 所构成的子树,按照"左右根"的顺序遍历,D 已经输出,则先遍历到结点 E,再到结点 B。因为结点 E 没有子树,所以先输出 E,再输出 B,并返回上一层子树。

（4）返回 A、B、C 所构成的子树,按照"左右根"的顺序遍历,B 已经输出,接下来遍历到结点 C。因为结点 C 下面还有 C、F 子树,所以遍历到 C、F 构成的子树。

（5）在 C、F 构成的子树,按照"左右根"的顺序,结点 F 比结点 C 优先级别高。结点 F 还有子树,在 F、H 构成的子树中,按照"左右根"的顺序,结点 H 比结点 F 优先级别高。所以先输出结点 H,再输出结点 F,其次是结点 C,最后是根结点 A。

（6）到此为止,所有的结点都遍历输出完毕。输出顺序为:G→D→E→B→H→F→C→A。

通过分析,我们发现规律:二叉树后序遍历第一个输出的元素是根结点左侧最底层第一个元素,最后一个输出的是根结点元素。

2. 广度优先遍历

广度优先遍历(breadth first search,BFS)也叫层序遍历,就是按照二叉树中的层次从左到右依次遍历每层中的结点。层序遍历的实现思路是利用队列来实现,先将树的根结点入队,然后让队列中的结点出队。队列中每一个结点出队时,都要将该结点的左子结点和右子结点入队。当队列中的所有结点都出队,树中的所有结点也就遍历完成。此时队列中结点的出队顺序就是层次遍历的最终结果。如图 3.14 所示,层序遍历的步骤如下。

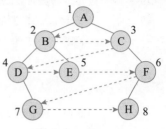

图 3.14　层序遍历示意

(1) 根结点 A 加入队列。

(2) 结点 A 出队,输出结点 A 并得到结点 A 的左子结点 B 和右子结点 C,让结点 B 和结点 C 入队。

(3) 结点 B 出队,输出结点 B 并得到结点 B 的左子结点 D 和右子结点 E,让结点 D 和结点 E 入队。

(4) 结点 C 出队,输出结点 C 并得到结点 C 的右子结点 F,让结点 F 入队。

(5) 结点 D 出队,输出结点 D 并得到结点 D 的右子结点 G,让结点 G 入队。

(6) 结点 E 出队,输出结点 E,结点 E 没有子结点,所以没有新结点入队。

(7) 结点 F 出队,输出结点 F 并得到结点 F 的左子结点 H,让结点 H 入队。

(8) 结点 G 出队,输出结点 G,结点 G 没有子结点,所以没有新结点入队。

(9) 结点 H 出队,输出结点 H,结点 H 没有子结点,所以没有新结点入队。

(10) 到此为止,所有的结点都输出完毕。输出顺序为:A→B→C→D→E→F→G→H。

3.2.5　二叉树遍历的代码实现

扫描二维码获取实现二叉树遍历的详细代码。代码 3.1 仅展示核心代码。

【代码 3.1】

```
1  /**
2   * 二叉树的遍历
3   * 1.深度优先遍历(包括前序遍历、中序遍历、后序遍历)
4   * 2.广度优先遍历(层序遍历)
5   * 二叉树遍历可以采用递归实现,也可以采用非递归实现。本案例中先用递归来实现
6   */
7  public class BinaryTree {
8     /**
9      * 递归实现前序遍历
10     * 二叉树的前序遍历,输出顺序是根结点、左子树、右子树,根结点在最前
11     */
12    public void preOrderTraverseRecurse(Node node) {
13        if (node = = null) {
14            return;
15        }
16        //输出根结点
17        displayElem(node);
18        //输出左子树结点
```

二叉树遍历的
代码实现

```
19          preOrderTraverseRecurse(node.leftChild);
20          //输出右子树结点
21          preOrderTraverseRecurse(node.rightChild);
22      }
23
24      /**
25       * 递归实现中序遍历
26       * 二叉树的中序遍历,输出顺序是左子树、根结点、右子树,根结点在中间
27       */
28      public void inOrderTraverseRecurse(Node node) {
29          if (node = = null) {
30              return;
31          }
32          //输出左子树结点
33          inOrderTraverseRecurse(node.leftChild);
34          //输出根结点
35          displayElem(node);
36          //输出右子树结点
37          inOrderTraverseRecurse(node.rightChild);
38      }
39
40      /**
41       * 递归实现后序遍历
42       * 二叉树的后序遍历,输出顺序是左子树、右子树、根结点,根结点在最后
43       */
44      public void postOrderTraverseRecurse(Node node) {
45          if (node = = null) {
46              return;
47          }
48          //输出左子树结点
49          postOrderTraverseRecurse(node.leftChild);
50          //输出右子树结点
51          postOrderTraverseRecurse(node.rightChild);
52          //输出根结点
53          displayElem(node);
54      }
55
56      //层序遍历
57      public void levelOrderTraverse(Node root) {
58          Queue<Node> queue = new LinkedList<Node>();
59          //将根结点插入队列
60          queue.add(root);
61          while (!queue.isEmpty()) {
62              //获取队头并出队
```

```
63                 Node node = queue.poll();
64                 //输出结点信息
65                 displayElem(node);
66                 if (node.leftChild != null) {
67                     queue.add(node.leftChild);
68                 }
69                 if (node.rightChild != null) {
70                     queue.add(node.rightChild);
71                 }
72             }
73         }
74     //二叉树的内部结点类
75     private static class Node<E> {
76         E data;
77         Node<E> leftChild;
78         Node<E> rightChild;
79     }
80 }
```

运行结果：

```
A  B  D  G  E  C  F  H
D  G  B  E  A  C  H  F
G  D  E  B  H  F  C  A
A  B  C  D  E  F  G  H
```

第一行至第四行依次为前序遍历、中序遍历、后序遍历和层序遍历。

🛡️代码分析

　　程序运行的结果与图示分析过程完全一致。二叉树遍历可以采用递归实现，也可以采用非递归实现。本案例中用递归来实现。在 3.2.6 小节的案例中我们将展示非递归方法实现二叉树遍历。

3.2.6　二叉查找树的概念

二叉查找树

　　二叉查找树(binary search tree,BST)是在二叉树的基础上增加了以下几个条件。

　　(1) 如果左子树不为空,则左子树上所有结点的值均小于根结点的值。

　　(2) 如果右子树不为空,则右子树上所有结点的值均大于根结点的值。

　　(3) 左、右子树也都是二叉查找树。

　　二叉查找树要求左子树小于父结点,右子树大于父结点,正是这样保证了二叉树的有序性。二叉查找树,或者二叉搜索树,还有另一个名字叫二叉排序树(binary sort tree,BST)。二叉查找树的左子树结点值＜根结点值＜右子树结点值。如果对二叉查找树进行中序遍历,可以得到一个递增的有序序列。

3.2.7 二叉查找树的操作

1. 结点查找

例如，查找图 3.15 中的结点 5 的步骤如下。

（1）访问根结点，发现结点数字为 7。

（2）因为 5＜7，所以访问结点 7 的左子结点，找到数字 4。

（3）因为 5＞4，所以访问结点 4 的右子结点，找到数字 6。

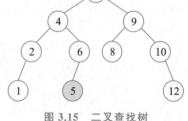

图 3.15 二叉查找树

（4）因为 5＜6，所以访问结点 6 的左子结点，找到数字 5。

（5）因为 5＝5，这正是要查找的结点。

对于一个结点分布相对均衡的二叉查找树来说，如果结点总数是 n，那么查找结点的时间复杂度是 $O(\log n)$，查找的步数和树的深度是一样的。这种方式正是遵循了二分查找的思想。

2. 新增结点

例如，在图 3.15 中新增结点 3 的步骤如下。

（1）访问根结点，发现结点数字为 7。

（2）因为 3＜7，所以访问结点 7 的左子结点，找到数字 4。

（3）因为 3＜4，所以访问结点 4 的左子结点，找到数字 2。

（4）因为 3＞2，所以要看结点 2 的右子结点，该结点为空，所以最终插入结点 2 的右子结点位置上。

3. 删除结点

二叉查找树在删除结点时有以下三种情况。

（1）如果被删除的结点是叶子结点，则直接删除，不会影响二叉树原有的规则。

（2）如果被删除的结点只有一个左子树或右子树，则将该结点的子树作为其父结点的子树，代替该结点的位置即可，如图 3.16 所示。

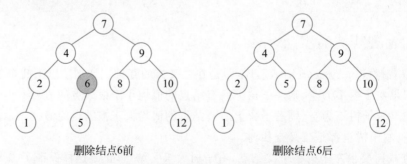

删除结点6前　　　　　　　　　　　删除结点6后

图 3.16 二叉查找树删除只有单个子树的结点后

（3）如果被删除的结点有左右两个子树，则可以根据中序遍历的结果，使用被删除结点的直接前驱替换被删除结点。如图 3.17 所示，该二叉树采用中序遍历访问结点的顺序为 1、

2、4、5、6、7、8、9、10、12。当删除结点 9 时,结点 9 的直接前驱是结点 8,替换被删除的结点 9。

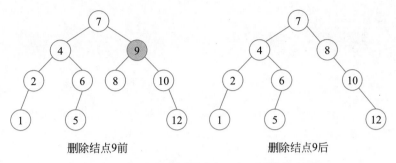

图 3.17 二叉查找树删除有两个子树的结点后

如图 3.18 所示,该二叉树采用中序遍历访问结点的顺序为 1、2、4、5、6、7、8、9、10、12。当删除结点 7 时,结点 7 的直接前驱是结点 6,替换被删除的结点 7。而结点 6 移位后,其子结点 5 替换其位置。

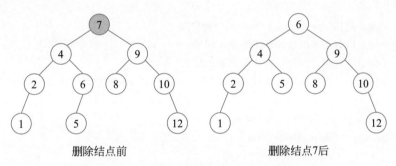

图 3.18 二叉查找树删除有两个子树的结点后

4. 二叉查找树遍历结点

二叉查找树的遍历包括前序遍历(见图 3.19)、中序遍历(见图 3.20)、后序遍历(见图 3.21)和层序遍历(见图 3.22)。二叉查找树的遍历细节已经在 3.2.4 小节中进行详细描述,不再进行赘述。大家要通过图 3.19~图 3.22 所示顺序完全掌握二叉查找树四种遍历方式的执行顺序。

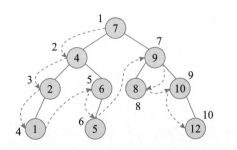

前序遍历顺序:7→4→2→1→6→5→9→8→10→12

图 3.19 二叉查找树前序遍历

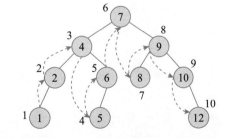

中序遍历顺序:1→2→4→5→6→7→8→9→10→12

图 3.20 二叉查找树中序遍历

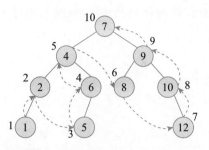

后序遍历顺序：1→2→5→6→4→8→12→10→9→7

图 3.21 二叉查找树后序遍历

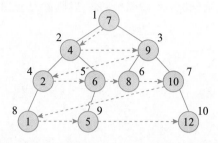

层序遍历顺序：7→4→9→2→6→8→10→1→5→12

图 3.22 二叉查找树层序遍历

3.2.8 二叉查找树的代码实现

二叉查找树的
代码实现

扫描二维码获取实现二叉查找树的详细代码。代码 3.2 仅展示核心代码。

【代码 3.2】

```
1   /**
2    * 二叉查找树(Binary Search Tree,BST)的实现
3    * 左子树上所有结点的值均小于根结点的值
4    * 右子树上所有结点的值均大于根结点的值
5    * 二叉树遍历可以采用递归实现,也可以采用非递归实现。本案例中用非递归来实现
6    */
7   public class BinarySearchTree extends BinaryTree {
8       public Node insert(Node node, int data) {
9           //如果是空则插入第一个结点
10          if (node = = null) return new Node(data);
11
12          if (data < Integer. parseInt(node.data.toString())) {
13              //小于根结点的插入左子树
14              node.leftChild = insert(node.leftChild, data);
15          } else if (data > Integer. parseInt(node.data.toString())) {
16              //大于根结点的插入右子树
17              node.rightChild = insert(node.rightChild, data);
18          } else {
19              node. data = data;
20          }
21          return node;
22      }
23
24      /**
25       * 前序遍历
26       * 二叉树的前序遍历,输出顺序是根结点、左子树、右子树,根结点在最前
27       */
28      public void preOrderTraverse(Node node) {
```

```
29              Stack<Node> stack = new Stack<Node>();
30              if (node != null) {
31                  stack.push(node);
32                  while (!stack.empty()) {
33                      node = stack.pop();
34                      displayElem(node);
35                      if (node.rightChild != null)
36                          stack.push(node.rightChild);
37                      if (node.leftChild != null)
38                          stack.push(node.leftChild);
39                  }
40              }
41          }
42
43          /**
44           * 中序遍历
45           * 二叉树的中序遍历,输出顺序是左子树、根结点、右子树,根结点在中间
46           */
47          public void inOrderTraverse(Node node) {
48              Stack<Node> stack = new Stack<Node>();
49              while (node != null || stack.size() > 0) {
50                  while (node != null) {
51                      stack.push(node);
52                      node = node.leftChild;
53                  }
54                  if (stack.size() > 0) {
55                      node = stack.pop();
56                      displayElem(node);
57                      node = node.rightChild;
58                  }
59              }
60          }
61
62          /**
63           * 后序遍历
64           * 二叉树的后序遍历,输出顺序是左子树、右子树、根结点,根结点在最后
65           */
66          public void postOrderTraverse(Node node) {
67              Stack<Node> stack = new Stack<Node>();
68              Node prev = node;
69              while (node != null || stack.size() > 0) {
70                  while (node != null) {
71                      stack.push(node);
72                      node = node.leftChild;
73                  }
74                  if (stack.size() > 0) {
75                      Node temp = stack.peek().rightChild;
```

```
76                         if (temp = = null || temp = = prev) {
77                             node = stack.pop();
78                             displayElem(node);
79                             prev = node;
80                             node = null;
81                         } else {
82                             node = temp;
83                         }
84                     }
85                 }
86         }
87
88         //层序遍历
89         public void levelOrderTraverse(Node root) {
90             Queue<Node> queue = new LinkedList<Node>();
91             //将根结点插入队列
92             queue.add(root);
93             while (!queue.isEmpty()) {
94                 //获取队头并出队
95                 Node node = queue.poll();
96                 displayElem(node);
97                 if (node.leftChild ! = null) {
98                     queue.add(node.leftChild);
99                 }
100                  if (node.rightChild ! = null) {
101                     queue.add(node.rightChild);
102                 }
103             }
104         }
105  }
```

运行结果：

```
7   4   2   1   6   5   9   8   10   12
1   2   4   5   6   7   8   9   10   12
1   2   5   6   4   8   12  10  9    7
7   4   9   2   6   8   10  1   5    12
```

以上四行依次是前序遍历、中序遍历、后序遍历和层序遍历结果。

3.2.9　时间复杂度

二叉查找树的查找、新增、更改、删除结点操作的时间复杂度为 $O(\log n)$。在极端情况下二叉查找树会退化成链表，此时的时间复杂度会降为 $O(n)$。为了避免二叉查找树的退化，就需要使用平衡二叉查找树。

3.2.10　应用

树的应用很广，如菜单、组织结构、家谱图等都采用树状数据结构。二叉查找树是有序的,只需要中序遍历就可以输出有序数列。二叉查找树的性能非常稳定,链式二叉树扩容很方便。

3.3　平衡二叉查找树

3.3.1　平衡二叉查找树的概念

平衡二叉查找树的产生是为了解决二叉查找树在插入时发生线性排列的现象。当插入一个有序程度非常高的序列时,生成的二叉查找树会持续在左右子树的某一侧连续插入,导致最终的二叉查找树非常不平衡,甚至退化为链表。这样就会使二叉查找树的查询和插入效率恶化。为了避免二叉查找树的退化,就希望二叉查找树的形态最好是均匀的,这样就产生了平衡二叉查找树(balanced binary search tree),一般称作平衡二叉树。

平衡二叉查找树

平衡二叉树可以是空树,当不为空树时,具有以下性质。

(1) 左右子树高度差的绝对值不超过 1。

(2) 左右子树也分别是平衡二叉树。

平衡二叉树中的左子树高度减去右子树高度的值称为平衡因子(balance factor,BF)。如果平衡因子是 0、1、−1,可以认定该树平衡,否则不平衡。

在计算机科学中,AVL 树是最先发明的平衡二叉查找树。AVL 树得名于它的发明者 G. M. Adelson-Velsky 和 E. M. Landis。所以常用 AVL 树代指平衡二叉查找树。

AVL 树的基本思想:在构造平衡二叉树时,每当插入一个结点时,先检查是否因插入结点而破坏树的平衡性。如果是,则找出其中最小不平衡子树,调整最小不平衡树中各结点的关系,以达到新的平衡。实现重新平衡的方法,是对该结点的子树进行旋转。

在 AVL 树中任何结点的两个子树的高度最大差为 1,所以它也被称为高度平衡树。增加和删除结点可能需要一次或多次旋转才能让树重新达到平衡。

3.3.2　平衡二叉树插入新结点

每当插入一个新结点,先检查是否因插入结点而破坏树的平衡性,如果失衡则需要调整树中各结点的关系,以达到新的平衡。实现重新平衡的方法,是对子树进行旋转。有四种失衡及旋转的方式。

1. 左左失衡

新结点插入的位置为左子树的左子树下,插入新结点后导致失衡。以左子树为轴心,进行单向右旋就可以达到再平衡。

右旋的规律就是让失衡的顶部结点向右旋转,则该顶部结点的左子结点成为新的顶部结点,这个新顶部结点原来的右子结点成为失衡的顶部结点的左子结点,失衡的顶部结点成为新的顶部结点的右子结点。

如图 3.23 所示,当插入结点 2,根结点 10 的平衡因子为 2,根结点不平衡。以左子树为轴心向右旋转,结点 7 变成根结点。结点 8 从根结点的左侧旋转到右侧,结点 8 与原根结点 10 相连,成为结点 10 的左子结点。最终达到平衡。

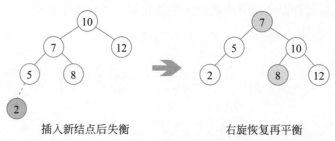

图 3.23　AVL 树左左失衡及旋转恢复平衡

2. 右右失衡

新结点插入的位置为右子树的右子树下，插入新结点后导致失衡。以右子树为轴心，进行单向左旋就可以达到再平衡。

左旋的规律就是让失衡的顶部结点向左旋转，则该顶部结点的右子结点成为新的顶部结点，这个新顶部结点原来的左子结点成为失衡的顶部结点的右子结点，失衡的顶部结点成为新的顶部结点的左子结点。

如图 3.24 所示，当插入结点 15，根结点 10 的平衡因子为 −2，根结点不平衡。以右子树为轴心向左旋转，结点 13 变成根结点。结点 12 从根结点的右侧旋转到左侧，结点 12 与原根结点 10 相连，成为结点 10 的右子结点。最终达到平衡。

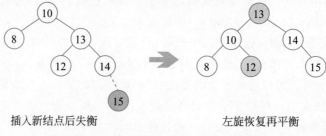

图 3.24　AVL 树右右失衡及旋转恢复平衡

3. 左右失衡

新结点插入的位置为左子树的右子树下，插入新结点后导致失衡。左右失衡的调整，先要调整成左左失衡状态，然后对左左失衡进行调整。如图 3.25 所示，当插入结点 7，根结点 11 的平衡因子为 2，根结点不平衡。此时先以结点 6 为根的子树进行左旋，形成左左失衡状态，再进行右旋。结点 8 右旋成为新的根结点，最终达到平衡。

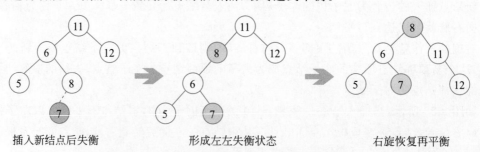

图 3.25　AVL 树左右失衡及旋转再平衡示例 1

如图 3.26 所示,当插入结点 9,根结点 11 的平衡因子为 2,根结点不平衡。此时先以结点 7 为根的子树进行左旋,形成左左失衡状态,再进行右旋。结点 8 右旋成为新的根结点,结点 9 从根结点的左侧旋转到右侧,结点 9 与原根结点 11 相连,成为结点 11 的左子结点。最终达到平衡。

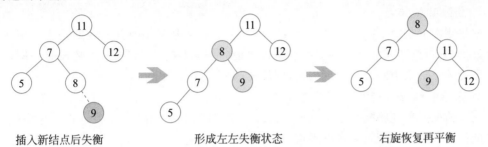

插入新结点后失衡　　　　　形成左左失衡状态　　　　　右旋恢复再平衡

图 3.26　AVL 树左右失衡及旋转再平衡示例 2

4. 右左失衡

新结点插入的位置为右子树的左子树下,插入新结点后导致失衡。右左失衡的调整,先要调整成右右失衡状态,然后对右右失衡进行调整。如图 3.27 所示,当插入结点 13,根结点 11 的平衡因子为 -2,根结点不平衡。此时先以结点 14 为根的子树进行右旋,形成右右失衡状态,再进行左旋。结点 12 左旋成为新的根结点,最终达到平衡。

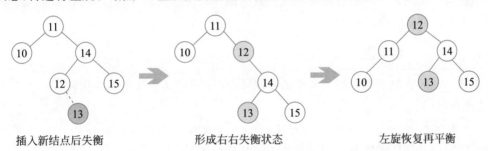

插入新结点后失衡　　　　　形成右右失衡状态　　　　　左旋恢复再平衡

图 3.27　AVL 树右左失衡及旋转再平衡示例 1

如图 3.28 所示,当插入结点 12,根结点 11 的平衡因子为 -2,根结点不平衡。此时先以结点 14 为根的子树进行右旋,形成右右失衡状态,再进行左旋。结点 13 左旋成为新的根结点,结点 12 从根结点的右侧旋转到左侧,结点 12 与原根结点 11 相连,成为结点 11 的右子结点。最终达到平衡。

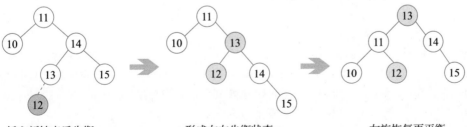

插入新结点后失衡　　　　　形成右右失衡状态　　　　　左旋恢复再平衡

图 3.28　AVL 树右左失衡及旋转再平衡示例 2

3.3.3 平衡二叉树删除结点

平衡二叉树删除结点，要先判断删除的是什么类型的结点，以及删除结点后是否导致失衡。

1. 删除叶子结点

如果删除的是叶子结点，直接将该结点删除，然后从其父结点开始判断是否失衡，如果没有失衡，则再判断其父结点的父结点是否失衡，直到根结点。到根结点还没有失衡，则此树是平衡的。如果中间过程发现失衡，则旋转调整，直到再平衡。

2. 删除的结点只有左子树或右子树

这种情况比单纯删除叶子结点的步骤多一步。将该结点删除，然后将其子树替代原有结点的位置。后续步骤就是调整平衡。

3. 删除的结点既有左子树又有右子树

这种情况比第二种情况多一个步骤，就是中序遍历。先找到待删除结点的前驱结点，然后与待删结点互换位置，把待删结点删除。后续的步骤就一样了，判断是否失衡，然后调整平衡。

平衡二叉树删除结点的性能和效率不高。因为删除结点会导致失衡，这就需要从删除结点的父结点开始不断回溯到根结点，如果平衡二叉树的高度很高，那么中间就要判断很多结点。所以平衡二叉树不适合频繁删除的数据操作。为了规避平衡二叉树的这个缺点，就出现了综合性能比较高的红黑树。

3.3.4 平衡二叉树的代码实现

平衡二叉树的
代码实现

扫描二维码获取实现平衡二叉树的详细代码。代码 3.3 仅展示核心代码。

【代码 3.3】

```
1   //平衡二叉查找树(AVL 树)添加新数据导致失衡,旋转再平衡的代码实现
2   public class AVLTree extends BinarySearchTree {
3       //在树中插入新数据
4       public Node insert(int data, Node root) {
5           if (root = = null) {
6               return new Node(data, null, null);
7           }
8           if (data < Integer.parseInt(root.data.toString())) {
9               //将 data 插入左子树中
10              root.leftChild = insert(data, root.leftChild);
11              //失平衡
12              if (height(root.leftChild) − height(root.rightChild) = = 2) {
13                  if (data < Integer.parseInt(root.leftChild.data.toString())) {//LL 型
14                      root = rightRotate(root);
15                  } else {   //LR 型(左右型)
16                      root = leftThenRightRotate(root);
17                  }
18              }
```

```
19        } else if (data > Integer.parseInt(root.data.toString())) {
20            //将 data 插入右子树中
21            root.rightChild = insert(data, root.rightChild);
22            //失平衡
23            if (height(root.rightChild) - height(root.leftChild) == 2) {
24                if (data > Integer.parseInt(root.rightChild.data.toString())) {//RR 型
25                    root = leftRotate(root);
26                } else { //RL 型
27                    root = rightThenLeftRotate(root);
28                }
29            }
30        }
31        //更新高度
32        root.height = Math.max(height(root.leftChild), height(root.rightChild)) + 1;
33        return root;
34    }
35
36    //查找根为 root 的树中值最小的结点
37    private Node searchMin(Node root) {...}
38
39    //查找根为 root 的树中值最大的结点
40    private Node searchMax(Node root) {...}
41
42    //递归算法查找值为 value 的结点
43    public Node search(int value, Node node) {...}
44
45    //查找值为 value 的结点是否存在
46    private boolean contains(int value, Node node) {...}
47
48    //查找值为 value 的结点的父结点
49    public Node searchParent(int value, Node node) {...}
50
51
52    //求树的高度
53    private int height(Node node) {...}
54
55    //当左左失衡时,左子树向右旋转
56    private Node rightRotate(Node node) {
57        //失衡的顶部结点向右旋转,则该顶部结点的左子结点成为新的顶部结点
58        Node newNode = node.leftChild;
59        //新顶部结点原来的右子结点成为失衡的顶部结点的左子结点
60        node.leftChild = newNode.rightChild;
61        //失衡的顶部结点成为新的顶部结点的右子结点
62        newNode.rightChild = node;
63        node.height = Math.max(height(node.leftChild), height(node.rightChild)) + 1;
64        newNode.height = Math.max(height(newNode.leftChild), node.height) + 1;
65        return newNode;
66    }
67
```

```
68          //当右右失衡时,右子树向左旋转
69          private Node leftRotate(Node node) {
70              //失衡的顶部结点向左旋转,则该顶部结点的右子结点成为新的顶部结点
71              Node newNode = node.rightChild;
72              //新顶部结点原来的左子结点成为失衡的顶部结点的右子结点
73              node.rightChild = newNode.leftChild;
74              //失衡的顶部结点成为新的顶部结点的左子结点
75              newNode.leftChild = node;
76              node.height = Math.max(height(node.leftChild), height(node.rightChild)) + 1;
77              newNode.height = Math.max(height(newNode.rightChild), node.height) + 1;
78              return newNode;
79          }
80
81          /**
82           * 当左右失衡时,右子树向左旋转形成左左失衡状态
83           * 然后左子树右旋,实现再平衡
84           */
85          private Node leftThenRightRotate(Node node) {
86              node.leftChild = leftRotate(node.leftChild);
87              return rightRotate(node);
88          }
89
90          /**
91           * 当右左失衡时,左子树向右旋转形成右右失衡状态
92           * 然后右子树左旋,实现再平衡
93           */
94          private Node rightThenLeftRotate(Node node) {
95              node.rightChild = rightRotate(node.rightChild);
96              return leftRotate(node);
97          }
98      }
```

3.4 红 黑 树

3.4.1 红黑树的概念

红黑树

红黑树（red black tree）是一种自平衡二叉查找树。红黑树和平衡二叉树（AVL 树）类似,都是在进行插入和删除操作时通过特定的操作保持二叉查找树的平衡,从而获得较高的查找性能。红黑树的每个结点上都有存储位来表示结点的颜色,即红或者黑（见图 3.29）。

一个完整的红黑树除了具有二叉查找树的特征外,还具有以下规则。

（1）每个结点要么是黑色,要么是红色。

（2）根结点是黑色的。

（3）每个叶子结点都是黑色的空结点（叶子结点都为 null。需要说明的是,在画红黑树的时候,空的叶子结点一般都不画出来）

（4）如果一个结点是红色的,则它的两个子结点必须是黑色的（父子结点不能同为红色）。

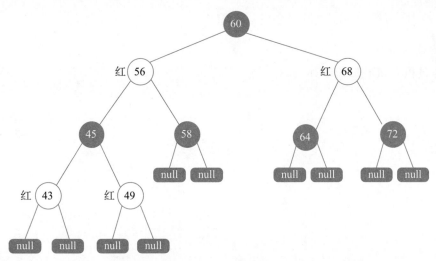

图 3.29　红黑树示意

（5）任意一个结点到其叶子结点的每条路径都包含数量相同的黑结点。

根据上述最后一个规则可以推导出：如果一个结点存在黑子结点，那么该结点肯定有两个子结点。红黑树的深度是指根结点到叶子结点路径中黑结点的个数。

红黑树通过将结点进行红黑着色，使得原本高度平衡的树被稍微打乱，平衡程度降低。红黑树不追求完全平衡，只要求达到部分平衡。这是一种折中方案，大大提高了结点插入和删除的效率。红黑树并没有定义从根结点到叶子结点的高度一致或高度差为1，但是能保证大致平衡。从根结点到叶子结点的最长可能路径不大于最短可能路径的两倍。

在对红黑树进行添加或者删除操作时可能会破坏红黑树的规则，所以红黑树通过旋转来保持这些特征，从而保证这棵树还是红黑树。主要包括：左旋转、右旋转和颜色反转。新插入结点默认为红色，插入后校验红黑树是否依旧符合红黑树的五个特征，不符合则需要进行旋转和颜色反转，恢复红黑树的特征。

3.4.2　红黑树的旋转

1. 左旋（RotateLeft）

逆时针旋转红黑树的两个结点，使父结点被自己的右子结点取代，而自己成为新父结点的左子结点。

2. 右旋（RotateRight）

顺时针旋转红黑树的两个结点，使父结点被自己的左子结点取代，而自己成为新父结点的右子结点。

3. 红黑树的颜色反转

当前结点与父结点、叔结点同为红色，这种情况违反了红黑树的规则，需要将红色向祖辈上传。父结点和叔结点由红色变为黑色，祖父结点从黑色变为红色。如果祖父结点是根结点，则祖父结点再变回黑色，因为根结点必须是黑色才符合红黑树规则。这样每条叶子结点到根结点的黑色结点数量并未发生变化。

3.4.3　红黑树插入新结点的构建过程

1. 构建过程 1

构建过程 1 如图 3.30 所示。

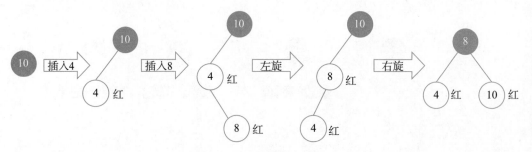

图 3.30　红黑树构建过程 1

（1）插入第一个结点 10，根结点为黑色。

（2）插入结点 4，默认为红色，4＜10，插入左子树。

（3）插入结点 8，默认为红色，8＜10，在根结点左侧，再和 4 比较，8＞4，放到结点 4 的右子树。此时结点 8 和 4 都是红色，不满足红黑树规则第 4 条。先进行左旋，再进行右旋，调整后插入结点 8 成为根结点，结点 4 和 10 分别是其左右子结点。

2. 构建过程 2

构建过程 2 如图 3.31 所示。

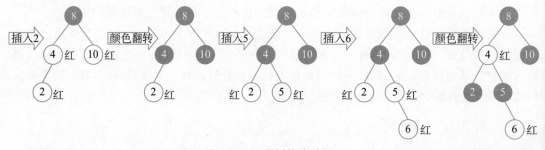

图 3.31　红黑树构建过程 2

（1）插入结点 2，结点 2 和 4 都为红色，不满足规则第 4 条，需要颜色反转。把结点 4、结点 10 变为黑色，4 和 10 的父结点变为红色，但它们的父结点 8 是根结点，不能为红色，于是再将结点 8 变为黑色。此时符合红黑树规则，经过操作整个树的深度增加了一层。

（2）插入结点 5，没有破坏红黑树规则，无须调整。

（3）插入结点 6，结点 5 和 6 都为红色，不满足规则第 4 条，需要进行颜色反转。将结点 6 的父结点 5 和叔结点 2 变为黑色，祖父结点 4 变为红色。

3. 构建过程 3

构建过程 3 如图 3.32 所示。

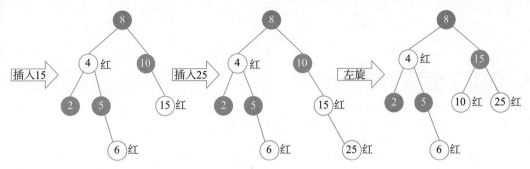

图 3.32 红黑树构建过程 3

（1）插入结点 15，没有破坏红黑树规则，无须调整。

（2）插入结点 25，不满足规则第 4 条，此时结点 25 没有叔结点，如果颜色反转的话，左右子树的深度就出现不一致的情况，所以需要对祖父结点 10 进行左旋操作。

（3）父结点 15 取代祖父结点 10 的位置，父结点 15 变为黑色，祖父结点 10 变为父结点 15 的左子结点，更改为红色。

4. 构建过程 4

构建过程 4 如图 3.33 所示。

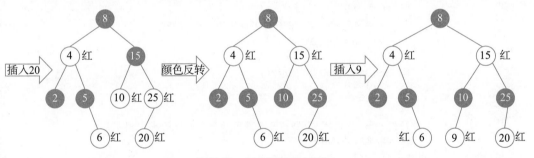

图 3.33 红黑树构建过程 4

（1）插入结点 20，不满足规则第 4 条，需要颜色反转。结点 20 的父结点 25 和叔结点 10 变为黑色，祖父结点 15 变为红色。

（2）插入结点 9，未破坏红黑树规则，不需要调整。

3.4.4 红黑树的代码实现

扫描二维码获取实现红黑树的详细代码。代码 3.4 仅展示核心代码。

【代码 3.4】

```
1  /**
2   * 红黑树的特性
3   * 1.每个结点要么是黑色,要么是红色
4   * 2.根结点是黑色的
5   * 3.每个叶子结点都是黑色的空结点(叶子结点都为 NIL)
6   * 4.如果一个结点是红色的,则它的两个子结点必须是黑色的(父子结点不能同为红色)
7   * 5.任意一个结点到其叶子结点的每条路径都包含数量相同的黑结点
```

红黑树的
代码实现

```
8    */
9    public class RedBlackTree {
10
11       /**
12        * 红黑树插入新结点
13        */
14       public void insert(int value) {
15           RBTreeNode node = new RBTreeNode(value);
16           if (root == null) {
17               node.setBlack(true);//根是黑色的
18               root = node;
19               return;
20           }
21           RBTreeNode parent = root;
22           RBTreeNode son = null;
23           if (value <= Integer.parseInt(parent.getData().toString())) {
24               son = parent.getLeft();
25           } else {
26               son = parent.getRight();
27           }
28           while (son != null) {
29               parent = son;
30               if (value <= Integer.parseInt(parent.getData().toString())) {
31                   son = parent.getLeft();
32               } else {
33                   son = parent.getRight();
34               }
35           }
36           if (value <= Integer.parseInt(parent.getData().toString())) {
37               parent.setLeft(node);
38           } else {
39               parent.setRight(node);
40           }
41           node.setParent(parent);
42           //自平衡
43           banlanceInsert(node);
44       }
45
46       //红黑树自平衡
47       private void banlanceInsert(RBTreeNode node) {
48           RBTreeNode father, grandFather;
49           while ((father = node.getParent()) != null && father.isBlack() == false) {
50               grandFather = father.getParent();
51               //父为爷的左子结点
52               if (grandFather.getLeft() == father) {
53                   RBTreeNode uncle = grandFather.getRight();
54                   if (uncle != null && uncle.isBlack() == false) {
55                       setBlack(father);
56                       setBlack(uncle);
```

```
57              setRed(grandFather);
58              node = grandFather;
59              continue;
60          }
61          if (node = = father.getRight()) {
62              //左旋
63              leftRotate(father);
64              RBTreeNode tmp = node;
65              node = father;
66              father = tmp;
67          }
68          setBlack(father);
69          setRed(grandFather);
70          //右旋
71          rightRotate(grandFather);
72      } else {
73          //父为爷的右子结点
74          RBTreeNode uncle = grandFather.getLeft();
75          if (uncle != null && uncle.isBlack() = = false) {
76              setBlack(father);
77              setBlack(uncle);
78              setRed(grandFather);
79              node = grandFather;
80              continue;
81          }
82          if (node = = father.getLeft()) {
83              //右旋
84              rightRotate(father);
85              RBTreeNode tmp = node;
86              node = father;
87              father = tmp;
88          }
89          setBlack(father);
90          setRed(grandFather);
91          //左旋
92          leftRotate(grandFather);
93      }
94  }
95  setBlack(root);
96 }
97
98 //左旋
99 private void leftRotate(RBTreeNode node) {
100     RBTreeNode right = node.getRight();
101     RBTreeNode parent = node.getParent();
102     if (parent = = null) {
103         root = right;
104         right.setParent(null);
105     } else {
```

```
106           if (parent.getLeft() ! = null && parent.getLeft() = = node) {
107               parent.setLeft(right);
108           } else {
109               parent.setRight(right);
110           }
111           right.setParent(parent);
112       }
113       node.setParent(right);
114       node.setRight(right.getLeft());
115       if (right.getLeft() ! = null) {
116           right.getLeft().setParent(node);
117       }
118       right.setLeft(node);
119   }
120
121   //右旋
122   private void rightRotate(RBTreeNode node) {
123       RBTreeNode left = node.getLeft();
124       RBTreeNode parent = node.getParent();
125       if (parent = = null) {
126           root = left;
127           left.setParent(null);
128       } else {
129           if (parent.getLeft() ! = null && parent.getLeft() = = node) {
130               parent.setLeft(left);
131           } else {
132               parent.setRight(left);
133           }
134           left.setParent(parent);
135       }
136       node.setParent(left);
137       node.setLeft(left.getRight());
138       if (left.getRight() ! = null) {
139           left.getRight().setParent(node);
140       }
141       left.setRight(node);
142   }
143
144   //给结点设置黑色
145   private void setBlack(RBTreeNode node) {...}
146
147   //给结点设置红色
148   private void setRed(RBTreeNode node) {...}
149
150   //红黑树的内部结点类
151   public static class RBTreeNode<E> {
152       E data; //结点中数据
```

```
153            boolean isBlack; //结点是否是黑色
154            RBTreeNode left;//左子结点
155            RBTreeNode right;//右子结点
156            RBTreeNode parent;//父结点
157       }
```

运行结果：

红黑树层序遍历

{8:黑} {4:红} {15:红} {2:黑} {5:黑} {10:黑} {25:黑} {6:红} {9:红}

{20:红}

3.4.5 红黑树的时间复杂度

红黑树的查找、插入、删除的时间复杂度为 $O(\log n)$。

3.4.6 红黑树的应用

Java 语言中的 TreeSet 和 TreeMap 都是红黑树。在 JDK1.8 中 HashMap 使用数组＋链表＋红黑树的数据结构。

3.4.7 红黑树与 AVL 树对比

表 3.1 给出了红黑树与 AVL 树在各个维度的对比。

表 3.1　红黑树与 AVL 树对比

维　　度	红　黑　树	AVL 树
相同点	二叉查找树	二叉查找树
查找效率	一般情况下时间复杂度是 $O(\log n)$，最坏情况下差于 AVL	时间复杂度稳定在 $O(\log n)$
插入效率	插入结点会需要旋转或变色。插入结点最多只需要两次旋转，变色需要 $O(\log n)$ 次	插入结点需要 $O(\log n)$ 次旋转
删除效率	删除一个结点最多需要三次旋转操作	每次删除操作最多需要 $O(\log n)$ 次旋转
优劣势	数据读取效率低于 AVL，维护性强于 AVL	数据读取效率高，维护性较差
应用场景	频繁执行插入、删除操作的场景	搜索频率远高于插入和删除操作的场景

AVL 树在插入结点和删除结点过程中会引起平衡二叉树的不平衡，当树比较高时，删除一个结点会引起多次旋转才能最终达到再平衡，所以性能和效率不高。正因如此，才出现了综合性能比较好的红黑树。当涉及频繁插入和删除操作，首选红黑树。如果是搜索频率高，而插入和删除频率低的情景，使用 AVL 树优于红黑树，因为 AVL 树比红黑树更加平衡，查找效率更高。

3.5 二 叉 堆

二叉堆

3.5.1 二叉堆的概念

二叉堆本质上是一种完全二叉树，它分为两个类型：大顶堆和小顶堆。二叉堆的根结点叫作堆顶。大顶堆和小顶堆的特点决定了大顶堆的堆顶是整个堆中的最大元素，小顶堆的堆顶是整个堆中的最小元素。

3.5.2 二叉堆的分类

1. 大顶堆（又称最大堆）

最大堆的任何一个父结点的值，都大于或等于它左、右子结点的值（见图3.34）。

2. 小顶堆（又称最小堆）

最小堆的任何一个父结点的值，都小于或等于它左、右子结点的值（见图3.35）。

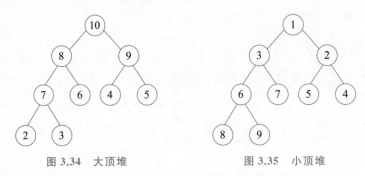

图 3.34　大顶堆　　　　　　　图 3.35　小顶堆

3.5.3 二叉堆的存储原理

完全二叉树非常适合用数组来存储，用数组存储完全二叉树非常节省存储空间。因为不需要存储左右子结点的指针，单纯地通过数组的索引下标，就可以找到一个结点的左右子结点和父结点。第 n 个结点的左右子结点的索引下标分别为 $2n+1$ 和 $2n+2$，如果有父结点，其下标为 $(n-1)/2$。所以二叉堆虽然是一棵完全二叉树，但它的存储方式并不是链式存储，而是顺序存储，也就是说，二叉堆的所有结点都存在数组当中。

对图3.34和图3.35所示的大顶堆和小顶堆的结点进行层序遍历，将这种逻辑结构映射到数组中分别为以下数组：arr1=[10,8,9,7,6,4,5,2,3]和 arr2=[1,3,2,6,7,5,4,8,9]，这两个数组从逻辑上讲就是一个堆结构，用简单的公式来描述一下堆的定义。

大顶堆：arr[i] >= arr[$2i+1$] && arr[i] >= arr[$2i+2$]。

小顶堆：arr[i] <= arr[$2i+1$] && arr[i] <= arr[$2i+2$]。

图3.36所示为小顶堆数组存储方式。

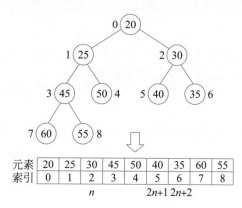

图 3.36 小顶堆数组存储示意

3.5.4 二叉堆插入结点

二叉堆新插入结点，插入位置是树的最后一个位置。如图 3.37 所示，在大顶堆中新插入一个结点 85。让结点 85 与它的父结点 40 做比较，85＞40，则让新结点"上浮"，和父结点交换位置。继续用结点 85 和父结点 80 做比较，85＞80，则让新结点继续"上浮"。继续比较，最终让新结点找到合适的位置。如果是小顶堆插入新结点，则是将数值大的元素往上浮。

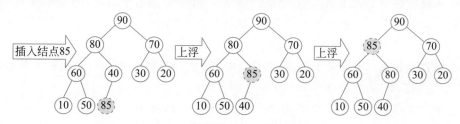

图 3.37 大顶堆插入结点向上调整示意

3.5.5 二叉堆删除结点

二叉堆的删除结点的过程和插入正好相反。如图 3.38 所示，删除大顶堆的堆顶结点 90，为了维持完全二叉树的结构，把堆的最后一个结点 40 补位到原本堆顶的位置。接下来让移动到堆顶的结点 40 和它的左右子结点进行比较，将左右子结点中最大的一个与其交换，让结点 40"下沉"。此时结点 85 变为根结点。继续让结点 40 和它的左右子结点做比较，结点 40 与结点 80 交换位置。最后调整后的结果如图 3.38 中最右侧的图所示。如果是小顶堆删除结点，则是将数值大的元素往下沉。

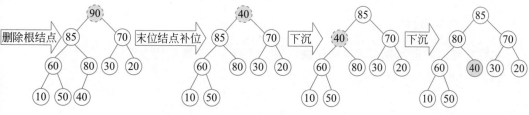

图 3.38 大顶堆删除结点向下调整示意

3.5.6　二叉堆调整

二叉堆调整，就是把一个无序的完全二叉树调整为二叉堆，本质上就是让所有非叶子结点依次下沉。以图 3.39 所示为例，讲解二叉堆的调整。

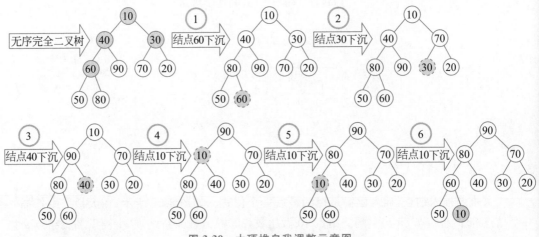

图 3.39　大顶堆自我调整示意图

（1）从最后一个非叶子结点 60 开始。结点 60 小于它的右子结点 80，则结点 60 下沉。

（2）找到倒数第二个非叶子结点，也就是结点 30。结点 30 小于它的左子结点 70，则结点 30 下沉。

（3）找到倒数第三个非叶子结点，也就是结点 40。结点 40 小于它的左右子结点，与值最大的一个换位，则结点 40 下沉，结点 90 上浮。

（4）找到倒数第四个非叶子结点，也就是结点 10。结点 10 小于它的左右子结点，与最大的一个交换，则结点 10 下沉，结点 90 上浮。结点 10 继续比较，继续下沉。最后一棵无序的完全二叉树就调整成了一个大顶堆。

3.5.7　二叉堆的应用

二叉堆最典型的应用就是堆排序，这将在排序算法中讲解。另一个典型应用就是利用堆求 Top K 的问题。

Top K 的解题思路：在一个包含 n 个数据的数组中，维护一个大小为 K 的小顶堆。顺序遍历数组，从数组中取出数据与堆顶元素比较。如果比堆顶元素大就把堆顶元素删除，且将这个元素插入堆中；如果比堆顶元素小，则不做处理，继续遍历数组。等数组中的数据都遍历完之后，堆中的数据就是 Top K 了。

3.5.8　大顶堆的代码实现

大顶堆的
代码实现

扫描二维码获取实现大顶堆的详细代码。代码 3.5 仅展示核心代码。

【代码 3.5】

```
1  /**
2   * 大顶堆
```

```
3      * 二叉堆:本质上是一种完全二叉树,分为大顶堆和小顶堆
4      * 二叉堆插入新结点,插入位置是树的最后一个位置,需要向上调整
5      * 二叉堆删除结点,删除结点过程和插入过程正好相反,需要向下调整
6      */
7     public class MaxBinaryHeap {
8         //大顶堆插入新结点
9         public void insert(int data) {
10            int size = heapArray.size();
11            heapArray.add(data);        //将数组插在表尾
12            upAdjust(size);             //向上调整堆
13        }
14
15        /**
16         * 大顶堆向上调整算法(从 start 开始向上直到 0,调整堆)
17         * 数组实现的堆中,第 n 个结点的左子结点的索引下标是(2n+1),右子结点的索引下标是
               (2n+2)
18         * startIndex:被上调结点的起始位置(一般为数组中最后一个元素的索引)
19         */
20        public void upAdjust(int startIndex) {
21            //当前结点(current)的索引
22            int curIndex = startIndex;
23            //父(parent)结点的索引
24            int parentIndex = (curIndex - 1) / 2;
25            //当前结点的数值
26            int data = heapArray.get(curIndex);
27            while (curIndex > 0) {
28                if (heapArray.get(parentIndex) >= data) {
29                    break;
30                } else {
31                    //两个结点换位
32                    heapArray.set(curIndex, heapArray.get(parentIndex));
33                    curIndex = parentIndex;
34                    parentIndex = (parentIndex - 1) / 2;
35                }
36            }
37            heapArray.set(curIndex, data);
38        }
39
40        /**
41         * 删除大顶堆中结点
42         * 返回值:0 成功,-1 失败
43         */
44        public int remove(int data) {
45            //如果堆已空,则返回-1
46            if (heapArray.isEmpty() == true) {
47                return -1;
48            }
49            //获取 data 在数组中的索引
50            int index = heapArray.indexOf(data);
```

```
51            if (index = = - 1) {
52                return - 1;
53            }
54            int size = heapArray.size();
55            heapArray.set(index, heapArray.get(size - 1));//用最后元素填补
56            heapArray.remove(size - 1);                //删除最后的元素
57
58            if (heapArray.size() > 1) {
59                //从 index 位置开始自上向下调整
60                downAdjust(index, heapArray.size() - 1);
61            }
62            return 0;
63        }
64
65        /* *
66         * 大顶堆的向下调整算法
67         * 数组实现的堆中,第 n 个结点的左子结点的索引下标是(2n + 1),右子结点的索引下标是
                (2n + 2)
68         * startIndex:被下调结点的起始位置(一般为 0,表示从第 1 个开始)
69         * lastIndex:数组中最后一个元素的索引)
70         */
71        public void downAdjust(int startIndex, int lastIndex) {
72            int curIndex = startIndex;              //当前(current)结点的位置
73            int leftIndex = 2 * curIndex + 1;    //左(left)子结点的位置
74            int data = heapArray.get(curIndex); //当前(current)结点的大小
75
76            while (leftIndex < = lastIndex) {
77                //leftIndex 是左子结点,leftIndex + 1 是右子结点
78                if (leftIndex < lastIndex && heapArray.get(leftIndex) < heapArray.get
                    (leftIndex + 1)) {
79                    leftIndex + + ;  //左右两子结点中选择较大者,即 heapArray[leftIndex + 1]
80                }
81                if (data > heapArray.get(leftIndex)) {
82                    break;              //调整结束
83                } else {
84                    //两个结点换位
85                    heapArray.set(curIndex, heapArray.get(leftIndex));
86                    curIndex = leftIndex;
87                    leftIndex = 2 * leftIndex + 1;
88                }
89            }
90            heapArray.set(curIndex, data);
91        }
92
93        /* *
94         * 替换堆顶结点
95         */
96        public void replaceTop(int data) {...}
97    }
```

运行结果：

大顶堆: 90 80 70 60 40 30 20 10 50

添加元素: 85

大顶堆: 90 85 70 60 80 30 20 10 50 40

删除元素: 90

大顶堆: 85 80 70 60 40 30 20 10 50

最小的结点是: 6 2 3 1 0

3.5.9　小顶堆求 Top K 的代码实现

小顶堆求 Top K 的实现步骤如下。

（1）新建一个小顶堆。

（2）扫描 n 个整数。先将遍历到的前 k 个数放入堆中；从第 $k+1$ 个数开始，如果大于堆顶元素，就使用 replace 操作（删除堆顶元素，将第 $k+1$ 个数添加到堆中）。

（3）扫描完毕后，堆中剩下的就是最大的前 k 个数。

扫描二维码获得小顶堆求 Top K 的详细代码。代码 3.6 仅展示核心代码。

【代码 3.6】

小顶堆求 Top K 的代码实现

```
1  /**
2   * 小顶堆
3   * 实现插入、删除结点
4   * Top K 问题
5   */
6  public class MinBinaryHeap {
7      /**
8       * 找出数组中最大的前 k 个数
9       * 新建一个小顶堆
10      * 扫描 n 个整数。先将遍历到的前 k 个数放入堆中；从第 k + 1 个数开始，如果大于堆顶元
          素，就使用 replace 操作
11      * （删除堆顶元素，将第 k + 1 个数添加到堆中）
12      * 扫描完毕后，堆中剩下的就是数组中最大的前 k 个数
13      * 使用小顶堆，时间复杂度为 O(nlogk)
14      * 如果是堆排序，时间复杂度为 O(nlogn)
15      */
16     public void topk(int[] arr, int k) {
17         for (int i = 0; i < arr.length; i + + ) {
18             //前 k 个数添加到大顶堆
19             if (heapArray.size() < k) {
20                 insert(arr[i]); //logk
21             } else if(arr[i] > heapArray.get(0)) { //如果第 k + 1 个数大于堆顶元素
22                 //替换堆顶元素
23                 replaceTop(arr[i]);
24             }
25         }
26     }
27
28     public String toString() {
```

```
29          StringBuilder sb = new StringBuilder();
30          for (int i = 0; i < heapArray.size(); i++)
31              sb.append(heapArray.get(i) + " ");
32          return sb.toString();
33      }
34  }
```

3.6 哈夫曼树

3.6.1 哈夫曼树的概念

哈夫曼树

1952 年，美国数学家戴维·哈夫曼（David Huffman）发明了一种压缩编码方法，为实现文件压缩，提高数据传输效率做出了重要贡献。为了纪念他的成就，将他在编码中使用的特殊二叉树称为哈夫曼树（Huffman tree），同时将他的编码方式称为哈夫曼编码。哈夫曼树又称最优二叉树，是一种带权路径长度最短的二叉树，如图 3.40 所示。

3.6.2 哈夫曼树的基本术语

1. 路径

在一棵树中，路径是指从一个结点到另一个结点之间的通路。

2. 路径长度

路径长度是指从一个结点到另一个结点所经过的分支数目。在一条路径中，每经过一个结点，路径长度增加 1。若规定根结点的层数为 1，则从根结点到第 L 层结点的路径长度就是 $L-1$。

3. 树的路径长度

树的路径长度指的是从根结点到每一个结点的路径长度之和。图 3.40 所示的树的路径长度为 $1+1+2+2+2+2+3+3=16$。

4. 结点的权及带权路径长度

若将树中结点赋给一个有着某种实际意义的数值，则这个数值就是该结点的权。结点的带权路径长度是从根结点到该结点之间的路径长度与该结点的权的乘积。

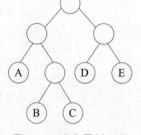

图 3.40　哈夫曼树示意

5. 树的带权路径长度

树的带权路径长度（weighted path lenth of tree）就是从根结点到所有叶子结点的带权路径长度之和，通常记为 WPL。

一棵有 n 个叶子结点的二叉树，n 个叶子结点的权值为 $W_i(i=1,2,\cdots,n)$，对应叶子结点的路径长度为 $L_i(i=1,2,\cdots,n)$，$WPL=(W_1*L_1+W_2*L_2+W_3*L_3+\cdots+W_n*L_n)$。哈夫曼树是 WPL 最小的二叉树。

3.6.3 构建哈夫曼树

图 3.41 中的三棵二叉树，四个叶子结点的权分别为 2、3、7、8，WPL 分别为 40、53、37。图 3.41(a)是一棵完全二叉树，但是其 WPL 并不是最小，所以完全二叉树并不一定是哈夫曼

树。在构建赫夫曼树时,要使树的带权路径长度最小,只需要遵循一个原则:权越大的结点离根结点越近。这种生成算法就是一种典型的贪心算法。如图 3.41(c)中,权最大的结点直接作为根结点的子结点。

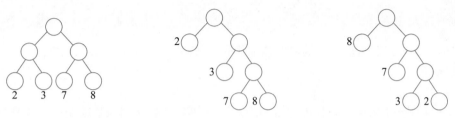

(a) WPL=2*2+3*2+7*2+8*2=40 (b) WPL=2*1+3*2+7*3+8*3=53 (c) WPL=8*1+7*2+3*3+2*3=37

图 3.41 具有不同带权路径长度的二叉树

假设有 6 个带权的结点,权值分别为 9、7、3、2、18、11,将这些结点按照从小到大顺序进行排列,如图 3.42(a)所示。

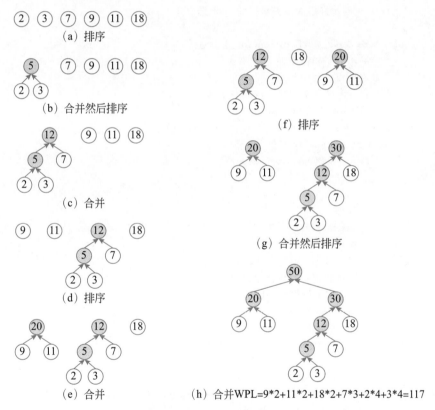

图 3.42 哈夫曼树的构建过程

选出两个权值最小的结点,将这两结点组成一棵新的二叉树,且新二叉树根结点的权值为左右子结点权值的和,如图 3.42(b)所示。将结点重新排序,重复上述步骤,继续选择当前两个权值最小的结点,组成新的二叉树。不断合并然后重新排序,最终生成的二叉树就是哈夫曼树,如图 3.42(h)所示,该树的 WPL 为 117。

通过以上的构建步骤，我们发现规律：初始结点都在树的叶子结点上，权值越大的结点离根结点更近；每个非叶子结点都有左右两个子结点，哈夫曼树中没有度为 1 的结点；一棵有 n 个叶子结点的哈夫曼树共有 $2n-1$ 个结点。

3.6.4　哈夫曼树的代码实现

哈夫曼树的
代码实现

扫描二维码获取实现哈夫曼树的详细代码。代码 3.7 仅展示核心代码。

【代码 3.7】

```
1   /**
2    * 哈夫曼树：最优二叉树，是一种带权路径长度最短的二叉树。主要构造利用贪心算法的思想去
         从下往上构建
3    */
4   public class HuffmanTree {
5       /**
6        * 创建哈夫曼树
7        * @param arr 哈夫曼树初始结点的权重
8        * @return 创建好后的赫夫曼的 root 结点
9        */
10      public Node createHuffmanTree(int[] arr) {
11          //第一步为了操作方便
12          //1.遍历权重数组 arr
13          //2.将 arr 的每个元素构成成一个 Node
14          //3.将 Node 放入 ArrayList 中
15          List<Node> nodes = new ArrayList<Node>();
16          for (int value : arr) {
17              nodes.add(new Node(value));
18          }
19
20          //循环处理
21          while (nodes.size() > 1) {
22              //排序:从小到大
23              Collections.sort(nodes);
24              //取出权值最小的两个结点
25              //(1) 取出权值最小的结点
26              Node leftNode = nodes.get(0);
27              //(2) 取出权值第二小的结点
28              Node rightNode = nodes.get(1);
29
30              //(3)构建一棵新的二叉树
31              Node parent = new Node(leftNode.weight + rightNode.weight);
32              parent.left = leftNode;
33              parent.right = rightNode;
34
35              //(4)从 ArrayList 删除处理过的二叉树
36              nodes.remove(leftNode);
37              nodes.remove(rightNode);
38              //(5)将 parent 加入 nodes
39              nodes.add(parent);
```

```
40              }
41          //返回哈夫曼树的 root 结点
42          return nodes.get(0);
43      }
44
45      //获取树的带权路径长度 WPL
46      public int getWPL(Node root) {
47          Queue<Node> queue = new ArrayDeque<>();
48          queue.add(root);
49          int wpl = 0;
50          while (!queue.isEmpty()) {
51              Node va = queue.poll();
52              if (va.left != null) {
53                  va.left.deep = va.deep + 1;
54                  va.right.deep = va.deep + 1;
55                  queue.add(va.left);
56                  queue.add(va.right);
57              } else {
58                  wpl += va.deep * va.weight;
59              }
60          }
61          return wpl;
62      }
63
64      //哈夫曼树的内部结点类
65      //为了让 Node 对象持续排序 Collections 集合排序,让 Node 实现 Comparable 接口
66      static class Node implements Comparable<Node> {
67          int weight; //结点权值
68          char data; //结点的数值
69          Node left; //左子结点
70          Node right; //右子结点
71          int deep; //记录深度
72      }
```

运行结果:

层序遍历结果

50　20　30　9　11　12　18　5　7　2　3

WPL = 117

3.6.5　哈夫曼树的应用

哈夫曼树的主要应用就是哈夫曼编码。哈夫曼编码(Huffman coding)是一种编码方式,它是可变字长编码(variable length coding,VLC)的一种。哈夫曼于 1952 年提出一种编码方法,该方法完全依据字符出现概率来构造编码,又称为最佳编码。哈夫曼编码的目的是减少存储体积,以一个连续的字符串为例,抛开编程语言中实际存储,如果每个字符编码等长,那么就没有存储空间优化可言,但是如果每个字符编码不等长,那么设计的开放性就很

强。哈夫曼编码先统计字符出现的次数，然后将这个次数当成权值构造一棵哈夫曼树，然后树的根不存，左结点为0，右结点为1，每个叶子结点得到的二进制数字就是它的编码。这样下来，频率高的字符在树的上层，二进制编码更短，也更节省空间。

3.7　B-树和 B+树

3.7.1　B-树的概念

B-树

前几节我们学习了二叉查找树（binary search tree）、平衡二叉查找树（balanced binary search tree）、红黑树（red-black tree），它们和本节学习的 B-树、B+树都属于动态查找树。前三者都是典型的二叉查找树结构，其查找的时间复杂度为 $O(\log n)$，查找效率与树的深度相关，当降低树的深度自然会提高查找效率。

B-树（B-Tree）是对二叉查找树的改进，是 1970 年由拜耳（Bayer）和麦克雷特（McCreight）提出的一种适用于外查找的多路平衡查找树，又写为 B 树或 B-树（B 即 balanced，平衡的意思；其中的"–"或"_"是连字符，并不读作"B 减树"）。B-树和 B+树都属于多路查找树（muitl-way search tree），多路查找树的每一个结点的子结点数可以多于两个，且每一个结点处可以存储多个关键字。B-树中子结点数的最大值称为 B-树的阶，阶的大小取决于磁盘页的大小。

B-树是为了磁盘或其他存储设备而设计的一种多路平衡查找树。与红黑树很相似，但在降低磁盘 I/O 操作方面要更好一些。由于 B-树具有分支多、层数少的特点，因此更多的是应用在数据库系统中。数据库中的索引（索引存在于索引文件中，保存在磁盘中，帮助数据库高效获取数据）通常会使用 B-树。当数据库索引非常大（数据量越大，索引文件越大），达到几个 GB 的时候，无法一次性加载到内存，而是逐一加载每一个磁盘页（对应树的结点）。然而磁盘读写的速度相对于内存来说是很慢的，为了减少二者吞吐量相差太多造成的系统消耗，比较好的办法是减少磁盘读写的次数。当使用 B-树作为索引时，每一个结点对应一个磁盘页，减少磁盘读写次数就是减少树的高度。B-树的高度一般在 2～4，树每下降一层，就要付出一次 I/O 操作的代价，所以树的高度直接影响 I/O 读写的次数。如果是三层树结构支撑的数据可以达到 20GB，如果是四层树结构支撑的数据可以达到几十 TB。因此，B-树"矮胖"的特征，使其非常适合作为数据库的索引。除了 B-树外，还有专门为文件系统而生的 B+树。B-树的设计思想是将相关数据尽量集中在一起，以便一次读取多个数据，减少磁盘的操作次数。

3.7.2　B-树的特征

一棵 m 阶的 B-树可以是空树，或者满足以下特征。

（1）树中每个结点最多包含 m 棵子树。

（2）除根结点以外的非叶子结点至少有 $m/2$ 棵子树（实际上是对 $m/2$ 取整）。

（3）若根结点不是叶子结点，则至少有 2 棵子树。

（4）有 m 棵子树的非叶子结点都含有 $m-1$ 个关键字，这些关键字按照递增顺序排列。

或者说,如果非叶子结点有 n 个关键字,则该结点就具有 $n+1$ 个子树。如果 n 表示结点上关键字的个数,则 $m/2-1 \leqslant n \leqslant m-1$。

(5) 所有叶子结点都在同一层。B-树的叶子结点可以看成是外部结点,不包含任何信息,用 NULL 表示,是查找失败到达的位置。这一点与红黑树类似,一般在绘制示意图时,不画出叶子结点。

(6) 所有非叶子结点中包含关键字数量、指针、关键字信息。

通过以上特征,对于一个 $m=3$ 的 B-树来说,根结点至少 2 棵子树,分支结点最多有 3 棵子树,最少有 2 棵子树,每个结点最多含有 2 个关键字,最少含有 1 个关键字(见图 3.43)。

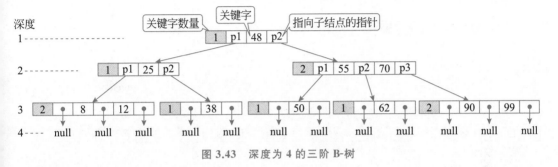

图 3.43　深度为 4 的三阶 B-树

3.7.3　B-树的操作

1. B-树查找数据

例如,在图 3.43 所示的 B-树中查找关键字 50 的过程如下。

(1) 从整棵树的根结点开始,由于根结点只有一个关键字 48,且 $50>48$,所以如果 50 存在于这棵树中,肯定位于根结点的右子树中。

(2) 顺着 p2 指针找到存有关键字 55 和 70 的结点,由于 $50<55$,所以如果 50 存在,肯定位于 p1 指针所指的子树中。

(3) 顺着 p1 指针找到存有 50 这个关键字的结点,查找操作结束。

(4) 如果查找到深度为 3 的结点还没有结束,则会进入叶子结点,由于叶子结点本身不存储任何信息,全部为 null。所以查找失败。

2. B-树插入关键字

B-树也是从空树开始,通过不断插入关键字构建而成。但是 B-树构建的过程和二叉排序树和平衡二叉树不同,B-树在插入新的数据元素时并不是每次都向树中插入新的结点。对于 m 阶的 B-树来说,在定义中规定所有的非叶子结点中包含关键字的个数最少是 $m/2-1$ 个,最多是 $m-1$ 个。所以在插入新的关键字时,首先向最底层的某个非叶子结点中添加,如果该结点中的关键字个数没有超过 $m-1$,则直接插入成功,否则需要进行结点分裂。一个结点分裂为两个结点,同时还分裂出一个关键字,存储到其父结点中。这个过程就是结点分裂、关键字上溢(见图 3.44)。

接下来以依次插入关键字 48、25、8、12、38、55、90、50、62、70、99 构建一棵三叉 B-树为例,来讲解 B-树的构建过程(见图 3.45)。

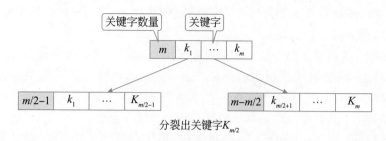

分裂出关键字$K_{m/2}$

图 3.44　B-树构建过程中的结点分裂

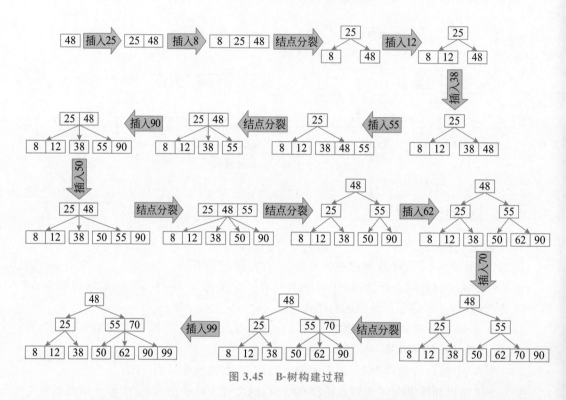

图 3.45　B-树构建过程

（1）插入关键字 48 和 25,这两个数在一个结点上,按从小到大排序,形成[25,48]结点。

（2）插入关键字 8,和[25,48]形成[8,25,48]结点。对于三阶 B-树来说,每个结点最多两个关键字,所以结点分裂。分裂成 8 结点和 48 结点,25 成为父结点,8 和 48 分别是它的左右两个子结点。

（3）插入关键字 12,从根结点开始判断,12＜25,所以插入 25 的左子树,于是和结点 8 形成[8,12]结点。

（4）插入关键字 38,从根结点开始判断,38＞25,所以插入 25 的右子树,于是和结点 48 形成[38,48]结点。

（5）插入关键字 55,从根结点开始判断,55＞25,所以插入 25 的右子树,于是和结点[38,48]形成[38,48,55]结点。由于关键字数量超过 2,则结点分裂,48 存入父结点 25 中,形成[25,48]结点,38 和 55 分裂成它的两个子结点。

（6）插入关键字 90,从根结点开始判断,90＞48,所以插入根结点的右子树,于是和结点

55 形成[55,90]结点。

（7）插入关键字 50，从根结点开始判断，50＞48，所以插入根结点的右子树，于是和结点 [55,90]形成[50,55,90]结点。由于关键字数量超过 2，则向上分裂，55 分裂到父结点中，50 和 90 分裂成两个子结点。55 向上与[25,48]形成[25,48,55]结点。由于关键字数量超过 2，则继续向上分裂，48 分裂形成父结点，25 和 55 分裂成左右两个子结点。

（8）插入关键字 62，从根结点开始判断，62＞48，沿着根结点的右子树向下寻找，62＞ 55，所以插入 55 的右子树，于是和结点 90 形成[62,90]结点。

（9）插入关键字 70，从根结点开始判断，70＞48，沿着根结点的右子树向下寻找，70＞ 55，所以插入 55 的右子树，于是和结点 [62,90]形成[62,70,90]。由于关键字数量超过 2，则结点分裂。70 分裂到父结点中，62 和 90 分裂成两个子结点。70 向上与 55 形成[55,70] 结点。

（10）插入关键字 99，从根结点开始判断，99＞48，沿着根结点的右子树向下寻找，99＞ 70，所以插入右子树，于是和结点 90 形成[90,99]结点。

3. B-树删除关键字

B-树删除关键字时，前提是找到该关键字所在结点，如果 B-树中不存在对应关键字的记录，则删除失败。在做删除操作的时候分为两种情况：一种情况是删除结点为 B-树最后一层的非叶子结点；另一种情况是删除关键字所在结点为 B-树非最后一层的分支结点。如图 3.43 所示，关键字 8、12、38、50、62、90、99 在最后一层的非叶子结点中，关键字 25、48、55、70 在非最后一层的分支结点中。

如果要删除关键字所在结点为最后一层的非叶子结点，有以下三种可能。

1）结点关键字数量充足

当被删关键字所在结点中的关键字数目不小于 $m/2$，则只需从该结点删除该关键字即可。如图 3.46，删除关键字 12 后，B-树结构依然正常，删除后无需其他操作。

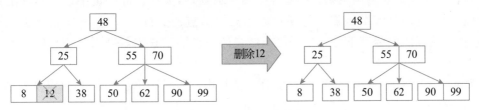

图 3.46　B-树删除关键字

2）左右兄弟结点的关键字足够借

被删关键字所在结点中的关键字数目等于 $m/2-1$，而与该结点相邻的左或者右兄弟结点中的关键字数目大于 $m/2-1$。向左兄弟结点借其中最大的关键字，向右兄弟结点借其中最小的关键字。将从兄弟结点中借到的关键字上移到父结点中，然后将父结点中小于（或大于）且紧靠该上移关键字的关键字下移到被删关键字所在的结点中。

如图 3.47 所示，删除关键字 62 时，62 所在的结点向右兄弟结点借一个最小的关键字 90，将 90 上移到父结点，形成[55,70,90]，然后将小于 90 且紧靠 90 的关键字 70 下移到 62 所在的结点中。

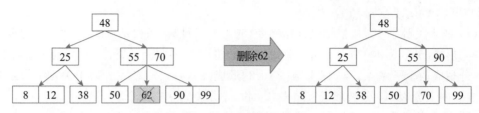

图 3.47　B-树删除关键字

3) 左右兄弟结点的关键字不够借

被删除关键字所在的结点和其相邻的兄弟结点中的关键字数目都等于 $m/2-1$。需要在删除该关键字的同时，将剩余的关键字和指针合并到其右兄弟结点中，合并之后，其父结点的关键字数目和子结点数量不符合 B-树规则，则需要将父结点的关键字下移，一起合并到新的结点中。这个过程就是结点合并、关键字下溢。

如图 3.48 所示，要删除关键字 50，而 50 所在的结点没有可借关键字的相邻兄弟结点。删除关键字 50 后，将结点中剩余的内容合并到其右兄弟结点中。合并之后的结点数量少了一个，则需要将父结点的关键字 55 下移，一起合并到该结点中。

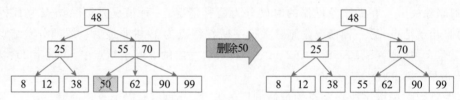

图 3.48　B-树删除关键字

总之，删除最后一层非叶子结点的关键字，原则就是删除关键字后必须仍然让 B-树满足其基本特性。如果满足则直接删除不做任何处理，如果删除关键字以后不满足 B-树的特性，则需要向兄弟结点借关键字。如果兄弟结点的关键字够借，则将借到的关键字上移，将父结点的关键字下移。如果兄弟结点的关键字不够借，则将结点合并，父结点关键字下移。

如果要删除关键字在非最后一层的分支结点中。假设用 Ki 表示，则只需要找到指针 Ai 所指子树中最小的一个关键字代替 Ki，同时将该最小的关键字删除。接下来就可以按照删除最后一层非叶子结点的关键字的原则进行操作。如图 3.49 所示，要删除关键字 48，找到 48 的前继关键字 38，将 38 替换到 48 所在的位置。接下来按照删除关键字 38 来执行操作。38 所在结点向左兄弟结点借关键字 12，将 12 上移到父结点，再将父结点中关键字 25 下移。

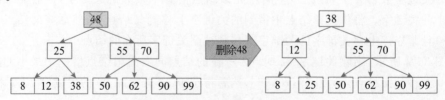

图 3.49　B-树删除关键字

3.7.4 B-树的代码实现

扫描二维码获取实现 B-树的详细代码。代码 3.8 仅展示核心代码。

B-树的
代码实现

【代码 3.8】

```
1   / * *
2    *  自定义 B-树
3    *  包括 B-树的构建、插入关键字、删除关键字、层序遍历
4    */
5   public class MyBTree {
6       //在以 node 为根的树内搜索 key 项
7       private SearchResult search(Node node, Object key) {
8           SearchResult re = node.searchResult(key);
9           if (re.isExist()) {
10              return new SearchResult(true, re.getIndex(), node);
11          } else {
12              //叶子结点
13              if (node.getIsLeaf()) {
14                  return new SearchResult(false, re.getIndex(), node);
15              }
16              int index = re.getIndex();
17              //递归搜索子结点——index 是在查询结点内关键字的下标,也是子结点的下标
18              return search(node.childNodesList.get(index), key);
19          }
20      }
21
22      //插入关键字
23      public boolean insertKey(Object key) {
24          //查询 key 在树中的结点情况
25          SearchResult searchResult = search(root, key);
26          if (searchResult.isExist()) {
27              //已存在 key,直接返回
28              return false;
29          }
30          //找出根结点
31          if (null = = searchResult.getNode().parentNode) {
32              return insertKey(root, searchResult.getIndex(), key);
33          } else {
34              return insertKey(searchResult.getNode(), searchResult.getIndex(), key);
35          }
36      }
37
38      //插入关键字
39      private boolean insertKey(Node node, int index, Object key) {
40          node.keyList.add(index, key);
41          if (node.keyList.size() > maxKeySize) {
42              //结点分裂
43              splitNode(node);
```

```
44            }
45            return true;
46        }
47
48        //结点分裂.插入结点时会出现结点分裂
49        private void splitNode(Node node) {
50            //取结点中间 key 下标
51            int midIndex = node.keyList.size() / 2;
52            Object key = node.keyList.get(midIndex);
53            Node newNode = new Node();
54            //新结点采用原来结点是否是叶子结点的值
55            newNode.setIsLeaf(node.getIsLeaf());
56            //新结点取源结点的(midIndex,node.keyList.size() - 1]的关键字
57            for (int i = midIndex + 1; i < node.keyList.size(); i++) {
58                newNode.keyList.add(node.keyList.get(i));
59            }
60            //源结点只留下标为[0,midIndex)的关键字
61            if (node.keyList.size() > midIndex) {
62                node.keyList.subList(midIndex, node.keyList.size()).clear();
63            }
64
65            //若叶子结点,需要将原来结点的子结点也进行分裂,新结点取
               //midIndex,node.keyList.size() - 1]的子结点
66            if (!node.isLeaf) {
67                for (int i = midIndex + 1; i < node.childNodesList.size(); i++) {
68                    newNode.childNodesList.add(node.childNodesList.get(i));
69                    //修改子结点的父结点为新结点
70                    node.childNodesList.get(i).setParentNode(newNode);
71                }
72                //源结点只留下标为[0,midIndex]的子结点
73                if (node.childNodesList.size() > midIndex + 1) {
74                    node.childNodesList.subList(midIndex + 1, node.childNodesList.size()).
                       clear();
75                }
76            }
77            Node father = node.getParentNode();
78            if (null == father) {
79                //若结点的父结点为null,说明是根结点进行的分裂,需要新增结点作为根结点
80                father = new Node();
81                father.childNodesList.add(node);
82                father.setIsLeaf(false);
83                father.keyList.add(key);
84                father.childNodesList.add(newNode);
85                node.parentNode = father;
86                newNode.parentNode = father;
87            } else {
88                newNode.parentNode = father;
89                SearchResult re = father.searchResult(key);
```

```
90              father.keyList.add(re.getIndex(), key);
91              father.childNodesList.add(re.getIndex() + 1, newNode);
92              //若父的关键字个数超出最大允许值,则继续分裂
93              if (father.keyList.size() > maxKeySize) {
94                  splitNode(father);
95              }
96          }
97          if (father.getParentNode() = = null) {
98              this.root = father;
99          }
100     }
101
102     //删除关键字
103     public boolean deleteKey(Object key) {
104         SearchResult searchResult = search(root, key);
105         //没有找到 key 直接结束
106         if (!searchResult.isExist()) {
107             return false;
108         }
109         Node keyInNode = searchResult.getNode();
110         //是否是叶子结点
111         if (!keyInNode.getIsLeaf()) {
112             //非叶子结点,取第 i 个孩子结点中的最大关键字
113             Node keyChildNode = keyInNode.childNodesList.get(searchResult.getIndex());
114             //如果子结点不是叶子结点,去找这个子树到叶子结点中最大的关键字,与 key
                //互换位置
115             if (!keyChildNode.getIsLeaf()) {
116                 keyChildNode = getMaxLeaf(keyChildNode);
117             }
118             Object childMinkey = keyChildNode.keyList.get(keyChildNode.keyList.size() - 1);
119             keyInNode.keyList.add(searchResult.getIndex(), childMinkey);
120             keyInNode.keyList.remove(key);
121             keyChildNode.keyList.remove(childMinkey);
122             keyChildNode.keyList.add(key);
123             keyInNode = keyChildNode;
124         }
125         return deleteKey(keyInNode, key);
126     }
127
128     //获取 node 结点到最右侧子结点的叶子结点
129     private Node getMaxLeaf(Node node) {
130         Node keyChildNode = node.childNodesList.get(node.childNodesList.size() - 1);
131         if (!keyChildNode.getIsLeaf()) {
132             getMaxLeaf(keyChildNode);
133         }
134         return keyChildNode;
135     }
136
```

```
137        //删除关键字
138        public boolean deleteKey(Node node, Object key) {
139            //如果需要删除关键字的结点,原本的关键字个数超过 Math.ceil(degree / 2.0) - 1
140            if (node.keyList.size() > nonLeafMinKeys) {
141                node.keyList.remove(key);
142                return true;
143            }
144            //如果需要删除关键字的结点,原本的关键字个数不超过 Math.ceil(degree / 2.0) - 1
145            if (node.keyList.size() = = nonLeafMinKeys) {
146                doManageNode(node, key);
147            }
148            return true;
149        }
150
151        //删除结点中关键字时的操作
152        private void doManageNode(Node node, Object key) {
153            if (null = = node.parentNode) {
154                return;
155            }
156            //找兄弟结点中是否存在关键字个数超过 Math.ceil(order / 2.0) - 1 的
157            int nodeIndex = node.parentNode.childNodesList.indexOf(node);
158            Node leftNode = null;
159            Node rightNode = null;
160            if (0 < = nodeIndex && nodeIndex < node.parentNode.childNodesList.size() - 1) {
161                rightNode = node.parentNode.childNodesList.get(nodeIndex + 1);
162            }
163            if (0 < nodeIndex) {
164                leftNode = node.parentNode.childNodesList.get(nodeIndex - 1);
165            }
166            if (null ! = leftNode && leftNode.keyList.size() > nonLeafMinKeys) {
167                node.parentNode.keyList.add(nodeIndex - 1, leftNode.keyList.get(leftNode.
                   keyList.size() - 1));
168                node.keyList.add(0, node.parentNode.keyList.get(node.parentNode.keyList.
                   size() - 1));
169                node.parentNode.keyList.remove(node.parentNode.keyList.size() - 1);
170                node.keyList.remove(key);
171                leftNode.keyList.remove(leftNode.keyList.get(leftNode.keyList.size() - 1));
172                return;
173            }
174            if (null ! = rightNode && rightNode.keyList.size() > nonLeafMinKeys) {
175                node.parentNode.keyList.add(nodeIndex + 1, rightNode.keyList.get(0));
176                node.keyList.add(node.parentNode.keyList.get(nodeIndex));
177                node.parentNode.keyList.remove(nodeIndex);
178                node.keyList.remove(key);
179                rightNode.keyList.remove(rightNode.keyList.get(0));
180                return;
181            }
182            //左右兄弟结点的关键字个数都不足的话,合并兄弟结点,下放一个父结点的关键字
```

```
183         if (leftNode != null) {
184             //合并结点
185             node = merge(leftNode, node);
186             node.keyList.remove(key);
187
188             if (node.parentNode.keyList.size() < nonLeafMinKeys && null != node.
                    parentNode.parentNode) {
189                 //寻找结点合并
190                 doManageNode(node.parentNode, null);
191             }
192
193             if (null == node.parentNode.parentNode && node.parentNode.keyList.isEmpty()) {
194                 root = node;
195             }
196             return;
197         }
198         if (rightNode != null) {
199             //合并结点
200             node = merge(node, rightNode);
201             node.keyList.remove(key);
202
203             if (node.parentNode.keyList.size() < nonLeafMinKeys && null != node.
                    parentNode.parentNode) {
204                 //寻找结点合并
205                 doManageNode(node.parentNode, null);
206             }
207             if (null == node.parentNode.parentNode && node.parentNode.keyList.isEmpty()) {
208                 root = node;
209             }
210         }
211     }
212
213     //结点合并
214     private Node merge(Node leftNode, Node rightNode) {
215         int index = leftNode.parentNode.childNodesList.indexOf(leftNode);
216         leftNode.keyList.add(leftNode.parentNode.keyList.get(index));
217         leftNode.parentNode.keyList.remove(index);
218         leftNode.keyList.addAll(rightNode.keyList);
219         if (!rightNode.isLeaf) {
220             leftNode.childNodesList.addAll(rightNode.childNodesList);
221         }
222         leftNode.parentNode.childNodesList.remove(rightNode);
223         return leftNode;
224     }
225
226     //关键字查询结果类
227     private static class SearchResult {...}
228
```

```
229        //B-树的结点类
230        private static class Node {...}
231    }
```

运行结果：

(48)(25)(55 70)(8 12)(38)(50)(62)(90 99)

(38)(12)(55 70)(8)(25)(50)(62)(90 99)

其中,第一行为 B 树层序遍历结果,第二行为删除关键字 48 后 B 树层序遍历结果。

B+树

3.7.5　B+树的概念

B+树是 B-树的变体,也是一种多路搜索树。B+树是一种 n 叉树,每个结点通常有多个孩子,一棵 B+树包含根结点、分支结点和叶子结点。B+树通常用于数据库和操作系统的文件系统中。B+树的特点是能够保持数据稳定有序,其插入与修改操作拥有较稳定的 $O(\log n)$ 时间复杂度。一棵完整的 m 阶 B+树具有以下特征。

(1) 根结点的分支数量范围 $[2,m]$。

(2) 根结点外的其他结点的关键字数目范围是 $[m/2,m]$。

(3) 非叶子结点仅具有索引作用,跟记录有关的信息均存放在叶子结点中。所有数据都保存在叶子结点中,也叫稠密索引。非叶子结点相当于是叶子结点的索引,也叫稀疏索引,叶子结点相当于是存储数据的数据层。

(4) 叶子结点在 B+树的最底层,所有叶子结点都在同一层。所有叶子结点包含全部关键字的信息,所有的数据信息,每个叶子结点都包含指向下一个叶子结点的指针。叶子结点中关键字按照从小到大顺序链接形成链表。

(5) B+树的搜索与 B-树基本相同,区别是 B+树只有达到叶子结点才命中(B-树可以在非叶子结点命中),其性能也等价于在关键字全集做一次二分查找。

(6) 叶子结点的第一个或者最后一个关键字,作为其父结点的关键字。

3.7.6　B+树的存在形式

第一种:结点内有 n 个元素就有 n 个子结点;每个元素是子结点元素里的最大值或最小值。

第二种:结点内有 n 个元素就有 $n+1$ 个子结点;最左边的子结点小于最小的元素,其余的子结点是大于或等于当前元素。

3.7.7　B+树的操作

1. B+树查找数据

从根结点开始,对根结点关键字使用二分查找,向下逐层查找,最终找到匹配的叶子结点。B+树的优势主要体现在查询性能上,在查询单个元素时,B+树会从根结点向下逐层查找,最终匹配到叶子结点。每向下一层,则对应磁盘的一次 I/O 读写。

2. B+树插入关键字

在 B+树中插入关键字时,需要注意以下几点。

（1）B+树的插入是从叶子结点开始插入，且不能破坏关键字自小而大的顺序。

（2）由于B+树中各结点中存储的关键字的个数有明确的范围，做插入操作可能会出现结点中关键字个数超过阶数的情况，产生上溢，需要将该结点进行"分裂"。

例如，依次插入6、10、4、14、5、11、15、3、2、12、1、7、8，形成B+树如图3.50所示。

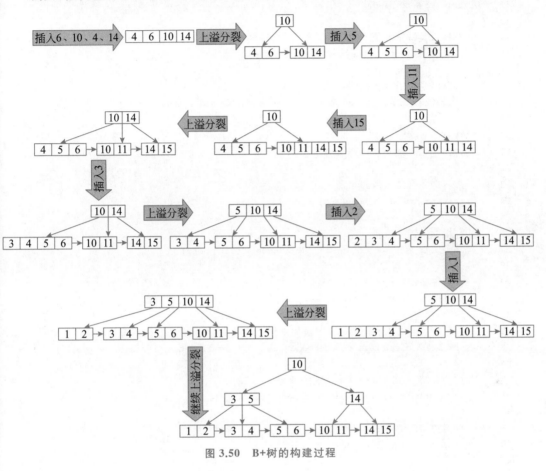

图 3.50　B+树的构建过程

3. B+树删除关键字

B+树的删除可能会触发下溢，即结点关键字个数<2，此时需要合并操作。兄弟结点富裕，向相邻富裕的兄弟结点借关键字，不富裕则将兄弟结点与该结点合并。

3.7.8　B+树的代码实现

扫描二维码获取实现B+树的详细代码。代码3.9仅展示核心代码。

【代码3.9】

```
1  /**
2   * 自定义B+树
3   * 包括B+树的构建、插入关键字、删除关键字、遍历
4   */
5  public class BPlusTree {
6      ...
```

B+树的代码
实现

```
7         //B+树的阶数
8         private int rank;
9         //根结点
10         private Node root;
11         //头结点
12         private Node head;
13
14         //插入关键字和值
15         public void insert(KeyAndValue entry) {}
16
17         //判断是否需要拆分结点
18         private void splidNode(Node node, KeyAndValue addkeyAndValue) {}
19
20         //打印 B+树
21         void printBtree(Node root) {}
22
23         //打印一个结点内的元素
24         private void printNode(Node node) {}
25
26         //根据关键字查找
27         public Object search(int key, Node node, String mode) {}
28
29         //删除关键字
30         public boolean delete(int key) {}
31
32         //平衡当前结点和前驱结点或者后继结点的数量,使两者的数量都满足条件
33         private boolean balanceNode(Node node, Node bratherNode, String nodeType) {}
34
35         //合并结点,参数 key 为待删除的 key
36         private boolean mergeNode(Node node, int key) {}
37
38         //得到当前结点的前驱结点
39         private Node getPreviousNode(Node node) {}
40
41         //得到当前结点的后继结点
42         private Node getNextNode(Node node) {}
43
44         //获取结点中最小值
45         private int getMinKeyInNode(Node node) {}
46
47         //获取结点中最大值
48         private int getMaxKeyInNode(Node node) {}
49
50         //存储关键字和值的内部类
51         public static class KeyAndValue implements Comparable<KeyAndValue> {
52             //存储索引关键字
53             private int key;
54             //存储数据
55             private Object value;
56         }
```

```
57
58        //结点内部类
59        public static class Node {
60            //结点的子结点
61            private List<Node> nodes;
62            //结点的键值对
63            private List<KeyAndValue> keyAndValue;
64            //结点的后继结点
65            private Node nextNode;
66            //结点的前驱结点
67            private Node previousNode;
68            //结点的父结点
69            private Node parantNode;
70            ...
71        }
72    }
```

3.7.9　B-树和 B+树的时间复杂度

B-树和 B+树的查找和插入操作的时间复杂度均为 $O(m \log_m n)$，其中，m 为 B-树的阶，n 为 B-树中结点的数目。

3.7.10　B-树和 B+树的区别

B-树和 B+树的最大区别在于非叶子结点是否存储数据。B-树是非叶子结点存储数据，叶子结点都是空值。B+树的非叶子结点只包含关键字的索引，不包含实际的值（这样可以放更多的关键字索引）。B+树只有叶子结点才存储数据，每个叶子结点均有指针进行连接，所有叶子结点构成一个有序链表，可以按照关键字排序的次序遍历全部记录。B+树非叶子结点的子树指针与关键字个数相同。B-树的范围查找用的是中序遍历，而 B+树用的是在链表上遍历。

3.7.11　B+树的优点

由于 B+树在内部结点上不包含具体的数据信息，只包含关键字的索引，因此在内存页中能够存放更多的 key。数据存放的更加紧密，具有更好的空间局部性。因此访问叶子结点上关联的数据也具有更好的缓存命中率。B+树的叶子结点都是相连的，因此对整棵树的遍历只需要一次线性遍历叶子结点即可。而且由于数据顺序排列并且相连，所以便于区间查找和搜索。

B-树则需要进行每一层的递归遍历。相邻的元素可能在内存中不相邻，所以缓存命中性没有 B+树好。但是 B-树也有优点，B-树相对于 B+树的优点是，如果经常访问的数据离根结点很近，因为 B-树的非叶子结点本身存有关键字其数据的地址，所以这种数据检索的时候会要比 B+树快。

3.7.12　B+树比B-树更适合数据库索引

（1）B+树的磁盘读写代价更低：B+树的分支结点并不保存具体数据，仅仅只包含关键字的索引，因此其分支结点相对B-树更小，一个磁盘块能容纳的关键字数量就越多，一次性读入内存的需要查找的关键字也就越多，相对I/O读写次数就降低了。

（2）B+树的查询效率更加稳定：由于非叶子结点并不是最终指向文件内容的结点，而只是叶子结点中关键字的索引，所以任何关键字的查找都必须走从根结点到叶子结点的路，所有关键字查询的路径长度相同，每一个数据的查询效率相当。

（3）由于B+树的数据都存储在叶子结点中，分支结点只存放索引，方便数据遍历，只需要遍历一遍叶子结点即可。但是B树因为其分支结点同样存储数据，要找到具体的数据，需要进行一次中序遍历按序来查找。所以B+树更加适合区间查询的情况，因此B+树更适用于数据库索引。

3.7.13　B-树和B+树的典型应用

由于B-树具有分支多层数少的特点，它更多的是应用在数据库系统中。除了B-树，还有专门为文件系统而生的B+树。

文件系统和数据库系统中常用的B-/B+树，它通过对每个结点存储数量的扩展，使得对连续的数据能够进行较快的定位和访问，能够有效减少查找时间，提高存储的空间局部性从而减少I/O操作。它广泛用于文件系统及数据库中，例如，Windows：HPFS文件系统；Mac：HFS、HFS＋文件系统；Linux：ResiserFS、XFS、Ext3FS、JFS文件系统；数据库：Oracle、MySQL、SQL Server。

二叉查找树的查找的时间复杂度$O(\log n)$，与树的深度相关，那么降低树的深度会提高查找效率。数据库索引一般使用B-树存储，其索引存在磁盘中，利用索引查询时，对于数据量大的索引不可能一次全部加载，只是一次次加载磁盘页，在B-树中，每个结点的大小就是一个磁盘页。在大量数据中实现索引查询时，树结点存储的元素数量是十分有限的，如果元素数量非常多的话，查找就退化成结点内部的线性查找了。二叉查找树结构会因树的深度过大而造成磁盘I/O读写过于频繁，进而导致查询效率低下。磁盘查找存取的次数往往由树的高度所决定，为了减少树的深度，所以必须采用多叉树结构。

3.8　图

3.8.1　图的概念

图论基础

图（graph）是一种比线性表和树更复杂的数据结构。在线性表中，数据元素之间仅有线性关系，在树形结构中，数据元素之间有明显的层次关系，在图形结构中，数据元素之间的关系可以是任意的。数据之间的关系有三种：一对一、一对多和多对多。前两种关系的数据分别用线性表、树结构存储，多对多逻辑关系的数据则用图来存储。

因为线性表是一对一的关系，树表示一对多的关系，所以可以认为线性表和树是图的一种特殊情况。与链表不同,图中存储的各个数据元素被称为顶点(vertex),而不是结点。如图 3.51 所示,该图中含有 4 个顶点,分别为顶点 V1、V2、V3 和 V4。图存储结构中,习惯上用 Vi 表示图中的顶点,且所有顶点构成的集合通常用 V 表示,如图 3.51 中顶点的集合为 V={V1,V2,V3,V4}。

数据之间多对多的关系还可能用如图 3.52 所示的图结构表示。可以看到各个顶点之间的关系并不是双向的。如 V4 只与 V1 存在联系(从 V4 可直接找到 V1),而与 V3 没有直接联系;同样,V3 只与 V4 存在联系(从 V3 可直接找到 V4),而与 V1 没有直接联系。因此,图存储结构可细分两种表现类型:无向图(Undigraph)和有向图(Digraph)。

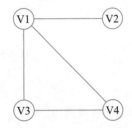 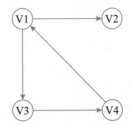

图 3.51 图存储结构示意   图 3.52 有向图示意

3.8.2 图存储结构的基本常识

1. 弧头和弧尾

有向图中,无箭头一端的顶点通常被称为初始点或弧尾(tail),箭头指向的顶点被称为终端点或弧头(head)。

2. 入度和出度

对于有向图中的一个顶点 V 来说,箭头指向 V 的弧的数量为 v 的入度(indegree,记为 ID(v));箭头远离 V 的弧的数量为 v 的出度(outdegree,记为 OD(v))。图 3.52 中的顶点 V1 入度为 1,出度为 2,该顶点的度为出度和入度的和,即度为 3。

3. (V1,V2)和<V1,V2>的区别

无向图中描述两顶点 V1 和 V2 之间的关系用(V1,V2)来表示,而有向图中描述从 V1 到 V2 的单向关系用<V1,V2>来表示。

图存储结构中顶点之间的关系是用线来表示的,因此(V1,V2)还可以用来表示无向图中连接 V1 和 V2 的线,又称为边(edge);<V1,V2> 也可用来表示有向图中从 V1 到 V2 带方向的线,又称为弧(arc)。

4. 集合 VR 的含义

图中习惯用 VR 表示图中所有顶点之间关系的集合。图 3.51 中无向图的集合 VR={(V1,V2),(V1,V4),(V1,V3),(V3,V4)},图 3.52 中有向图的集合 VR={<V1,V2>,<V1,V3>,<V3,V4>,<V4,V1>}。

5. 路径和回路

无论是无向图还是有向图,从一个顶点到另一顶点,途经的所有顶点组成的序列(包含这两个顶点),称为一条路径(path)。如果路径中第一个顶点和最后一个顶点相同,则此路径称为回路或环(cycle)。若路径中各顶点都不重复,此路径又被称为简单路径;同样,若回路中的顶点互不重复,此回路被称为简单回路或简单环。

图 3.51 中,从 V1 存在一条路径还可以回到 V1,此路径为{V1,V3,V4,V1},这是一个回路(环),而且还是一个简单回路(简单环)。在有向图中,每条路径或回路都是有方向的。

6. 权和网的含义

在某些实际场景中,图中的每条边或弧会赋予一个实数来表示一定的含义,这种与边或弧相匹配的实数被称为权(weight),而带权的图称为网(network)。网又分为无向网和有向网。如图 3.53 所示,就是一个有向网结构。

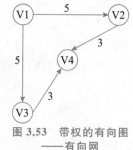

图 3.53 带权的有向图
——有向网

7. 子图

由图中一部分顶点和边构成的图,称为原图的子图。

3.8.3 图存储结构的分类

根据不同的特征,图又可分为完全图、连通图、稀疏图、稠密图。

1. 完全图

若图中各个顶点都与除自身外的其他顶点有关系,这样的无向图称为完全图(completed graph)(见图 3.54(a))。同样满足此条件的有向图则称为有向完全图(见图 3.54(b))。

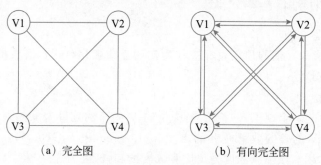

（a）完全图   （b）有向完全图

图 3.54 完全图和有向完全图

具有 n 个顶点的完全图,图中边的数量为 $n(n-1)/2$;而对于具有 n 个顶点的有向完全图,图中弧的数量为 $n(n-1)$。

2. 稀疏图和稠密图

这两种图是相对存在的,即如果图中具有很少的边或弧,此图称为稀疏图(sparse graph);反之,则称此图为稠密图(dense graph)。

稀疏和稠密的判断条件是:e 小于 $n\log n$,其中 e 表示图中边或弧的数量,n 表示图中顶点的数量。如果成立,则为稀疏图;反之为稠密图。图 3.54(a)为稀疏图,图 3.54(b)为稠密图。

3.8.4 连通图

1. 无向连通图

图中从一个顶点到达另一顶点,若存在至少一条路径,则称这两个顶点是连通着的。例如,图 3.51 中,虽然 V2 和 V3 没有直接关联,但从 V2 可以通过 V1 抵达 V3,因此称 V2 和 V3 之间是连通的,同理 V2 和 V4 也是连通的。无向图中,如果任意两个顶点之间都能够连通,则称此无向图为连通图(connected graph)。例如,图 3.54 中的无向图就是一个连通图,因为此图中任意两顶点之间都是连通的。

若无向图不是连通图,但图中存储某个子图符合连通图的性质,则称该子图为连通分量(connected component)。图中部分顶点和边构成的图为该图的一个子图,但这里的子图指的是图中最大的连通子图,也称极大连通子图。如图 3.55 所示,虽然图 3.55(a)中的无向图不是连通图,但可以将其分解为两个最大子图,它们都满足连通图的性质,因此都是连通分量。

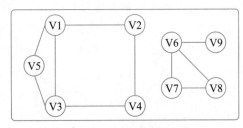

| (a)非连通图 | (b)连通分量 |

图 3.55 无向图的连通分量

2. 强连通图

有向图中,若任意两个顶点 Vi 和 Vj,满足从 Vi 到 Vj 以及从 Vj 到 Vi 都连通,也就是都含有至少一条通路,则称此有向图为强连通图。如图 3.56 所示就是一个强连通图。

若有向图本身不是强连通图,但其包含的最大连通子图具有强连通图的性质,则称该子图为强连通分量。连通图是在无向图的基础上对图中顶点之间的连通做了要求,而强连通图是在有向图的基础上对图中顶点的连通做了要求。

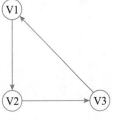

图 3.56 强连通图

3.8.5 图生成树

1. 生成树(连通图)

对连通图进行遍历,过程中所经过的边和顶点的组合可看作是一棵普通树,通常称为生成树。如图 3.57(a)所示是一张连通图,图 3.57(b)所示是其对应的两种生成树。

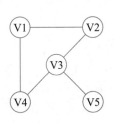
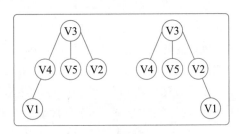

| (a)连通图 | (b)连通图生成树 |

图 3.57 连通图及其对应的生成树

连通图中，由于任意两顶点之间可能含有多条通路，遍历连通图的方式有多种，往往一张连通图可能有多种不同的生成树与之对应。

连通图中的生成树必须满足以下两个条件：

（1）包含连通图中所有的顶点。

（2）任意两顶点之间有且仅有一条通路。

因此连通图的生成树具有这样的特征，即生成树中边的数量＝顶点数－1。

2. 生成森林（非连通图）

生成树是对应连通图来说，而生成森林是对应非连通图来说的。非连通图可分解为多个连通分量，而每个连通分量又各自对应多个生成树（至少是 1 棵），因此与整个非连通图相对应的是由多棵生成树组成的生成森林。如图 3.58 所示，其中图 3.58(b)中列出的仅是各个连通分量的其中一种生成树。因此多个连通分量对应的多棵生成树就构成了整个非连通图的生成森林。

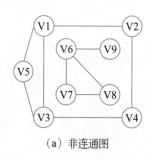 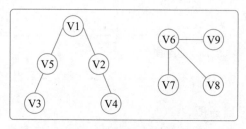

（a）非连通图　　　　　　　　　　（b）非连通图生成森林

图 3.58　非连通图生成森林

3.8.6　图的顺序存储结构

使用图结构表示的数据元素之间虽然具有多对多的关系，但是同样可以采用顺序存储，也就是使用数组有效地存储图。使用数组存储图时，需要使用两个数组。用一个一维数组存放图中所有顶点的数据；用一个二维数组存放顶点间关系（边或弧）的数据，这个二维数组称为邻接矩阵。邻接矩阵又分为有向图邻接矩阵和无向图邻接矩阵。

邻接矩阵的优点是适合稠密图的存储，码量少，对边的存储、查询、更新快而简单，只需要一步就可以访问和修改。但缺点是空间复杂度高。邻接矩阵的空间复杂度为 $O(v^2)$，v 为顶点个数。当存储稀疏图时空间浪费太大，一般情况下无法存储重边。

存储图中各顶点本身数据，使用一维数组就足够了。存储顶点之间的关系时，要记录每个顶点和其他所有顶点之间的关系，所以需要使用二维数组（见图 3.59）。不同类型的图，存储的方式略有不同。在使用二维数组存储图中顶点之间的关系时，如果顶点之间存在边或弧，在相应位置用 1 表示，反之用 0 表示；如果使用二维数组存储网中顶点之间的关系，顶点之间如果有边或者弧的存在，在数组的相应位置存储其权值，反之用 0 表示。

图 3.59(b)所示的二维数组中，每一行代表一个顶点，依次从 V1 到 V5，每一列也是如此。arcs[0][1]＝1，表示 V1 和 V2 之间有边存在，arcs[0][2]＝0，说明 V1 和 V3 之间没有边。

对于无向图来说，二维数组构建的邻接矩阵，实际上是对称矩阵，在存储时可以采用压

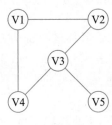

（a）无向图　　　　　（b）无向图对应的二维数组arcs

图 3.59　无向图及对应的二维数组 arcs

缩存储的方式存储左下直角三角或者右上直角三角。通过邻接矩阵,可以直观地判断出各个顶点的度,为该行或该列非 0 值的和。例如,第三行有三个 1,说明 V3 有三个边,所以度为 3。

　　图 3.60(a)是个有向图,图 3.60(b)使其对应的二维数组,其中 arcs[0][1]＝1,说明从 V1 到 V2 有弧存在。通过二阶矩阵,可以很轻松得知各顶点的出度和入度,出度为该行非 0 值的和,入度为该列非 0 值的和。图 3.60(a)中 V1 的出度为 2,V1 的入度为 1,度为两者的和,即为 3。

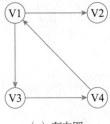
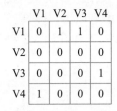

（a）有向图　　　　　（b）有向图对应的二维数组arcs

图 3.60　有向图及对应的二维数组 arcs

　　图 3.61(a)是个有向网,存储的两个数组如图 3.61(b)所示。构建无向网和有向网时,对于之间没有边或弧的顶点,相应的邻接矩阵中存放的是 0。目的是方便查看运行结果,而实际上如果顶点之间没有关联,它们之间的距离应该是无穷大(∞)。

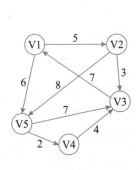

Vexs数组

V1	V2	V3	V4	V5

	V1	V2	V3	V4	V5
V1	0	5	0	0	6
V2	0	0	3	0	8
V3	7	0	0	0	0
V4	0	0	4	0	0
V5	0	0	7	2	0

（a）有向网　　　　　（b）有向网对应的二维数组arcs

图 3.61　有向网及对应的数组

3.8.7 图的邻接表存储法

图可以采用顺序存储，但是更多的是采用链表存储，具体的存储方法有三种：邻接表（adjacency list）、十字链表（orthogonal list）和邻接多重表（adjacency multilist）。邻接表既适用于存储无向图，也适用于存储有向图。

1. 邻接点的概念

在图中，如果两个点相互连通，即通过其中一个顶点，可直接找到另一个顶点，则称它们互为邻接点。邻接指的是图中顶点之间有边或者弧的存在。

2. 邻接表存储图的实现方式

邻接表存储图的实现方式是给图中的各个顶点独自建立一个链表，用结点存储顶点，用链表中其他结点存储各自的邻接点。

邻接表的优点是存储效率非常高，空间复杂度优，可以存储重边。邻接表的空间复杂度为 $O(v+e)$，v 为顶点个数，e 为边的个数。对于稀疏图来说更适合。但是缺点是码量较大，访问和修改会变慢。

为了便于管理这些链表，通常会将所有链表的头结点存储到数组中（也可以用链表存储）。也正因为各个链表的头结点存储的是各个顶点，因此各链表在存储邻接点数据时，仅需存储该邻接顶点位于数组中的位置下标即可。

如图 3.62(a)所示的有向图，其对应的邻接表如图 3.62(b)所示。顶点 V1 与其相关的邻接点分别为 V2 和 V3，因此存储 V2 和 V3 在数组中的位置下标 1 和 2。

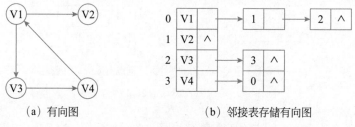

（a）有向图　　　　　　（b）邻接表存储有向图

图 3.62　邻接表存储有向图

存储各顶点的结点结构分为两部分：数据域和指针域，如图 3.63(a)所示。数据域 data 用于存储顶点数据信息，指针域 next 用于链接下一个结点。在实际应用中，除了这种结点结构外，对于用链表存储网（边或弧存在权）结构，还需要结点存储权的值，因此需使用图 3.63(b)中的结点结构。adjvex 表示邻接点，next 是指向下一个邻接点的指针，info 是图中边或者弧包含的权的信息。

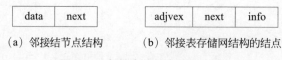

（a）邻接结节点结构　　　（b）邻接表存储网结构的结点

图 3.63　邻接表的结点结构示意

3. 邻接表计算顶点的出度和入度

使用邻接表计算无向图中顶点的入度和出度非常简单，只需从数组中找到该顶点，然后统计此链表中结点的数量即可。

而使用邻接表存储有向图时,通常各个顶点的链表中存储的都是以该顶点为弧尾的邻接点,因此通过统计各顶点链表中的结点数量,只能计算出该顶点的出度,而无法计算该顶点的入度。对于利用邻接表求某顶点的入度,有以下两种方式。

(1) 遍历整个邻接表中的结点,统计数据域与该顶点所在数组位置下标相同的结点数量,即为该顶点的入度。

(2) 建立一个逆邻接表,该表中的各顶点链表存储以此顶点为弧头的所有顶点在数组中的位置下标,如图 3.64 所示,指向 V1 的只有 V4,所以记录 V4 的位置下标 3。链表中结点的数量就是该顶点的入度。所以图 3.64 中 V1、V2、V3、V4 的入度均为 1。

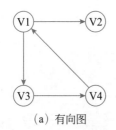　　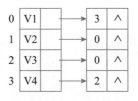

　　　　(a) 有向图　　　　　　　　　(b) 有向图的逆邻接表

图 3.64　有向图的逆邻接表

对于具有 n 个顶点和 e 条边的无向图,邻接表中需要存储 n 个头结点和 $2e$ 个表结点。在图中边或者弧稀疏的时候,使用邻接表要比顺序存储矩阵更加节省空间。

3.8.8　图的十字链表存储法

图的十字链表存储

十字链表法是图的另一种链式存储结构,与邻接表不同,十字链表法仅适用于存储有向图和有向网。此外十字链表法还改善了邻接表计算图中顶点入度的问题。

十字链表存储有向图或有向网的方式与邻接表有一些相同,都以图或网中各顶点为头结点建立多条链表,同时为了便于管理,还将所有链表的头结点存储到同一数组或链表中。头结点结构如图 3.65(a) 所示。头结点中有一个数据域和两个指针域(分别用 firstin 和 firstout 表示)。

- firstin 指针用于连接以当前顶点为弧头的其他顶点构成的链表。
- firstout 指针用于连接以当前顶点为弧尾的其他顶点构成的链表。
- data 用于存储该顶点中的数据。

由此可以看出,十字链表实质上就是为每个顶点建立两个链表,分别存储以该顶点为弧头和弧尾的所有顶点。

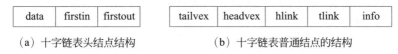

　　(a) 十字链表头结点结构　　　　　　(b) 十字链表普通结点的结构

图 3.65　十字链表中的结点结构示意

存储图的十字链表中,各链表中头结点与其他普通结点的结构并不相同,如图 3.65(a) 所示是十字链表中头结点的结构,链表中普通结点的结构如图 3.65(b) 所示。十字链表中普通结点的存储分为 5 部分内容，它们各自的作用如下。

- tailvex 用于存储以头结点为弧尾的顶点的位置下标。
- headvex 用于存储以头结点为弧头的顶点的位置下标。
- hlink 指针用于链接下一个存储以头结点为弧头的顶点的结点。
- tlink 指针用于链接下一个存储以头结点为弧尾的顶点的结点。
- info 用于存储与该顶点相关的信息，如与顶点之间的权值。

十字链表普通结点的前两个值是 tailvex 和 headvex，含义是从哪个顶点可以到下一个顶点。箭头尾部对应的顶点是 tailvex，箭头指向的顶点是 headvex。所以在设计结点结构时首先是 tailvex，然后是 headvex。例如，用十字链表存储图 3.66(a)中的有向图，存储状态如图 3.66(b)所示。

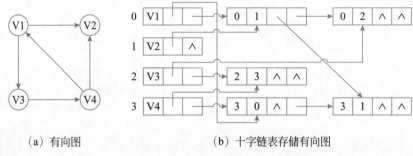

(a) 有向图　　　　　　　(b) 十字链表存储有向图

图 3.66　十字链表存储有向图示意

从顶点 V1 说起，以 V1 为弧头的顶点只有 V4，以 V1 为弧尾的顶点有 V2 和 V3。所以 V1 顶点的 firstin 指针后面有一个结点结构。因为是 V4 指向 V1，所以 tailvex 和 headvex 的数值分别是 3 和 0（即图 3.66 中的[3 | 0]结点）。

💻 **特别提醒**

为了便于描述和查看示意图，将图 3.66 中的普通结点写作[tailvex | headvex]结点的格式。例如，图 3.66 所示有 5 个普通结点，将它们分别写作[0 | 1]结点、[0 | 2]结点、[2 | 3]结点、[3 | 0]结点、[3 | 1]结点。

V1 顶点的 firstout 指针后面有 2 个结点结构。其中一个是 V1 指向 V2，所以 tailvex 和 headvex 的数值分别是 0 和 1（即图 3.66 中的[0 | 1]结点）；另外一个是 V1 指向 V3，所以 tailvex 和 headvex 的数值分别是 0 和 2（即图 3.66 中的[0 | 2]结点）。对于各链表中结点来说，由于表示的都是该顶点的出度或者入度，因此没有先后次序之分。

对于顶点 V2 来说，以 V2 为弧头的顶点有 V1 和 V4，没有以 V2 为弧尾的顶点。所以 V2 顶点的 firstin 指针后面有 2 个结点结构。其中一个是 V1 指向 V2，所以 tailvex 和 headvex 的数值分别是 0 和 1（即图 3.66 中的[0 | 1]结点）；另外一个是 V4 指向 V2，所以 tailvex 和 headvex 的数值分别是 3 和 1（即图 3.66 中的[3 | 1]结点）。V2 顶点的 firstout 指针为空。

对于顶点 V3 来说，以 V3 为弧头的顶点有 V1，以 V3 为弧尾的顶点是 V4。所以 V3 顶点的 firstin 指针后面有 1 个结点结构。因为是 V1 指向 V3，所以 tailvex 和 headvex 的数值分别是 0 和 2（即图 3.66 中的[0 ｜ 2]结点）。V2 顶点的 firstout 指针后面有 1 个结点结构。因为是 V3 指向 V4，所以 tailvex 和 headvex 的数值分别是 2 和 3（即图 3.66 中的[2 ｜ 3]结点）。

对于顶点 V4 来说，以 V4 为弧头的顶点有 V3，以 V4 为弧尾的顶点是 V1 和 V2。所以 V4 顶点的 firstin 指针后面有 1 个结点结构。因为是 V3 指向 V4，所以 tailvex 和 headvex 的数值分别是 2 和 3（即图 3.66 中的[2 ｜ 3]结点）。V4 顶点的 firstout 指针后面有 2 个结点结构。其中一个是 V4 指向 V1，所以 tailvex 和 headvex 的数值分别是 3 和 0（即图 3.66 中的[3 ｜ 0]结点）；另外一个是 V4 指向 V2，所以 tailvex 和 headvex 的数值分别是 3 和 1（即图 3.66 中的[3 ｜ 1]结点）。

3.8.9　图的邻接多重表存储法

无向图的存储可以使用邻接表，但在实际使用时，如果想对图中某顶点进行修改或删除，由于邻接表中存储该顶点的结点有两个，因此需要操作两个结点。为了提高在无向图中操作顶点的效率，使用适用于存储无向图的邻接多重表存储结构。邻接多重表仅适用于存储无向图或无向网。

邻接多重表存储无向图的方式，可看作邻接表和十字链表的结合。同邻接表和十字链表存储图的方法相同，都是独自为图中各顶点建立一张链表，存储各顶点的结点作为各链表的头结点，同时为了便于管理将各个头结点存储到一个数组中。如图 3.67 所示为邻接多重表的结点结构示意图。其中，头结点结构如图 3.67（a）所示。

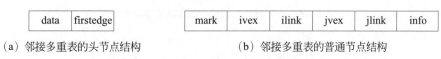

（a）邻接多重表的头节点结构　　　　（b）邻接多重表的普通节点结构

图 3.67　邻接多重表的结点结构示意

- data：存储此顶点的数据。
- firstedge：指针域，用于指向同该顶点有直接关联的存储其他顶点的结点。

邻接多重表采用与邻接表相同的头结点结构，但是链表中其他结点的结构与十字链表中相同，如图 3.67（b）所示。

- mark：标志域，用于标记此结点是否被操作过，例如，在对图中顶点做遍历操作时，为了防止多次操作同一结点，mark 域为 0 表示还未被遍历；mark 为 1 表示该结点已被遍历。
- ivex 和 jvex：数据域，分别存储图中各边两端的顶点所在数组中的位置下标。
- ilink：指针域，指向下一个存储与 ivex 有直接关联顶点的结点。
- jlink：指针域，指向下一个存储与 jvex 有直接关联顶点的结点。
- info：指针域，用于存储与该顶点有关的其他信息，比如无向网中各边的权。

使用邻接多重表存储图 3.68（a）中的无向图，则与之对应的邻接多重表如图 3.68（b）所示。从图中可以直接找到与各顶点有直接关联的其他顶点。

为了便于描述和查看示意图，将图 3.68 中的普通结点写作[ivex｜jvex]结点的格式。例如，图 3.68 所示有 6 个普通结点，将它们分别写作[0｜1]结点、[0｜3]结点、[2｜1]结点、[2｜3]结点、[4｜1]结点、[4｜2]结点。

与 V1 关联的顶点是 V2 和 V4，所以 V1 头结点后跟 2 个结点结构（即图 3.68 中的[0｜1]结点和[0｜3]结点）；V2 关联的顶点是 V1、V3 和 V5，所以 V2 头结点后跟 3 个结点结构（即图 3.68 中的[0｜1]结点、[2｜1]结点、[4｜1]结点）；V3 与 V2、V4、V5 都有关联，所以 V3 头结点后跟 3 个结点结构（即图 3.68 中的[2｜1]结点、[2｜3]结点、[4｜2]结点）；V4 与 V1、V3 有关联，所以 V4 头结点后跟 2 个结点结构（即图 3.68 中的[2｜3]结点、[0｜3]结点）；V5 与 V2、V3 有关联，所以 V5 头结点后跟 2 个结点结构（即图 3.68 中的[4｜1]结点、[4｜2]结点）。

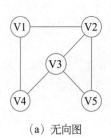 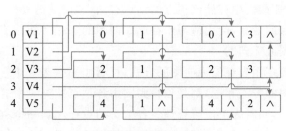

（a）无向图　　　　　　　　　（b）邻接多重表存储无向图

图 3.68　无向图及其对应的邻接多重表

3.8.10　图的遍历——深度优先搜索和广度优先搜索

对存储在图中的顶点进行遍历，常用的遍历方式有以下两种：深度优先搜索和广度优先搜索。

1. 深度优先搜索

深度优先搜索的过程类似于树的先序遍历。图 3.69 是一个无向图。

采用深度优先算法遍历该图的过程如下。

（1）任意找一个未被遍历过的顶点，例如，从 V1 开始，由于 V1 率先访问过了，所以，需要标记 V1 的状态为访问过。

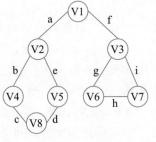

图 3.69　无向图

（2）遍历 V1 的邻接点，例如，访问 V2，并做标记，接着访问 V2 的邻接点，如 V4（做标记），其次 V8，然后 V5。

（3）当继续遍历 V5 的邻接点时，根据之前做的标记显示，所有邻接点都被访问过了。此时，从 V5 回退到 V8，看 V8 是否有未被访问过的邻接点，如果没有，继续回退到 V4、V2、V1。

（4）通过查看 V1，找到一个未被访问过的顶点 V3，继续遍历，接着访问 V3 邻接点 V6，然后 V7。

（5）由于 V7 没有未被访问的邻接点,所有回退到 V6,继续回退至 V3,最后到达 V1,发现没有未被访问的邻接点。

（6）最后一步需要判断是否所有顶点都被访问,如果还有没被访问的,以未被访问的顶点为第一个顶点,继续依照上边的方式进行遍历。

根据上边的过程,可以得到图 3.69 通过深度优先搜索获得的顶点的遍历次序为:V1→V2→V4→V8→V5→V3→V6→V7。

所谓深度优先搜索,是从图中的一个顶点出发,每次遍历当前访问顶点的邻接点,一直到访问的顶点没有未被访问过的邻接点为止。然后采用依次回退的方式,查看来的路上每个顶点是否有其他未被访问的邻接点。访问完成后,判断图中的顶点是否已经全部遍历完成,如果没有,以未访问的顶点为起始点,重复上述过程。深度优先搜索是一个不断回溯的过程。

2. 广度优先搜索

广度优先搜索类似于树的层序遍历。从图中的某一顶点出发,遍历每一个顶点时,依次遍历其所有的邻接点,然后从这些邻接点出发,同样依次访问它们的邻接点。按照此过程,直到图中所有被访问过的顶点的邻接点都被访问到。

最后还需要做的操作就是查看图中是否存在尚未被访问的顶点,若有则以该顶点为起始点,重复上述遍历的过程。

以图 3.69 中的无向图为例,假设 V1 作为起始点,遍历其所有的邻接点 V2 和 V3,以V2 为起始点,访问邻接点 V4 和 V5,以 V3 为起始点,访问邻接点 V6、V7,以 V4 为起始点访问 V8,以 V5 为起始点,由于 V5 所有的起始点已经全部被访问,所有直接略过,V6 和 V7也是如此。

以 V1 为起始点的遍历过程结束后,判断图中是否还有未被访问的点,由于图 3.69 中没有未被访问的点,所以整个图遍历结束。遍历顶点的顺序为:V1→V2→V3→V4→V5→V6→V7→V8。

3. 遍历图总结

遍历图有常见的两种遍历方式:深度优先搜索算法和广度优先搜索算法。深度优先搜索算法的实现运用的主要是回溯法,类似于树的前序遍历算法。广度优先搜索算法借助队列的先进先出的特点,类似于树的层序遍历。

3.8.11　图的深度优先生成树和广度优先生成树

1. 连通图生成树

在对无向图进行遍历的时候,遍历过程中所经历过的图中的顶点和边的组合,就是图的生成树或者生成森林。

图 3.69 中的无向图是由 V1~V8 的顶点和编号分别为 a~i 的边组成。当使用深度优先搜索算法时,假设 V1 作为遍历的起始点,遍历的顺序可以是 V1→V2→V4→V8→V5→V3→V6→V7。此种遍历顺序构建的生成树如图 3.70 所示。

由深度优先搜索得到的树为深度优先生成树。广度优先搜索生成的树为广度优先生成树。图 3.69 中的无向图以顶点 V1 为起始点进行广度优先搜索,遍历的顺序为:V1→V2→V3→V4→V5→V6→V7→V8。遍历得到的树,如图 3.71 所示。

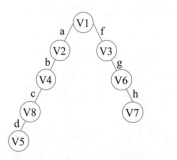

图 3.70　深度优先生成树

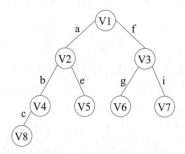

图 3.71　广度优先生成树

2. 非连通图的生成森林

非连通图在进行遍历时，实则是对非连通图中每个连通分量分别进行遍历，在遍历过程经过的每个顶点和边，就构成了每个连通分量的生成树。非连通图中，多个连通分量构成的多个生成树为非连通图的生成森林。

3.8.12　AOE 网求关键路径

AOE 网求
关键路径

1. AOV 网的概念

在现代化管理中，人们常用有向图来描述和分析一项工程的计划和实施过程，一个工程常被分为多个小的子工程，这些子工程被称为活动（activity），在有向图中若以顶点表示活动，有向边（弧）表示活动之间的先后关系，这样的图称为顶点表示活动的网（activity on vertex network，AOV 网），AOV 网是一种有向无回路的图（或有向无环图）。

2. AOE 网的概念

边表示活动的网（Activity on Edge Network，AOE 网）是基于 AOV 网的，其中每一个边都具有各自的权值，权值表示活动持续的时间，是一个有向无环网。如图 3.72 所示的AOE 网，a1＝6 表示完成 a1 活动需要 6 天。AOE 网中每个顶点表示在它之前的活动已经完成，可以开始后边的活动，例如，V5 表示 a4 和 a5 活动已经完成，a7 和 a8 可以开始。

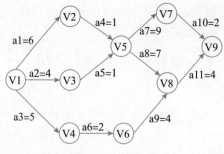

图 3.72　AOE 网

3. 使用 AOE 网解决的问题

将 AOE 网看作整个项目，那么完成整个项目至少需要多少时间？

解决这个问题的关键在于从 AOE 网中找到一条从起始点到结束点长度最长的路径，这样就能保证所有的活动在结束之前都能完成。

起始点是入度为 0 的点,称为源点;结束点是出度为 0 的点,称为汇点。这条最长的路径,被称为关键路径。为了求出一个给定 AOE 网的关键路径,需要知道以下四个统计数据:

对于 AOE 网中的顶点有两个时间:最早发生时间(用 Ve(j)表示)和最晚发生时间(用 Vl(j)表示);对于边来说,也有两个时间:最早开始时间(用 e(i)表示)和最晚开始时间(l(i)表示)。

1) Ve(j)

对于 AOE 网中的任意一个顶点来说,从源点到该点的最长路径代表着该顶点的最早发生时间,通常用 Ve(j)表示。

例如,图 3.72 中从 V1 到 V5 有两条路径,V1 作为源点开始后,a1 和 a2 同时开始活动,但由于 a1 和 a2 活动的时间长度不同,最终 V1→V3→V5 的这条路径率先完成。但是并不是说 V5 之后的活动就可以开始,而是需要等待 V1→V2→V5 这条路径也完成之后才能开始。所以对于 V5 来讲,Ve(5)=7。

2) Vl(j)

Vl(j)表示在不推迟整个工期的前提下,事件 Vk 允许的最晚发生时间。

例如,图 3.72 中,在得知整个工期完成的时间是 18 天的前提下,V7 最晚要在第 16 天的时候开始,因为 a10 活动至少需要 2 天时间才能完成,如果 V7 事件推迟,就会拖延整个工期。所以对于 V7 来说,它的 Vl(7)=16。

3) e(i)

e(i)表示活动 ai 的最早开始时间,如果活动 ai 是由弧<Vk,Vj>表示的,那么活动 ai 的最早开始的时间就等于时间 Vk 的最早发生时间,也就是说:e[i] = Ve[k]。

如图 3.72 所示,如果 a4 想要开始活动,那么首先前提就是 V2 事件开始。所以 e[4]= Ve[2]。

4) l(i)

l(i)表示活动 ai 的最晚开始时间,如果活动 ai 是由弧<Vk,Vj>表示,ai 的最晚开始时间的设定要保证 Vj 的最晚发生时间不拖后。所以,l[i]=Vl[j]−len<Vk,Vj>。

在得知以上四种统计数据后,就可以直接求得 AOE 网中关键路径上的所有的关键活动,方法是:对于所有的边来说,如果它的最早开始时间等于最晚开始时间,称这条边所代表的活动为关键活动。由关键活动构成的路径为关键路径。

4. AOE 网求关键路径实现过程

首先完成 Ve(j)、Vl(j)、e(i)、l(i)四种统计信息的准备工作。

(1) Ve(j),求出从源点到各顶点的最长路径长度(长度最大的),如表 3.1 所示。

表 3.1 从源点到各顶点的最长路径长度

顶点	V1	V2	V3	V4	V5	V6	V7	V8	V9
Ve(j)	0	6	4	5	7	7	16	14	18

(2) Vl(j),求出各顶点的最晚发生时间(从后往前推,多种情况下选择最小的,见表 3.2)。

表 3.2　各顶点的最晚发生时间

顶点	V1	V2	V3	V4	V5	V6	V7	V8	V9
Vl(j)	0	6	6	8	7	10	16	14	18

（3）e(i)，求出各边中 ai 活动的最早开始时间，如表 3.3 所示。

表 3.3　各边中活动的最早开始时间

顶点	a1	a2	a3	a4	a5	a6	a7	a8	a9	a10	a11
e(i)	0	0	0	6	4	5	7	7	7	16	14

（4）l(i)，求出各边中 ai 活动的最晚开始时间（多种情况下选择最小的），如表 3.4 所示。

表 3.4　各边中活动的最晚开始时间

顶点	a1	a2	a3	a4	a5	a6	a7	a8	a9	a10	a11
l(i)	0	2	3	6	6	8	7	7	10	16	14

对比表 3.5 中的 l(i) 和 e(i)，其中 a1、a4、a7、a8、a10、a11 列中 e(i) 和 l(i) 的值彼此相同，所以这些值相同的路径就是关键路径（见图 3.73）。在图 3.73 中的 AOE 网中有两条关键路径。

表 3.5　推算关键路径的综合表

各统计项	a1	a2	a3	a4	a5	a6	a7	a8	a9	a10	a11
持续时间 d(i)	6	4	5	1	1	2	9	7	4	2	4
最早发生 Ve(i) 从起点往终点推	6	4	5	7	5	7	16	14	11	18	18
最晚发生 Vl(i) 从终点往起点推	6	6	8	7	7	10	16	14	14	18	18
最早开始 e(i)＝Ve(i)－d(i)	0	0	0	6	4	5	7	7	7	16	14
最晚开始 l(i)＝Vl(i)－d(i)	0	2	3	6	6	8	7	7	10	16	14

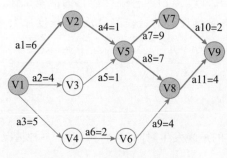

图 3.73　AOE 网中关键路径

3.8.13　遍历图的代码实现

扫描二维码获取实现遍历图的详细代码。代码 3.10 仅展示核心代码。

遍历图的
代码实现

【代码 3.10】

```
1   /* *
2    * 图的顺序存储结构
3    * 图的 DFS 和 BFS
4    */
5   public class MyGraph {
6        //插入结点
7        public void addVer(String vertex) {...}
8
9        //添加边
10       public void addNum(int v1, int v2, int weight) {...}
11
12       //返回结点的个数
13       public int nodeNum() {...}
14
15       //返回边一共有多少条
16       public int edgeNum() {...}
17
18       //通过索引返回值
19       public String getValue(int i) {...}
20
21       //返回 v1 和 v2 的权值
22       public int getWeight(int v1, int v2) {...}
23
24       //显示图对应的矩阵
25       public void show() {...}
26
27       //广度优先遍历
28       public void BFS(boolean[] isVisited, int i) {
29           int u; //队列的头结点
30           int w; //邻接结点
31           LinkedList queue = new LinkedList(); //使用队列记录访问顺序
32           System.out.print(getValue(i) + " - > ");
33           isVisited[i] = true;
34           queue.addLast(i);
35           while (!queue.isEmpty()) {
36               //取出队列头结点下标
37               u = (Integer) queue.removeFirst();
38               w = getFirstNode(u);
39               while (w ! = - 1) {
40                   //是否被访问过
41                   if (!isVisited[w]) {
42                       System.out.print(getValue(w) + " - > ");
```

```
43                          isVisited[w] = true;
44                          //入队列
45                          queue.addLast(w);
46                      }
47                      w = getNextNode(u, w); //继续找下一个结点
48                  }
49              }
50          }
51
52      public void BFS() {
53          //遍历所有结点进行 DFS
54          for (int i = 0; i < nodeNum(); i++) {
55              if (!isVisited[i]) {
56                  BFS(isVisited, i);
57              }
58          }
59      }
60
61      //得到第一个邻接结点的下标
62      public int getFirstNode(int index) {...}
63
64      //根据前一个邻接结点的下标获取下一个邻接结点
65      public int getNextNode(int v1, int v2) {...}
66
67      //深度优先遍历
68      private void DFS(boolean[] isVisited, int i) {
69          //先进行访问 i
70          System.out.print(getValue(i) + " -> ");
71          //把这个结点设置为已访问
72          isVisited[i] = true;
73          //查找第一个邻接结点
74          int w = getFirstNode(i);
75          while (w != -1) {
76              if (!isVisited[w]) {//结点还未被访问
77                  DFS(isVisited, w);
78              }
79              //已经被访问,查找下一个邻接结点
80              w = getNextNode(i, w);
81          }
82      }
83
84      //对 DFS 进行重载
85      public void DFS() {
86          //遍历所有结点进行 DFS
87          for (int i = 0; i < nodeNum(); i++) {
88              if (!isVisited[i]) {
89                  DFS(isVisited, i);
```

```
90              }
91            }
92          }
93 }
```

3.9 散 列 表

3.9.1 散列表的概念

数组的特点是寻址容易,插入和删除性能低;而链表的特点是寻址性能低,插入和删除容易。散列表(hash table,又称哈希表)正好综合两者的特性。它是种寻址容易,插入和删除也容易的数据结构。散列表也叫作哈希表,这种数据结构提供了键(key)和值(value)的映射关系。只要给出一个key,就可以高效查找到它所匹配的value。

常规的查找,都是这样一种思路,从集合中逐一拿出一个元素,看看是否与要找的元素相等,如果不等则缩小范围继续查找。而哈希表是完全另外一种思路,根据哈希函数和查找关键字key,直接计算出查找值存储地址的位置,而不需要一个个比较。哈希函数就是根据key计算出应该存储地址的位置,而哈希表是基于哈希函数建立的一种查找表。哈希表的查询速度非常的快,几乎是O(1)的时间复杂度。

在java.util包中,系统提供了hashtable<K,V>、HashMap<K,V>、HashSet<E>。哈希表有两种形式构成:数组+链表(见图3.74),数组+二叉树。

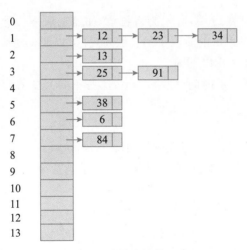

图 3.74 哈希表结构示意

3.9.2 散列表的原理

散列表在本质上也是一个数组。散列表的key则是以字符串类型为主的,通过hash函数把key和数组下标进行转换,作用是把任意长度的输入通过散列算法转换成固定类型、固定长度的散列值。

3.9.3　哈希函数的构造方法

1. 直接定制法

哈希函数为关键字的线性函数。这种构造方法比较简便均匀，但是有很大限制，仅限于地址大小＝关键字集合的情况。

2. 数字分析法

假设关键字集合中的每个关键字 key 都是由 n 位数字组成。例如，我们要存储一个班级学生的身份证号码，假设这个班级的学生都出生在同一个地区，同一年，那么他们的身份证的前面数位都是相同的，那么我们可以截取后面不同的几位存储，假设有五位不同，那么就用这五位代表地址。H(key)＝key ％ 100000。此种方法通常用于数字位数较长的情况，必须数字存在一定规律，且必须知道数字的分布情况。

3. 平方取中法

如果关键字的每一位都有某些数字重复出现频率很高的现象，可以先求关键字的平方值，通过平方扩大差异，而后取中间数位作为最终存储地址。例如，key＝1234，1234^2＝1522756，取 227 作 hash 地址。key＝4321，4321^2＝18671041，取 671 作 hash 地址。这种方法适合事先不知道数据并且数据长度较小的情况。

4. 折叠法

如果数字的位数很多，可以将数字分割为几个部分，取它们的叠加和作为 hash 地址。该方法适用于数字位数较多且事先不知道数字分布的情况。

5. 除留余数法

H(key)＝ key MOD p（$p \leqslant m$，m 为表长）。如何选取 p 是个关键问题。p 应为不大于 m 的质数，或是不含 20 以下的质因子的合数，这样可以减少地址的重复（冲突）。

哈希函数在设计时要考虑以下因素。
- 计算散列地址所需要的时间（即哈希函数本身不要太复杂）。
- 关键字的长度。
- 表长。
- 关键字分布是否均匀，是否有规律可循。
- 设计的哈希函数在满足以上条件的情况下尽量减少冲突。

哈希函数计算得到的散列值是一个非负整数。
- 如果 key1＝key2，那 hash(key1)＝＝hash(key2)。
- 如果 key1！＝key2，那 hash(key1)！＝hash(key2)。

哈希函数的设计不能太复杂，哈希函数生成值要尽可能随机并且均匀分布。

3.9.4　散列表的操作

1. 写操作

写操作（put）就是在散列表中插入新的键值对，在 JDK 中叫作 Entry 或 Node 。在散列表中实现写操作需要以下两步。

（1）通过哈希函数，把 key 转化成数组下标。

（2）如果数组下标对应的位置没有元素，就把这个 Entry 填充到数组下标的位置。

2. Hash 冲突（碰撞）

由于数组的长度是有限的，当插入的 Entry 越来越多时，不同的 key 通过哈希函数获得的下标有可能是相同的，这种情况，就叫作哈希冲突。解决 hash 冲突的方法主要有两种：开放寻址法（open addressing）和链表法（chaining）。

1）开放寻址法

开放寻址法的原理：当一个 Key 通过哈希函数获得对应的数组下标已被占用时，就寻找下一个空挡位置。在 Java 中，ThreadLocal 所使用的就是开放寻址法。

2）链表法

链表法是一种更加常用的 hash 冲突解决办法，相比开放寻址法，它要简单很多。在散列表中，每个"桶（bucket）"或者"槽（slot）"会对应一条链表，所有散列值相同的元素我们都放到相同槽位对应的链表中（见图 3.75）。

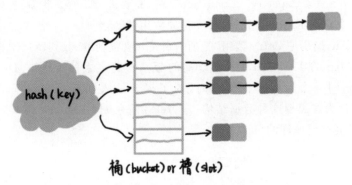

图 3.75　哈希冲突链表法示意 1

数组的每一个元素不仅是一个 Entry 对象，还是一个链表的头结点。每一个 Entry 对象通过 next 指针指向它的下一个 Entry 结点。当新来的 Entry 映射到与之冲突的数组位置时，只需要插入到对应的链表中即可，默认 next 指向 null。当根据 key 查找值的时候，在 index＝2 的位置是一个单链表，遍历该单链表，再根据 key 即可取值（见图 3.76）。

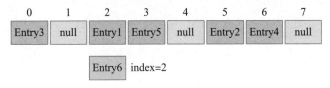

图 3.76　哈希冲突链表法示意 2

3. 读操作（get）

读操作就是通过给定的 key，在散列表中查找对应的 value。在散列表中实现读操作需要以下两步。

（1）通过哈希函数，把 key 转化成数组下标。

（2）找到数组下标所对应的元素，如果 key 不正确，说明产生了 hash 冲突，则顺着头结点遍历该单链表，再根据 key 即可取值。

4. hash 扩容（resize）

散列表是基于数组实现的，所以散列表需要扩容。当经过多次元素插入，散列表达到一定饱和度时，key 映射位置发生冲突的概率会逐渐提高。这样一来，大量元素拥挤在相同的数组下标位置，形成很长的链表，对后续插入操作和查询操作的性能都有很大影响。

装载因子是指散列表中一定比例的空闲槽位，求散列表的装载因子公式如下：

$$散列表的装载因子 = 填入表中的元素个数 / 散列表的长度$$

装载因子越大，说明空闲位置越少，冲突越多，散列表的性能会下降。

影响扩容的因素有以下两个。

（1）Capacity：HashMap 的当前长度。

（2）LoadFactor：HashMap 的负载因子（阈值），默认值为 0.75f。

当 HashMap.Size≥Capacity×LoadFactor 时，需要进行扩容。扩容的步骤如下。

（1）创建一个新的 Entry 空数组，长度是原数组的 2 倍。

（2）重新 hash，遍历原 entry 数组，把所有的 entry 重新 hash 到新数组中。

关于 HashMap 的实现，JDK1.8 和以前的版本有着很大的不同。JDK1.8 中，当多个 Entry 被 hash 到同一个数组下标位置时，为了提升插入和查找的效率，HashMap 会把 Entry 的链表转化为红黑树这种数据结构。JDK1.8 前在 HashMap 扩容时，会反序单链表，这样在高并发时会有死循环的可能。

3.9.5　自定义哈希表的代码实现

自定义哈希表
的代码实现

扫描二维码获取实现自定义哈希表的详细代码。代码 3.11 仅展示核心代码。

【代码 3.11】

```
1   /**
2    * 自定义 HashMap
3    * 有一个公司,要求将新入职员工的信息加入系统中(id、姓名、性别、年龄、职务、部门等信息)
4    * 当输入该员工的 id 时,要求能查到该员工的所有信息
5    * 要求:不能使用数据库,尽量节省内存,速度越快越好
6    */
7   public class MyHashMap {
8       //自定义哈希方法——根据 key 计算该数据应被加在数组中的哪个链表下。即计算数组
           索引
9       public int hashIndex(String key) {
10          //System.out.println("key=" + key + ",hashCode=" + key.hashCode());
11          int index = Integer.parseInt(key) % linkedListArray.length;
12          return index;
13      }
14
15      //添加数值
16      public void put(String key, Object value) {
17          //计算数组索引
18          int index = hashIndex(key);
19          System.out.println("key=" + key + ",index=" + index);
20          if (get(key) == null) {
```

```
21              //添加元素
22              linkedListArray[index].add(key, value);
23              size++;
24          } else {
25              //修改元素
26              linkedListArray[index].set(key, value);
27          }
28      }
29
30      //修改数值
31      public boolean replace(String key, Object value) {
32          //计算数组索引
33          int index = hashIndex(key);
34          //修改元素
35          return linkedListArray[index].set(key, value);
36      }
37
38      //根据 key 删除数值
39      public Object remove(String key) {
40          if (!containsKey(key)) {
41              return null;
42          }
43          //计算数组索引
44          int index = hashIndex(key);
45          //删除元素
46          Object result = linkedListArray[index].remove(key);
47          if (result != null) {
48              size--;
49          }
50          return result;
51      }
52
53      //根据 key 取值
54      public Object get(String key) {...}
55
56      //判断某个 key 是否已经存在
57      public boolean containsKey(String key) {...}
58
59      //判断某个 value 是否已经存在
60      public boolean contains(Object value) {...}
61      public int size() {...}
62  }
```

3.9.6　散列表的时间复杂度

散列表各种操作的时间复杂度如下。

（1）写操作：$O(1) + O(n) = O(n)$，n 为单链元素个数。

（2）读操作：$O(1) + O(n)$，n 为单链元素个数。

（3）hash 冲突写单链表：$O(n)$。

（4）hash 扩容：$O(n)$，n 是数组元素个数。

（5）hash 冲突读单链表：$O(n)$，n 为单链元素个数。

3.9.7 散列表的优缺点

1. 优点

无论哈希表中有多少数据，查找、插入、删除只需要接近常量的时间即 $O(1)$ 的时间级。哈希表运算得非常快，在计算机程序中，如果需要在一秒内查找上千条记录通常使用哈希表。哈希表的速度明显比树快，树的操作通常需要 $O(n)$ 的时间级。哈希表不仅速度快，编程实现也相对容易。如果不需要有序遍历数据，并且可以提前预测数据量的大小。那么哈希表在速度和易用性方面是无与伦比的。

2. 缺点

哈希表是基于数组的，数组创建后难于扩展，某些哈希表被基本填满时，性能下降得非常严重，所以程序员必须要清楚表中将要存储多少数据，或者准备好定期把数据转移到更大的哈希表中，这是个费时的过程。哈希表中的元素是没有被排序的，hash 冲突。

3.9.8 散列表的应用

1. HashMap 源码

JDK1.7 中 HashMap 使用一个 table 数组来存储数据，用 key 的 hashcode 取模来决定 key 会被放到数组的位置。如果 hashcode 相同，或者 hashcode 取模后的结果相同，那么这些 key 会被定位到 Entry 数组的同一个格子里，这些 key 会形成一个链表。在极端情况下如所有 key 的 hashcode 都相同，将会导致这个链表会很长，那么 put/get 操作需要遍历整个链表，那么最差情况下时间复杂度变为 $O(n)$。针对 JDK1.7 中的这个性能缺陷，JDK1.8 中的 table 数组中可能存放的是链表结构，也可能存放的是红黑树结构。如果链表中结点数量不超过 8 个则使用链表存储，超过 8 个会将链表转换为红黑树。那么即使所有 key 的 hashcode 完全相同，由于红黑树的特点，查找某个特定元素，也只需要 $O(\log n)$ 的开销。

2. 频繁的数据操作

例如，有以下场景：有一个公司，当有新员工入职，要求将员工信息加入系统中（id、姓名、性别、年龄、职务、部门等信息），当输入该员工的 id 时，要求能查到该员工的所有信息。要求：不能使用数据库，尽量节省内存，速度越快越好。可以借助专业的缓存产品，如 Redis、memcached。但是缓存产品过于重量级，应该考虑使用哈希表。对于频繁操作的数据，可以通过哈希表，将数据库的数据先加载到内存，读取数据会快捷方便。

3.10 稀 疏 数 组

3.10.1 稀疏数组的概念

稀疏数组（sparse array）属于二维数组。因为二维数组的很多值是默认值 0，因此记录了很多没有意义的数据，所以可以采用稀疏数组来记录。稀疏数组可以达到压缩的效果。

　　当一个数组中绝大多数元素都为 0，或者为同一个值，此时可以采用稀疏数组来保存该数组。稀疏数组是记录二维数组中与众不同数据的一个数组。共有三列，分别是行、列、值。数组的[0]元素，也就是第一个数据，记录原始的二维数组有几行几列、有多少个与众不同的值。数据的行数取决于一共有多少不同的数据。把具有不同值的元素的行列及值记录在一个小规模数组中，从而缩小程序的规模。

　　例如，将图 3.77 中的棋子的位置用图 3.78 左侧的二维数组来进行保存。该二维数组中几乎都是数据 0，所以可以用图 3.78 右侧的稀疏数组来记录。

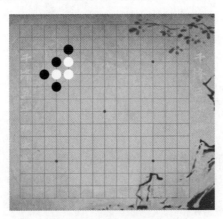

图 3.77　五子棋棋盘效果

数组索引	行	列	值
[0]	15	15	7
[1]	2	4	1
[2]	3	3	1
[3]	3	4	2
[4]	4	2	1
[5]	4	3	2
[6]	4	4	2
[7]	5	3	1

（a）原始二维数组　　　　　　（b）稀疏数组

图 3.78　数字模拟的棋盘效果和稀疏数组结构

3.10.2　稀疏数组的代码实现

扫描二维码获取实现稀疏数组的详细代码。代码 3.12 仅展示核心代码。

【代码 3.12】

```
1  / * *
2   *  二维数组是非线性数据结构
```

稀疏数组的
代码实现

```
3      *  当二维数组中绝大部分数据都相同,只有个别数据不同,可以采用稀疏数组来记录
4      *  稀疏数组可以达到压缩的效果
5      *  本案例模拟保存五子棋黑白棋子的效果
6      */
7     public class SparseArray {
8         //将二维数组转成稀疏数组
9         public static int[][] arrToSparse(int[][] arr) {
10            //1.先遍历二维数组,得到数组中非零数据的个数
11            int count = 0;
12            for (int[] row : arr) {
13                for (int data : row) {
14                    if (data != 0) {
15                        count++;
16                    }
17                }
18            }
19
20            //2.创建一个稀疏数组
21            int[][] sparseArr = new int[count + 1][3];
22
23            //3.给稀疏数组赋值
24            sparseArr[0][0] = arr.length;
25            sparseArr[0][1] = arr[0].length;
26            sparseArr[0][2] = count;
27
28            count = 0;//用于记录第几个数据不为 0
29            for (int i = 0; i < arr.length; i++) {
30                for (int j = 0; j < arr[0].length; j++) {
31                    if (arr[i][j] != 0) {
32                        count++;
33                        sparseArr[count][0] = i;
34                        sparseArr[count][1] = j;
35                        sparseArr[count][2] = arr[i][j];
36                    }
37                }
38            }
39            return sparseArr;
40        }
41
42        //将稀疏数组恢复成二维数组
43        public static int[][] sparseToArr(int[][] sparseArr) {
44            //1.读取稀疏数组的第一行,将数据赋值给二维数组
45            int[][] arr = new int[sparseArr[0][0]][sparseArr[0][1]];
46
47            //2.读取稀疏数组的后续数据,赋值给二维数组
48            for (int i = 1; i < sparseArr.length; i++) {
49                arr[sparseArr[i][0]][sparseArr[i][1]] = sparseArr[i][2];
```

```
50          }
51          return arr;
52      }
53  }
```

小　结

本章讲解了数据结构中的非线性结构,包括二叉树(平衡二叉树、二叉查找树、AVL 树、红黑树、哈夫曼树、二叉堆)、B-树/B+树、图、散列表、稀疏数组。本章是数据结构中的重点章节,也是难点章节。二叉树、B-树、图在实际开发中非常重要,必须要认真掌握其中的重要知识点。

(1) 熟练掌握二叉树的遍历(前序、中序、后续、层序遍历)的实现步骤及代码实现。要能手工推演遍历的过程。

(2) 熟练掌握 AVL 树的构建过程,要能手工推演 AVL 树的构建过程。

(3) 掌握 AVL 树在操作失衡后的四种旋转。对于简单的 AVL 失衡能做到手工推演再平衡的过程。

(4) 掌握红黑树的构建过程及旋转。

(5) 掌握二叉堆的构建过程及二叉堆调整。要掌握小顶堆求 Top K 的代码实现。

(6) 掌握哈夫曼树的构建过程。

(7) 掌握 B-树查找、插入、删除关键字的实现步骤。

(8) 了解 B+树查找、插入、删除关键字的实现步骤。

(9) 熟练掌握图中的基本概念及图的遍历(DFS 和 BFS)。

(10) 掌握 AOE 网求解关键路径的实现步骤。

(11) 了解散列表(哈希表)及稀疏数组。

第 4 章 算法设计思维

好的算法需要精心设计。算法设计是一件非常困难的工作,设计一个好的算法应考虑多个目标,包括正确性、可读性、健壮性和高效性。由于实际问题多种多样,所以算法设计是个非常灵活的过程,需要设计人员根据实际情况具体问题具体分析。目前存在多种算法设计技术,也叫作算法设计策略或算法设计思维。这些技术对于设计出好的算法非常有用,掌握这些技术,设计出高效的算法会变得容易。常用的算法设计技术有递归、分治、动态规划、贪心、回溯等。此外还有分支限界法、概率算法、近似算法、数据挖掘算法、智能优化算法。

智能优化算法是 20 世纪 80 年代以来出现的一些新颖的优化算法的统称,也被称为现代启发式算法。如人工神经网络、遗传算法、模拟退火算法、禁忌搜索算法、蚁群算法、粒子群优化算法。对于这些算法,我们只需要知道名称,大概了解一下即可。本章重点要掌握的算法设计思维是递归算法、贪心算法、分治算法、动态规划算法、回溯算法。

4.1 递 归 算 法

4.1.1 递归算法的概念

递归算法

递归就是方法自己调用自己,每次调用时传入不同的变量。递归算法(recursion algorithm)有助于解决复杂的问题,让代码更简洁。递归是一种非常高效、简洁的编码技巧,一种应用非常广泛的算法,如图的深度优先搜索、二叉树的前序、中序和后序遍历都是使用了递归。

方法或函数调用自身的方式称为递归调用,调用称为递,返回称为归。或者说去的过程叫递,回来的过程叫归。递归是一种循环,而且在循环中执行的就是调用自己。递归调用将每次返回的结果存在栈帧中。

Java 虚拟机以方法作为基本的执行单位,栈帧是用于支持虚拟机进行方法调用和执行的数据结构,每一个方法从调用开始到执行结束,都对应着一个栈帧在虚拟机栈里面从入栈到出栈的过程。位于栈顶的栈帧被称为当前栈帧,其对应的方法称为当前方法。

一个问题只要同时满足以下三个条件,就可以用递归来解决。

(1)问题的解可以分解为几个子问题的解。何为子问题?就是数据规模更小的问题。

(2)问题与子问题,除了数据规模不同,求解思路完全一样。

(3)存在递归终止条件。

这就是递归三要素。递归既然是循环就必须要有结束,不结束就会内存溢出(out of memory,OOM)。这就是俗称的"只递不归,程序崩溃"。

4.1.2 递归算法的实现

1. 递归代码编写

写递归代码的关键就是找到如何将大问题分解为小问题的规律,并且基于此写出递推公式,然后再推敲终止条件,最后将递推公式和终止条件翻译成代码。

2. 递归代码理解

对于递归代码,若试图想清楚整个递和归的过程,实际上是进入了一个思维误区。如果一个问题 A 可以分解为若干个子问题 B、C、D,可以假设子问题 B、C、D 已经解决。而且只需要思考问题 A 与子问题 B、C、D 两层之间的关系即可,不需要一层层往下思考子问题与子子问题,子子问题再与子子子问题之间的关系。屏蔽掉递归细节,这样理解起来就简单多了。因此,理解递归代码,就把它抽象成一个递推公式,不用想一层层的调用关系,不要试图用人脑去分解递归的每个步骤。递归的关键是终止条件。

4.1.3 递归算法经典案例——求阶乘

经典的递归算法案例是求阶乘。如果要算出 $n!$,需要先算出$(n-1)!$,再乘 n 就可以了。从图 4.1 中可以看出,每一次递归调用,都是彻底执行完这一次调用,才会返回。

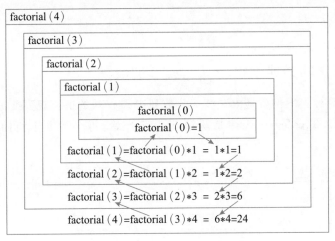

图 4.1　递归算法求阶乘的示意

递归分析过程如下。

(1) 功能:返回 n 的阶乘。

(2) 递归结束条件:当 $n=0$ 时就返回 1。

(3) 等价关系式:$fun(n) = fun(n-1) * n$。

使用递归算法求阶乘的代码如代码 4.1 所示。

【代码 4.1】

```
1   //递归算法
2   class RecursionDemo {
3       public static void main(String[] args) {
4           //放在要检测的代码段前,取开始前的时间戳
```

```
5              Long startTime = System.currentTimeMillis();
6
7              //递归实现阶乘
8              int result = factorial(8);
9              System.out.println("10 的阶乘为:" + result);
10
11             //放在要检测的代码段后,取结束后的时间戳
12             Long endTime = System.currentTimeMillis();
13             System.out.println("花费时间" + (endTime - startTime) + "ms");
14         }
15
16     //递归算法求 n 的阶乘
17     public static int factorial(int n) {
18         if (n < 0) {
19             throw new IllegalArgumentException("参数错误!");
20         }
21         if (n == 0) {
22             return 1;
23         } else {
24             return factorial(n - 1) * n;
25         }
26     }
27 }
```

4.1.4　递归算法的经典案例——斐波那契数列

递归的另一个经典案例就是求斐波那契数列中第 n 项的值。观察斐波那契数列,0、1、1、2、3、5、8、13、21、34、55……规律是从第 3 个数开始,每个数等于前面两个数的和(见图 4.2)。

递归算法
经典案例

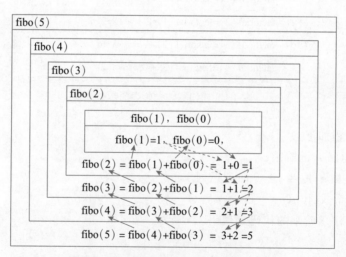

图 4.2　递归算法求斐波那契数列的示意

递归分析过程如下。

（1）功能：返回 n 的前两个数的和。

（2）递归结束条件：当 $n<=1$ 时就返回 1。

（3）等价关系式：$\text{fun}(n)=\text{fun}(n-1)+\text{fun}(n-2)$。

使用递归算法求斐波那契数列的代码如代码 4.2 所示。

【代码 4.2】

```
1   //递归算法
2   class RecursionDemo {
3       public static void main(String[ ] args) {
4           //放在要检测的代码段前,取开始前的时间戳
5           Long startTime = System.currentTimeMillis();
6
7           //1.斐波那契数列递归算法
8           int n = fiboRecursion(45);
9           System.out.println(n);
10
11          //2.斐波那契数列非递归做法
12          int m = fiboCommon(45);
13          System.out.println(m);
14
15          //放在要检测的代码段后,取结束后的时间戳
16          Long endTime = System.currentTimeMillis();
17          System.out.println("花费时间" + (endTime - startTime) + "ms");
18      }
19
20      //递归实现。寻找斐波那契数列中的第 n 个数值(索引下标从 0 开始)。
21      public static int fiboRecursion(int n) {
22          if (n <= 1) return n;
23          return fiboRecursion(n - 1) + fiboRecursion(n - 2);
24      }
25
26      //用非递归方式实现。寻找斐波那契数列中的第 n 个数值(索引下标从 0 开始)
27      public static int fiboCommon(int n) {
28          if (n <= 1) return n;
29          int first = 0;
30          int second = 1;
31          int num = 0;
32          for (int i = 2; i <= n; i++) {
33              num = first + second;
34              first = second;
35              second = num;
36          }
37          return num;
38      }
39  }
```

📖 **代码分析**

分别用递归算法和非递归算法求斐波那契数列第 n 项数值，两个方法的运行结果分别如下。

- 递归算法的返回结果：1134903170，花费时间 4526ms。
- 非递归算法的返回结果：1134903170，花费时间 0ms。

通过代码，我们能分析出，斐波那契数列的递归解法，时间复杂度为 $O(n^2)$，而非递归算法的时间复杂度为 $O(n)$。所以递归算法的效率其实是非常低的。

4.1.5   递归算法的经典案例——汉诺塔问题

1. 汉诺塔问题的由来

汉诺塔问题是源于印度一个古老传说的益智玩具。大梵天创造世界的时候做了三根金刚石柱子，在一根柱子上从下往上按照大小顺序摞着 64 片黄金圆盘。大梵天命令婆罗门把圆盘从下面开始按大小顺序重新摆放在另一根柱子上。并且规定，在小圆盘上不能放大圆盘，在三根柱子之间一次只能移动一个圆盘。

2. 汉诺塔问题的解题思路

我们先自己动手玩一下汉诺塔游戏。我们定义这三根柱子分别为 A、B、C。当盘子为两个时，移动步骤分别为：A→B、A→C、B→C，总步数 3 步。当盘子为三个时，移动步骤分别为：A→C、A→B、C→B、A→C、B→A、B→C、A→C，总步数为 7 步。

当盘子为四个时，移动步骤分别为：A→B、A→C、B→C、A→B、C→A、C→B、A→B、A→C、B→C、B→A、C→A、B→C、A→B、A→C、B→C，总步数为 15 步。当盘子为五个时，移动步骤分别为：A→C、A→B、C→B、A→C、B→A、B→C、A→C、A→B、C→B、C→A、B→A、C→B、A→C、A→B、C→B、A→C、B→A、B→C、A→C、A→B、C→B、A→C、B→A、B→C、A→C，总步数为 31 步。

我们发现以下规律。

（1）n 个盘子时移动总步数是 2^n-1（一个盘子时的移动步数为 1，两个盘子时移动步数为 3，三个盘子时移动步数为 7，四个盘子时移动步数为 15，五个盘子时移动步数为 31，六个盘子时移动步数为 63）。

（2）6 个盘子的前 15 步是 4 个盘子的所有步数，4 个盘子的前 3 步就是 2 个盘子的全部步数。

（3）7 个盘子的前 31 步就是 5 个盘子的所有步数，5 个盘子的前 7 步就是 3 个盘子的全部步数。

所以似乎十分困难的汉诺塔问题，利用递归的思想就可以轻易解决。无论盘子个数有多少，其实都可以分为前 $n-1$ 个盘子和第 n 个盘子（见图 4.3）。实际上移动汉诺塔的圆盘，归根结底就是以下三步。

第 1 步：将 $n-1$ 个盘子从 A 移动到 B。

第 2 步：将最底下的 1 个盘子从 A 移动到 C。

第 3 步：将 $n-1$ 个盘子从 B 移动到 C。

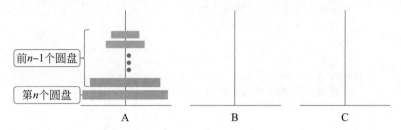

图 4.3　递归算法解决汉诺塔问题的示意

4.1.6　汉诺塔问题的代码实现

汉诺塔问题的代码实现如代码 4.3 所示。

汉诺塔问题的
代码实现

【代码 4.3】

```
1   / * *
2    *  汉诺塔问题源于印度一个古老传说的益智玩具
3    *  大梵天创造世界时做了三根金刚石柱子,在一根柱子上从下往上按大小顺序摞 64 片黄金圆盘
4    *  大梵天命令婆罗门把圆盘从下面开始按大小顺序重新摆放在另一根柱子上
5    *  并且规定,在小圆盘上不能放大圆盘,在三根柱子之间一次只能移动一个圆盘
6    * /
7   public class HanoiTower {
8       private int count = 0; //记录移动步数的计数器
9
10      public static void main(String[ ] args) {
11          HanoiTower hanoiTower = new HanoiTower();
12          int n = 3;
13          hanoiTower.move(n, 'A', 'B', 'C');
14          System. out. println("移动步数:" + ((1 << n) - 1));
15          System. out. println("移动步数:" + hanoiTower.count);
16      }
17
18      / * *
19       *  程序用到了递归的思想。当只有 1 个盘子时,只需直接从 A 移到 C 即可
20       *  当有 2 个盘子时,过程如下 :A→B、A→C、B→C
21       *  总结规律,当 n> = 2 时
22       *  先将上面的 n - 1 个盘子由 A 借助 C 移到 B
23       *  然后最底下的一个大盘子由 A 借助 B 移到 C (实际上就是直接从 A 移到 C)
24       *  最后将 B 上的 n - 1 个盘子由 B 借助 A 移到 C
25       *  移动奇数个,最上面一个先放目标位置;移动偶数个,最上面一个先放非目标位置
26       *  移动次数:2^n - 1
27       *  数 a 向右移一位,相当于将 a 除以 2;数 a 向左移一位,相当于将 a 乘以 2
28       *  @param n 盘子个数
29       *  @param a、b、c 将 a 柱上的盘子借助 b 柱,移动到 c 柱
30       * /
31      public void move(int n, char a, char b, char c) {
32          if (n = = 1) {
33              System. out. println(a + " - >" + c);
34              count + + ;
35          } else {
```

```
36              //实际上汉诺塔归根到底就是三步
37              //将 n-1 个盘子从 a 移动到 b
38              move(n - 1, a, c, b);
39              //将最底下的 1 个盘子从 a 移动到 c
40              move(1, a, b, c);
41              //将 n-1 个盘子从 b 移动到 c
42              move(n - 1, b, a, c);
43          }
44      }
45  }
```

4.1.7　递归算法的时间复杂度

递归算法的时间复杂度，本质上是要看递归的次数与每次递归中的操作次数相乘。以斐波那契数列为例，递归算法求解的时间复杂度为 $O(n^2)$，非递归算法求解的时间复杂度为 $O(n)$。

4.1.8　递归算法的优缺点及常见问题

优点：代码的表达力很强，写起来简洁。

缺点：占用空间较大、如果递归太深，可能会发生栈溢出，可能会有重复计算，过多的函数调用会耗时较多等问题。

知识加油站

如何将递归改写为非递归代码？

笼统地讲，所有的递归代码都可以改写为迭代循环的非递归写法。抽象出递推公式、初始值和边界条件，然后用迭代循环实现。

递归常见的问题就是堆栈溢出和重复计算。

（1）警惕堆栈溢出：可以声明一个全局变量来控制递归的深度，从而避免堆栈溢出。

（2）警惕重复计算：通过某种数据结构来保存已经求解过的值，从而避免重复计算。

4.1.9　递归算法的应用

递归作为基础算法，应用非常广泛，如在二分查找、快速排序、归并排序、树的遍历上都有使用递归。回溯算法、分治算法、动态规划中也大量使用递归算法来实现。

4.2　贪心算法

4.2.1　贪心算法的概念

贪心算法

贪心算法（greedy algorithm，也叫贪婪算法）是一种在每一步选择中都采取在当前状态下最好或最优的选择，从而希望结果是全局最好或最优的算法。

由于贪心算法的高效性以及所求得答案比较接近最优结果，贪心算法可以作为辅助算法或解决一些要求结果不特别精确的问题。用贪心算法解题很方便，但它的适用范围很小，判断一个问题是否适合用贪心算法求解，目前还没有一个通用的方法。贪心算法每执行一步都要做局部最优判断。但是要注意，当下是最优的并不一定全局是最优的。

例如，有硬币分值为10、9、4若干枚，问如果组成分值18，最少需要多少枚硬币？

采用贪心算法，选择当下硬币分值最大的10，$18-10=8$，$8/4=2$。计算结果是：1枚10分、2枚4分，共需要3枚硬币。但是实际上我们知道，选择分值为9的硬币，2枚就够了。

又如有硬币分值为10、5、1若干枚，问如果组成分值16，最少需要多少枚硬币？

采用贪心算法，选择当下硬币分值最大的10，$16-10=6$，$6-5=1$。计算结果是：1枚10分，1枚5分，1枚1分，共需要3枚硬币，这也就是最优解。

由此可以看出贪心算法适用于一些特殊的情况，如果能用一定是最优解。贪心策略一旦经过证明成立后，它就是一种高效的算法。如求最小生成树的Prim算法和Kruskal算法都是漂亮的贪心算法。

4.2.2 贪心算法的经典案例——背包问题

背包问题是贪心算法的经典问题，根据不同的限定条件，背包问题可以更细致地划分为部分背包、01背包、完全背包和多重背包问题。

- 部分背包问题：每类物品是可再分的，即允许将某类物品的一部分（如1/3）放入背包。
- 01背包问题：每类物品只有一件，物品不可再分，要么整个装入背包，要么放弃，不允许出现类似"将物品的1/3装入背包"的情况。
- 完全背包问题：挑选物品时，每类物品可以选择多件，不限定物品的数量。
- 多重背包问题：每类物品的数量是有严格规定的，如物品A有2件，物品B有3件。

部分背包问题可以用贪心算法求解，且能得到最优解。假设背包可容纳50kg的物品，物品信息见表4.1。贪心算法的关键是贪心策略的选择，将物品按单价排序，优先选择单价最贵的物品，单价排序依次为A>B>C。因此尽可能地多装A，如果装完A还有空间，再装B，如果装完B还有空间，再装C。

表4.1 部分背包问题的物品信息

物品	重量/kg	价值/元	单价/(元/kg)
A	10	60	6
B	20	100	5
C	30	120	4

4.2.3 部分背包问题的代码实现

扫描二维码获得贪心算法求部分背包问题的详细代码。部分背包问题的代码实现如代码4.4所示。

【代码4.4】

```
1  /* *
2   * 贪心算法:部分背包问题
3   * 最大允许装50kg,怎么能装最大价值
4   */
```

贪心算法求
部分背包问
题的代码

```
5   public class GreedyKnapsack{
6       //包的最大容量,单位 kg
7       double maxSize = 50;
8
9       public static void main(String[] args) {
10          KnapsacKGreedy knapsack = new KnapsacKGreedy();
11          Goods goods1 = new Goods("A", 10, 68);
12          Goods goods2 = new Goods("B", 20, 125);
13          Goods goods3 = new Goods("C", 30, 210);
14          Goods[] goodslist = {goods1, goods2, goods3};
15          knapsack.pack(goodslist);
16      }
17
18      //装包
19      public void pack(Goods[] goodslist) {
20          //对物品按照价值排序从高到低
21          Goods[] goodslist2 = sort(goodslist);
22          double weightSum = 0;
23          double priceSum = 0;
24          //取出价值最高的
25          for (int i = 0; i < goodslist2.length; i++) {
26              weightSum += goodslist2[i].weight;
27              if (weightSum <= maxSize) {
28                  priceSum += goodslist2[i].unitPrice * goodslist2[i].weight;
29                  System.out.println(goodslist2[i].name + "取" + goodslist2[i].weight
                        + "kg,单价" + goodslist2[i].unitPrice + ",价值" + goodslist2[i].
                        unitPrice * goodslist2[i].weight);
30              } else {
31                  //此时的 weightSum 是加了最后一种商品才超重的,所以要减去
32                  double temp = maxSize - (weightSum - goodslist2[i].weight);
33                  priceSum += goodslist2[i].unitPrice * temp;
34                  System.out.println(goodslist2[i].name + "再取" + temp + "kg,单价" +
                        goodslist2[i].unitPrice + ",价值" + goodslist2[i].unitPrice * temp);
35                  System.out.println("总金额:" + priceSum);
36                  return;
37              }
38          }
39      }
40
41      //按物品单价排序。每 kg 价值排序由高到低 price/weight
42      private Goods[] sort(Goods[] goodslist) {
43          Comparator<Goods> comparator = new Comparator<Goods>() {
44              @Override
45              public int compare(Goods g1, Goods g2) {
46                  //负整数、零或正整数分别代表第一个参数小于、等于或大于第二个参数
47                  if (g1.unitPrice < g2.unitPrice) {
48                      return 1;
49                  } else if (g1.unitPrice > g2.unitPrice) {
50                      return -1;
```

```
51                        }
52                        return 0;
53                    }
54                };
55                Arrays.sort(goodslist, comparator);
56                /*          for (int i = 0; i < goodslist.length; i++) {
57                    System.out.println(goodslist[i].name);
58                } */
59                return goodslist;
60            }
61        }
62
63  public class Goods {
64        String name;
65        double weight;
66        double price;
67        double unitPrice;
68
69        public Goods(String name, double weight, double price) {
70            this.name = name;
71            this.weight = weight;
72            this.price = price;
73            unitPrice = price / weight;
74        }
75  }
```

运行结果：

A 取 10.0kg,单价 6.0,价值 60.0

B 取 20.0kg,单价 5.0,价值 100.0

C 再取 20.0kg,单价 4.0,价值 80.0

总金额:240.0

4.2.4　贪心算法的案例——均分纸牌问题

有 n 堆纸牌,编号分别为 $1,2,3,4,\cdots,n$。在任一堆上取若干张纸牌然后移动。移牌的规则为:在编号为 1 上取的纸牌,只能移到编号为 2 的堆上;在编号为 n 的堆上取的纸牌,只能移到编号为 $n-1$ 的堆上;其他堆上取的纸牌,可以移到相邻左边或右边的堆上。现在要求找出一种移动方法,用最少的移动次数使每堆上纸牌数都一样多。

例如,4 堆纸牌分别为:①9 张,②8 张,③17 张,④6 张。移动三次可以达到目的:③→④4 张,③→②3 张,②→①1 张,共移动三次,保持每堆 10 张。

均分纸牌的策略如下。

(1) 定义数组 cards,存放当前各堆纸牌的数量,求出平均值 avg。

(2) 若 cards$[i]>avg$,则将 cards$[i]-avg$ 张从第 i 堆移动到第 $i+1$ 堆。

(3) 若 cards$[i]<avg$,则将 $avg-$cards$[i]$ 张从第 $i+1$ 堆移动到第 i 堆。

贪心算法求
纸牌问题的
代码

4.2.5 纸牌问题的代码实现

纸牌问题的代码实现如代码 4.5 所示。

【代码 4.5】

```
1  /**
2   * [均分纸牌]有 n 堆纸牌,编号分别为 1,2,…,n
3   * 每堆上有若干张,但纸牌总数必为 n 的倍数.可以在任一堆上取若干张纸牌,然后移动
4   * 移牌的规则为:在编号为 1 上取的纸牌,只能移到编号为 2 的堆上;在编号为 n 的堆上取的纸
        牌,只能移到编号为 n-1 的堆上;其他堆上取的纸牌,可以移到相邻左边或右边的堆上
5   * 现在要求找出一种移动方法,用最少的移动次数使每堆上纸牌数都一样多
6   */
7  public class GreedyCard {
8      public static void main(String[] args) {
9          //每堆的扑克牌数量
10         //int[] cards = {9, 8, 17, 6};
11         int[] cards = {8, 6, 15, 17, 23, 9};
12         int count = moveCards(cards);
13         System.out.println("移动次数:" + count);
14         System.out.println("最后每堆扑克牌数量:" + Arrays.toString(cards));
15
16         //numTogether();
17         joinNums();
18     }
19
20     /**
21      * 均分纸牌
22      * 1.若 cards[i] > avg,则将 cards[i]-avg 张从第 i 堆移动到第 i+1 堆
23      * 2.若 cards[i] < avg,则将 avg-cards[i] 张从第 i+1 堆移动到第 i 堆
24      */
25     public static int moveCards(int[] cards) {
26         //总牌数
27         int sum = 0;
28         for (int i = 0; i < cards.length; i++) {
29             sum += cards[i];
30         }
31         //每堆平均牌数
32         int avg = sum / cards.length;
33         //移动次数
34         int count = 0;
35         for (int i = 0; i < cards.length - 1; i++) {
36             if (cards[i] > avg) {
37                 int moveCards = cards[i] - avg;
38                 cards[i] -= moveCards;
39                 cards[i + 1] += moveCards;
40                 System.out.println("第" + (i + 1) + "堆 → 第" + (i + 2) + "堆:" +
                     moveCards);
41             } else if (cards[i] < avg) {
```

```
42                  int moveCards = avg - cards[i];
43                  cards[i + 1] - = moveCards;
44                  cards[i] + = moveCards;
45                  System.out.println("第" + (i + 2) + "堆 → 第" + (i + 1) + "堆:" +
                    moveCards);
46              }
47              count + + ;
48          }
49          return count;
50      }
51  }
```

4.2.6 贪心算法的案例——拼接数字问题

有 n 个正整数,将它们连接成一排,组成一个最大的多位整数。

拼接数字的策略是什么呢? 以数组 $[43, 7, 50, 510]$ 为例来说明。

(1) 取出数组中下标为 0 和 1 的数字 43 和 7,分别拼接成 437 和 743,因为 743 大于 437,所以 43 和 7 进行换位。此时数组为 $[7, 43, 50, 510]$。

(2) 取出当前数组中下标为 0 和 2 的数字 7 和 50,拼接成 750 和 507,因为 750 大于 507,所以 7 和 50 不交换位置。此时数组依然为 $[7, 43, 50, 510]$。

(3) 取出当前数组中下标为 0 和 3 的数字 7 和 510,拼接成 7510 和 5107,因为 7510 大于 5107,所以 7 和 510 不交换位置。经过第一轮比较,数组为 $[7, 43, 50, 510]$。

(4) 取出当前数组中下标为 1 和 2 的数字 43 和 50,分别拼接成 4350 和 5043,因为 4350 小于 5043,所以 43 和 50 进行换位。此时数组为 $[7, 50, 43, 510]$。

(5) 取出当前数组中下标为 1 和 3 的数字 50 和 510,分别拼接成 50510 和 51050,因为 50510 小于 51050,所以 50 和 510 进行换位。此时数组为 $[7, 510, 43, 50]$。

(6) 取出当前数组中下标为 2 和 3 的数字 43 和 50,分别拼接成 4350 和 5043,因为 4350 小于 5043,所以 43 和 50 进行换位。此时数组为 $[7, 510, 50, 43]$。

(7) 经过六次比较,此时的数组就是最终排序好的数组,拼接数组中所有数字,形成的结果就是最大整数,即结果是 75105043。

4.2.7 拼接数字的代码实现

拼接数字的代码实现如代码 4.6 所示。

【代码 4.6】

```
1  /**
2   * [拼接数字]
3   * 有 n 个正整数,将它们连接成一排,组成一个最大的多位整数
4   */
5  public class GreedyNumber {
6      public static void main(String[] args) {
7          joinNums();
8      }
9
10     //有 n 个正整数,将它们连接成一排,组成一个最大的多位整数
```

贪心算法
求拼接数字
游戏的代码

```
11      public static void joinNums() {
12          String str = "";
13          int[] nums = {43, 7, 50, 510};
14          for (int i = 0; i < nums.length; i++) {
15              for (int j = i + 1; j < nums.length; j++) {
16                  String a = "" + nums[i] + nums[j];
17                  String b = "" + nums[j] + nums[i];
18                  System.out.println("a = " + a + ",b = " + b);
19                  if (a.compareTo(b) < 0) {
20                      //将两个数字交换位置
21                      nums[i] = (nums[i] + nums[j] - (nums[j] = nums[i]));
22                  }
23                  System.out.println("当前数组:" + Arrays.toString(nums));
24              }
25          }
26          for (int i = 0; i < nums.length; i++) {
27              str += nums[i];
28          }
29          System.out.println("拼接的数字为:" + str);
30      }
31  }
```

运行结果：

拼接的数字为：75105043

4.2.8　贪心算法的总结

根据不同的贪心策略，算法的时间复杂度自然也不相同。本书以背包案例为例，在不考虑排序的前提下，贪心算法只需要一次循环，所以时间复杂度是 O(n)。

优点：性能高，能用贪心算法解决的往往是最优解。

缺点：在实际情况下能用的不多，大部分能用贪心算法解决的问题，贪心算法的正确性都是显而易见的，也不需要严格的数学推导证明。在实际情况下，用贪心算法解决问题的思路并不总能给出最优解。

4.3　分　治　算　法

4.3.1　分治算法的概念

分治算法（divide and conquer algorithm）的核心思想其实就是四个字"分而治之"。就是将原问题划分成 n 个规模较小并且结构与原问题相似的子问题，递归地解决这些子问题，然后合并其结果，就得到原问题的解。排序算法中的归并排序就是采用分治算法的典型应用。

分治和递归有所区别。分治算法的递归实现中，每一层递归都会涉及如下三个操作。

（1）分解：将原问题分解成一系列子问题。

（2）解决：递归地求解各个子问题，若子问题足够小，则直接求解。

分治算法

（3）合并：将子问题的结果合并成原问题。

例如，将字符串中的小写字母转化为大写字母，"abcde"转化为"ABCDE"。我们可以利用分治的思想将整个字符串转化成一个个的字符处理（见图4.4）。

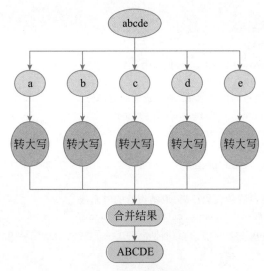

图 4.4　分治算法的示意

4.3.2　分治算法的案例——英文字符串转大写

英文字符串转大写的代码实现如代码 4.7 所示。

分治算法实现
字母小写转
大写的代码

【代码 4.7】

```
1   //分治算法：英文字符串转大写
2   public class DivideConquerDemo {
3       public static void main(String[] args) {
4           String str = "abcde";
5           System.out.println(toUpperCase(str.toCharArray(), 0));
6       }
7
8       public static char[] toUpperCase(char[] chs, int i) {
9           if (i >= chs.length) return chs;
10           chs[i] = upperCaseUnit(chs[i]);
11           return toUpperCase(chs, i + 1);
12      }
13
14      public static char upperCaseUnit(char c) {
15          int n = c;
16          if (n < 97 || n > 122) {
17              return '';
18          }
19          return (char) Integer.parseInt(String.valueOf(n - 32));
20      }
21  }
```

4.3.3　分治算法的案例——求 n 次幂问题

求 n 次幂问题的代码实现如代码 4.8 所示。

【代码 4.8】

```
1   //分治算法:求幂
2   public class PowerDemo {
3       public static void main(String[] args) {
4           int res = 0;
5           //放在要检测的代码段前,取开始前的时间戳
6           Long startTime = System.currentTimeMillis();
7           //res = commonPower(2, 30);
8           res = dividePower(2, 30);
9           System.out.println(res);
10
11          //放在要检测的代码段后,取结束后的时间戳
12          Long endTime = System.currentTimeMillis();
13          System.out.println("花费时间" + (endTime - startTime) + "ms");
14      }
15
16      //2 的 10 次幂,一般的解法是循环 10 次
17      public static int commonPower(int x, int n) {
18          int res = 1;
19          while (n >= 1) {
20              res *= x;
21              n--;
22          }
23          return res;
24      }
25
26      //分治算法的解法
27      public static int dividePower(int x, int n) {
28          //递归结束。任何数的 1 次方都是它本身
29          if (x == 0) {
30              return 0;
31          } else if (x == 1) {
32              return 1;
33          } else if (n == 0) {
34              return 1;
35          } else if (n == 1) {
36              return x;
37          }
38          //每次分解成幂的一半
39          int half = dividePower(x, n / 2);
40          //偶数
41          if (n % 2 == 0) {
42              return half * half;
43          } else {
```

```
44              return half * half * x;
45          }
46      }
47  }
```

4.3.4　分治算法的总结

根据分解情况,时间复杂度可以是 O(n)或 O(logn)。

优点:将复杂的问题分解成简单的子问题,解决更容易,另外根据分解规则,性能有可能提高。

劣点:子问题必须要一样,且用相同的方式解决。

分治算法能解决的问题,一般需要满足下面这几个条件。

(1)原问题与分解成的小问题具有相同的模式。

(2)原问题分解成的子问题可以独立求解,子问题之间没有相关性,这一点是分治算法跟动态规划算法的明显区别。

(3)具有分解终止条件,也就是说当问题足够小时可以直接求解。

(4)可以将子问题合并成原问题,而这个合并操作的复杂度不能太高,否则就起不到减小算法总体复杂度的效果了。

二分查找、快速排序、归并排序的思路就是分治法。

4.4　动态规划算法

4.4.1　动态规划算法的概念

动态规划
算法

动态规划(dynamic programming,DP)算法,是通过把原问题分解为相对简单的子问题的方式来求解复杂问题的方法。动态规划算法的核心思想是将大问题划分为小问题进行解决,从而一步步获得最优解的处理算法。动态规划算法与分治算法类似,基本思想都是将待求解问题分解成若干子问题,先求解子问题,然后由这些子问题的解得到原问题的解。其实可以认为动态规划就是特殊的分治。

但是动态规划算法与分治法又有所不同,适合用动态规划求解的问题,经过分解得到子问题往往不是互相独立的。也就是说,下一个子阶段的求解是建立在上一个子阶段的结果的基础上进行的。

动态规划常常适用于有重叠子问题和最优子结构性质的问题,并且记录所有子问题的结果,因此动态规划算法所耗时间往往远少于暴力递归算法。使用动态规划解决的问题有个明显的特点,一旦一个子问题的求解得到结果,以后的计算过程就不会修改它,这样的特点叫作无后效性。动态规划只解决每个子问题一次,具有天然剪枝的功能,从而减少计算量。

动态规划有自底向上和自顶向下两种解决问题的方式。自顶向下即记忆化搜索,自底向上就是递推。

4.4.2 动态规划算法的基本步骤

第 1 步：把复杂问题转化成一个个简单的子问题（拆分问题）。

第 2 步：寻找子问题的最优解法（最优子结构）。

第 3 步：把子问题的解合并，存储中间状态。

第 4 步：采用以递归为基础的自顶向下的记忆化搜索（备忘录法）或者自底而上的递推方式计算出最优值。

4.4.3 动态规划算法经典案例——斐波那契数列

斐波那契数列的代码实现如代码 4.9 所示。

动态规划求
斐波那契数
列的代码

【代码 4.9】

```java
1   //动态规划算法求 Fibonacci 数列
2   public class Fibonacci {
3       public static void main(String[] args) {
4           //放在要检测的代码段前,取开始前的时间戳
5           Long startTime = System.currentTimeMillis();
6
7           //1.斐波那契数列递归算法
8           int n1 = fiboRecursion(45);
9           System.out.println(n1);
10
11          //2.斐波那契数列非递归做法
12          int n2 = fiboCommon(45);
13          System.out.println(n2);
14
15          //3.斐波那契数列动态规划算法
16          int n3 = fiboDynamic(45);
17          System.out.println(n3);
18
19          //4.斐波那契数列记忆搜索算法
20          int n4 = fiboMemo(45);
21          System.out.println(n4);
22
23          //放在要检测的代码段后,取结束后的时间戳
24          Long endTime = System.currentTimeMillis();
25          System.out.println("花费时间" + (endTime - startTime) + "ms");
26      }
27
28      /* *
29       * 递归实现。寻找斐波那契数列中的第 n 个数值(索引下标从 0 开始)
30       * 0、1、1、2、3、5、8、13、21、34、55...
31       * 时间复杂度为 O(n²)
32       */
33      public static int fiboRecursion(int n) {
34          if (n <= 1) return n;
35          return fiboRecursion(n - 1) + fiboRecursion(n - 2);
```

```
36          }
37
38          /* *
39           * 用非递归方式实现。寻找斐波那契数列中的第 n 个数值(索引下标从 0 开始)
40           * 时间复杂度为 O(n)
41           */
42          public static int fiboCommon(int n) {
43              if (n <= 1) return n;
44              int first = 0;
45              int second = 1;
46              int num = 0;
47              for (int i = 2; i <= n; i++) {
48                  num = first + second;
49                  first = second;
50                  second = num;
51              }
52              return num;
53          }
54
55          //斐波那契数列:自底向上递推
56          public static int fiboDynamic(int n) {
57              if (n <= 1) return n;
58              int seq[] = new int[n + 1];
59              seq[0] = 0;
60              seq[1] = 1;
61              int i = 0;
62              for (i = 2; i <= n; i++) {
63                  seq[i] = seq[i - 1] + seq[i - 2];
64              }
65              return seq[i - 1];
66          }
67
68          //用于存储每次的计算结果
69          static int[] seq = new int[100];
70
71          //斐波那契数列:递归分治 + 记忆搜索(备忘录)
72          public static int fiboMemo(int n) {
73              if (n <= 1) return n;
74              //没有计算过则计算
75              if (seq[n] == 0) {
76                  seq[n] = fiboMemo(n - 1) + fiboMemo(n - 2);
77              }
78              //计算过直接返回
79              return seq[n];
80          }
81      }
```

4.4.4　动态规划算法经典案例——01 背包问题

假设有一个可装 35kg 的背包，有三个盲盒 A、B、C 可以拿，质量分别为 30kg、20kg、15kg，价值分别为 3000 元、2000 元、1500 元。那么怎么往包里装才能获得最大价值？如果采取贪心策略来拿，那逻辑非常简单，拿可装入背包的最贵商品，再拿还可装入背包的最贵商品，依此类推。因为 A 最贵，所以首选盲盒 A，但是装下 A 之后其他的就装不下了，此时得到价值 3000 元的物品。但是显然有更好的选择，不是选择 A，而是选 B 和 C，此时总价值可以达到 3500 元。在这个例子里，按照价值高低的贪心策略显然不能获得最优解。解决此类问题要通过动态规划算法才能得到最佳答案。

4.4.5　动态规划算法经典案例——01 背包的代码实现

例如，有一个包的承载力为 10kg，有五件物品可以选择：物品 1 质量为 2kg、价值 6 美元；物品 2 质量为 2kg、价值 3 美元；物品 3 质量为 6kg、价值 5 美元；物品 4 质量为 5kg、价值 4 美元；物品 5 质量为 4kg、价值 6 美元。这五件物品都不能拆解，如何实现价值最大化？

采用 01 背包实现如代码 4.10 所示。

动态规划算法
求 01 背包
问题的代码

【代码 4.10】

```
1  /**
2   * 动态规划(Dynamic Programming)
3   * 核心思想:将大问题划分为小问题进行解决,从而一步步获得最优解的处理算法
4   * 动态规划可以通过填表的方式来逐步推进,得到最优解
5   * a、b、c、d、e的五件物品,它们的质量分别是 2、2、6、5、4,它们的价值分别是 6、3、5、4、6,
6   * 动态规划算法:01 背包问题
7   * 物品 1:质量 2kg,价值 $6
8   * 物品 2:质量 2kg,价值 $3
9   * 物品 3:质量 6kg,价值 $5
10  * 物品 4:质量 5kg,价值 $4
11  * 物品 5:质量 4kg,价值 $6
12  */
13  public class KnapsackDP {
14      public static void main(String[] args) {
15          //定义物品的质量
16          int[] weight = {0, 2, 2, 6, 5, 4};
17          //定义物品的价值
18          int[] value = {0, 6, 3, 5, 4, 6};
19          //背包最大的承载量(单位 kg)
20          int maxSize = 10;
21
22          KnapsackDP knapsackDP = new KnapsackDP();
23          int[][] dp = knapsackDP.getDpData(weight, value, maxSize);
24          //db的第一维下标是物品数量,第二维是从 0 到 maxSize 不同的承载量
25          System.out.println("背包承重从 0 到" + maxSize + "kg,能装的最大价值为:");
26          //打印输出动态规划表的信息
27          for (int i = 0; i < dp.length; i++) {
28              //打印第一列的数据
```

```
29              if (i = = 0) {
30                  //打印第一列第一行的抬头
31                  System.out.print("物品" + "\t\t\t");
32              } else {
33                  //打印第一列第 n 行的数据(商品编号[价值])
34                  System.out.print(i + "[ $ " + value[i] + "]\t\t");
35              }
36
37              //打印第 1 列之后的数据
38              for (int j = 0; j < dp[0].length; j + + ) {
39                  if (i = = 0) {
40                      //打印每一列的抬头(承载容量)
41                      System.out.print(j + "kg\t\t");
42                  } else {
43                      //显示当前的最大承载价值
44                      System.out.print(" $ " + dp[i][j] + "\t\t");
45                  }
46              }
47              //每一行结束后打印换行
48              System.out.println();
49          }
50          //打印输出动态规划表的结论
51          showInfo(dp, weight, value, maxSize);
52      }
53
54      / * *
55       * 生成动态规划表格
56       * 参数 weight:物品 1 到物品 n 的质量,其中 weight[0] = 0
57       * 参数 value:物品 1 到物品 n 的价值,其中 value[0] = 0
58       * 功能:返回背包承载量从 0 到最大承载量所装物品的最大价值
59       * /
60      public int[][] getDpData(int[] weight, int[] value, int maxSize) {
61          //db 的第一维下标是有几件物品,第二维是从 0 到 maxSize 不同的承载量
62          int[][] dp = new int[weight.length][maxSize + 1];
63          for (int i = 1; i < weight.length; i + + ) {
64              for (int j = 1; j < = maxSize; j + + ) {
65                  if (j < weight[i]) {
66                      dp[i][j] = dp[i - 1][j];
67                  } else {
68                      if (dp[i - 1][j] > dp[i - 1][j - weight[i]] + value[i]) {
69                          dp[i][j] = dp[i - 1][j];
70                      } else {
71                          dp[i][j] = dp[i - 1][j - weight[i]] + value[i];
72                      }
73                  }
74              }
75          }
76          return dp;
77      }
```

```
78        //对于动态规划的表格进行说明
79        public static void showInfo(int[][] dp, int[] weight, int[] value, int maxSize) {
80            //最后一列最后一行的数值就是包的最大承载价值
81            System.out.println("最大价值:$" + dp[weight.length - 1][maxSize]);
82            int count = weight.length - 1;
83            //第1步:找到最后一列最后一行的数值,该数值就是包的最大承载价值
84            //第2步:如果第 i 行数值 > 上一行的数值,则说明第 i 个物品一定被装进包内
85            //第3步:第 i 行数值 - 第 i 个物品的价值 = 剩下物品的价值
86            //第4步:从当前列中找到剩下物品价值对应的行,如果大于上一行数据,则说明对应
              //的物品一定被装入包内
87            //第5步:重复执行第3步和第4步。最后得出有哪几个物品被放入包内
88            for (int i = count; i > 0; i - -) {
89                if (dp[i][maxSize] > dp[i - 1][maxSize]) {
90                    System.out.println(i + "号物品," + weight[i] + "kg,$" + value[i]);
91                    maxSize - = weight[i];
92                }
93            }
94        }
95    }
```

运行结果：

背包承重从 0 到 10kg,能装的最大价值为:

物品	0kg	1kg	2kg	3kg	4kg	5kg	6kg	7kg	8kg	9kg	10kg
1[$6]	$0	$0	$6	$6	$6	$6	$6	$6	$6	$6	$6
2[$3]	$0	$0	$6	$6	$9	$9	$9	$9	$9	$9	$9
3[$5]	$0	$0	$6	$6	$9	$9	$9	$9	$11	$11	$14
4[$4]	$0	$0	$6	$6	$9	$9	$9	$10	$11	$13	$14
5[$6]	$0	$0	$6	$6	$9	$9	$12	$12	$15	$15	$15

最大价值: $15

5 号物品,4kg, $6

2 号物品,2kg, $3

1 号物品,2kg, $6

🔨 **代码分析**

打印出的动态规划表格,第一列显示商品编号和价格,后几列显示背包的承载量和可以获得的价值。如图 4.5 所示的第 6 列,即 4kg 的列。如果包可承载 4kg 物品,先装物品 1,价值为 $6。物品 1 占 2kg,还够装也是 2kg 质量的物品 2,此时价值合计为 $9。因为再装不下物品 3,所以对应物品 3 的数据还是 $9,同理对应物品 4 的数据也是 $9。所以如果两行的数值相同,那么后一行的商品一定没有被装进包里。

那么如何从动态规划表里看出哪些物品被装入包里了呢?

第 1 步:找到最后一列最后一行的数值,该数值就是包的最大承载价值。

第 2 步:如果第 i 行数值大于上一行的数值,则说明第 i 个物品一定被装进包内。

第 3 步:第 i 行数值减第 i 个物品的价值等于剩下物品的价值。

第 4 步:从当前列中找到剩下物品价值所对应的行,如果大于上一行数据,则说明对应

的物品一定被装入包内。

    第5步：重复执行第3步和第4步。最后就能得出有哪几件物品被放入包内。

4.4.6　动态规划算法的总结

    用动态规划自底而上的递推方式实现的斐波那契数列求解算法,时间复杂度降为O(n)。所以优点是时间复杂度和空间复杂度都相对较低。但是缺点是比较难,有些场景不适用。

    尽管动态规划算法比回溯算法高效,但是并不是所有问题都可以用动态规划算法来解决。能用动态规划算法解决的问题,需要满足三个特征:最优子结构、无后效性和重复子问题。

    (1) 最优子结构(最优化原理):一个最优化策略具有这样的性质,不论过去状态和决策如何,对前面的决策所形成的状态而言,余下的决策必须构成最优策略。简而言之,一个最优化策略的子策略总是最优的。一个问题满足最优化原理又称其具有最优子结构性质。

    (2) 无后效性:将各阶段按照一定的次序排列好之后,对于某个给定的阶段状态,它以前各阶段的状态无法直接影响它未来的决策,而只能通过当前的这个状态。换句话说,每个状态都是过去历史的一个完整总结。这就是无后向性,又称无后效性。

    (3) 重复子问题:动态规划将原来具有指数级时间复杂度的搜索算法改进成了具有多项式时间复杂度的算法。其中的关键在于解决冗余,这就是动态规划算法的根本目的。动态规划实质上是一种以空间换时间的技术,它在实现的过程中,不得不存储产生过程中的各种状态,所以它的空间复杂度要大于其他算法。

    在重复子问题这一点上,动态规划算法和分治算法的区分非常明显。分治算法要求分割成的子问题,不能有重复子问题,而动态规划算法正好相反。动态规划算法之所以高效,就是因为回溯算法实现中存在大量的重复子问题。

4.5　回　溯　算　法

4.5.1　回溯算法的概念

    回溯算法(backtracking algorithm)又被称为试探法。解决问题时,每进行一步,都是抱着试试看的态度,如果发现当前选择并不是最好的,或者这么走下去肯定达不到目标,立刻做回退操作重新选择。这种走不通就回退再走的方法就是回溯法。

回溯算法

    回溯的处理思想,有点类似枚举(列出所有的情况)搜索。枚举所有的解,找到满足期望的解。为了有规律地枚举所有可能的解,避免遗漏和重复,我们把问题求解的过程分为多个阶段。每个阶段,我们都会面对一个岔路口,先随意选一条路走,当发现这条路走不通的时候(不符合期望的解),就回退到上一个岔路口,另选一种走法继续走。

4.5.2　回溯与递归

    很多人认为回溯和递归是一样的,其实不然。在回溯法中可以看到有递归的身影,但是两者是有区别的。回溯法从问题本身出发,寻找可能实现的所有情况。和穷举法的思想相近,不同在于穷举法是将所有的情况都列举出来以后再一一筛选,而回溯法在列举过程如果发现当前情况根本不可能存在,就停止后续的所有工作,返回上一步进行新的尝试。

递归是从问题的结果出发,例如,求 $n!$,要想知道 $n!$ 的结果,就需要知道 $n*(n-1)!$ 的结果,而要想知道 $(n-1)!$ 结果,就需要提前知道 $(n-1)*(n-2)!$。这样不断地向自己提问,不断地调用自己的思想就是递归。

回溯和递归唯一的联系就是,回溯法可以用递归思想实现。

4.5.3 回溯算法的经典案例——八皇后问题

八皇后问题研究的是如何将 8 个皇后放置在 8×8 的棋盘上,并且使皇后彼此之间不能相互攻击。我们把这个问题划分成 8 个阶段,依次将 8 个棋子放到第一行、第二行、第三行……第八行。在放置的过程中,我们不停地检查当前放法,是否满足要求。如果满足,则跳到下一行继续放置棋子;如果不满足,那就再换一种放法,继续尝试。八皇后问题是使用回溯法解决的典型案例。

4.5.4 八皇后问题解题思路

从棋盘的第一行开始,从第一个位置开始,依次判断当前位置是否能够放置皇后,判断的依据为:同该行之前的所有行中皇后的所在位置进行比较,如果在同一列,或者在同一条斜线上(斜线有两条,为正方形的两个对角线),都不符合要求,继续检验后序的位置。

如果该行所有位置都不符合要求,则回溯到前一行,改变皇后的位置,继续试探。如果试探到最后一行,所有皇后摆放完毕,则直接打印出 8×8 的棋盘(见图 4.5)。

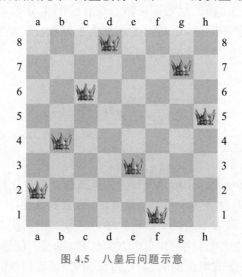

图 4.5　八皇后问题示意

4.5.5 回溯算法经典问题——八皇后问题的代码实现

回溯算法求八皇后问题如代码 4.11 所示。

【代码 4.11】

```
1  /**
2   * 在 8×8 格的国际象棋上摆放八个皇后,使其不能互相攻击
3   * 即任意两个皇后都不能处于同一行、同一列或同一斜线上,问有多少种摆法
```

```
4      *  下面使用递归方法解决
5      */
6    public class EightQueens {
7        //使用常量来定义,方便之后解 N 皇后问题
8        private final short N = 8;
9        //所有可能的摆放方案数
10       private int count = 0;
11       //定义棋盘
12       private short chess[][] = new short[N][N];
13       //每一行的摆放坐标。下标表示行,值表示 queen 存储在哪一列
14       int[] singleResult = new int[N];
15       //记录所有的摆放方案
16       List<String> result = new ArrayList<>();
17
18       public static void main(String[] args) {
19           EightQueens eightQueens = new EightQueens();
20           eightQueens.putQueenAtRow(0);
21           System.out.println("方案个数:" + eightQueens.count);
22           //输出所有可能的摆放方案。数组索引下标指棋盘的第几行,元素的值是每行中第几列
23           for (String data : eightQueens.result) {
24               System.out.println(data);
25           }
26       }
27
28       //摆放棋子
29       private void putQueenAtRow(int row) {
30           //递归终止判断:如果 row == N,则说明已经成功摆放了 8 个皇后,输出结果,终止递归
31           if (row == N) {
32               count++;
33               //printChess();
34               //将每行可能的摆放方案存放到集合中
35               result.add(Arrays.toString(singleResult));
36               return;
37           }
38
39           //向这一行的每一个位置尝试排放皇后,然后检测状态,如果安全则继续执行递归,摆
40           //放下一行皇后。没有合适的则回到上一层
40           for (int i = 0; i < N; i++) {
41               //摆放这一行的皇后,之前要清掉所有这一行摆放的记录,防止污染棋盘
42               for (int j = 0; j < N; j++) {
43                   chess[row][j] = 0;
44               }
45               if (isSafety(row, i)) {
46                   //存放每行的摆放坐标
47                   singleResult[row] = i;
48                   //将棋盘坐标更改为1
49                   chess[row][i] = 1;
50                   //开始下一行
51                   putQueenAtRow(row + 1);
```

```
52                    }
53                }
54            }
55
56        //判断棋子位置是否安全
57        private boolean isSafety(int row, int col) {
58            //判断将棋子放在第 row 行、第 col 列是否安全
59            int step = 1;
60            //第一行没有其他棋子,无须判断是否安全。所以从第二行开始判断
61            while (row - step >= 0) {
62                //判断在第 col 列上是否有棋子
63                if (chess[row - step][col] == 1) {
64                    return false;
65                }
66                //判断左上对角线是否有棋子
67                if (col - step >= 0 && chess[row - step][col - step] == 1) {
68                    return false;
69                }
70                //判断右上对角线是否有棋子
71                if (col + step < N && chess[row - step][col + step] == 1) {
72                    return false;
73                }
74                step + + ;
75            }
76            return true;
77        }
78    }
```

运行结果：

方案个数：92

4.5.6　回溯算法的经典案例——走迷宫问题的代码实现

回溯算法求迷宫问题如代码 4.12 所示。

【代码 4.12】

回溯算法求走
迷宫问题的代码

```
1   /**
2    * 利用递归思想模拟走迷宫
3    * 利用的算法思维是:回溯算法
4    */
5   public class MazePath {
6       public static void main(String[] args) {
7           int num = 10;
8           //先创建一个二维数组
9           int[][] map = new int[num][num];
10
11          //使用1表示墙。设置外围是墙
12          for (int i = 0; i < num; i + + ) {
13              map[0][i] = 1;
```

```
14                  map[num - 1][i] = 1;
15                  map[i][0] = 1;
16                  map[i][num - 1] = 1;
17              }
18          //设置墙
19          map[3][1] = 1;
20
21
22          //输出地图
23          for (int i = 0; i < num; i++) {
24              for (int j = 0; j < num; j++) {
25                  System.out.print(map[i][j] + "   ");
26              }
27              System.out.println();
28          }
29          //采用走法1
30          //findWay(map, 1, 1);
31          //采用走法2
32          findWay2(map, 1, 1);
33
34          //输出行走轨迹
35          System.out.println("输出行走轨迹");
36          for (int i = 0; i < num; i++) {
37              for (int j = 0; j < num; j++) {
38                  System.out.print(map[i][j] + "   ");
39              }
40              System.out.println();
41          }
42          System.out.println("步数:" + getCount(map));
43      }
44
45      /**
46       * @param map 地图
47       * @param i    表示出发点的Y轴坐标
48       * @param j    表示出发点的X轴坐标
49       * @return 约定 map[i][j] == 0 为没有走过,map[i][j] == 1 表示墙,map[i][j] ==
                  2 表示走过,map[i][j] == 3 表示走不通
50       * 按照右、下、左、上的方向走,如果走不通则回溯
51       */
52      public static boolean findWay(int[][] map, int i, int j) {
53          if (map[8][8] == 2) {
54              System.out.println("走到出口!");
55              return true;
56          } else {
57              if (map[i][j] == 0) {//如果当前位置没有走过
58                  //假定可以走通,则标记为2,说明已经走过
59                  map[i][j] = 2;
60                  if (findWay(map, i, j + 1)) {//向右走
61                      return true;
```

```
62              } else if (findWay(map, i + 1, j)) {//向下走
63                  return true;
64              } else if (findWay(map, i, j - 1)) {//向左走
65                  return true;
66              } else if (findWay(map, i - 1, j)) {//向上走
67                  return true;
68              } else {
69                  //说明此路不通
70                  map[i][j] = 3;
71                  return false;
72              }
73          } else { //如果 map[i][j] != 0,那么可能就是 1、2、3
74              return false;
75          }
76      }
77  }
78
79  /* *
80   * @param map 地图
81   * @param i   表示出发点的 Y 轴坐标
82   * @param j   表示出发点的 X 轴坐标
83   * @return 约定 map[i][j] == 0 为没有走过,map[i][j] == 1 表示墙,map[i][j] ==
              2 表示走过,map[i][j] == 3 表示走不通
84   * 按照左下右上的方向走,如果走不通则回溯
85   */
86  public static boolean findWay2(int[][] map, int i, int j) {
87      if (map[8][8] == 2) {
88          System.out.println("走到出口!");
89          return true;
90      } else {
91          if (map[i][j] == 0) {//如果当前位置没有走过
92              //假定可以走通,则标记为 2,说明已经走过
93              map[i][j] = 2;
94              if (findWay2(map, i, j - 1)) {//向左走
95                  return true;
96              } else if (findWay2(map, i + 1, j)) {//向下走
97                  return true;
98              } else if (findWay2(map, i, j + 1)) {//向右走
99                  return true;
100             } else if (findWay2(map, i - 1, j)) {//向上走
101                 return true;
102             } else {
103                 //说明此路不通
104                 map[i][j] = 3;
105                 return false;
106             }
107         } else { //如果 map[i][j] != 0,那么可能就是 1、2、3
108             return false;
109         }
```

```
110             }
111
112         }
113
114     //计算走过的步数
115     public static int getCount(int[][] map) {
116         int count = 0;
117         for (int[] data : map) {
118             for (int ele : data) {
119                 if (ele == 2 || ele == 3) {
120                     count++;
121                 }
122             }
123         }
124         return count;
125     }
126 }
```

运行结果:

```
1   1   1   1   1   1   1   1   1   1
1   0   0   0   0   0   0   0   0   1
1   0   0   0   0   0   0   0   0   1
1   1   1   1   1   1   1   1   0   1
1   0   0   0   0   0   0   1   0   1
1   0   1   1   0   1   1   1   0   1
1   0   0   1   0   0   0   0   0   1
1   0   1   1   1   1   1   1   1   1
1   0   0   0   0   0   0   0   0   1
1   1   1   1   1   1   1   1   1   1
```

走到出口!

输出行走轨迹

```
1   1   1   1   1   1   1   1   1   1
1   2   0   0   0   0   0   0   0   1
1   2   2   2   2   2   2   2   2   1
1   1   1   1   1   1   1   1   2   1
1   2   2   2   0   0   1   2   1
1   2   0   1   2   2   2   2   2   1
1   2   1   1   1   1   1   1   1   1
1   2   2   2   2   2   2   2   2   1
1   1   1   1   1   1   1   1   1   1
```

步数:33

4.5.7 回溯算法的经典案例——骑士周游问题

骑士周游问题也被称为马踏棋盘算法。将马随机放在国际象棋的 8×8 棋盘的某个方格中,马按走棋规则进行移动,要求每个方格只进入一次,走遍棋盘上全部 64 个方格。

骑士周游问题解题步骤和思路如下。

（1）创建棋盘 chessBoard，是一个二维数组。

（2）将当前位置设置为已经访问，然后根据当前位置，计算马儿还能走那些位置，并放到一个集合中（ArrayList），最多 8 个位置。位置 0 为棋子马所在的当前位置，位置 1～8 为该马可以走的所有位置，一共有八种走法（见图 4.6）。

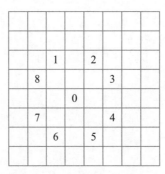

图 4.6 国际象棋中马的走法

（3）变量 ArrayList 存放的所有位置，看看哪个可以走通。

（4）判断马儿是否完成了骑士周游问题。

4.5.8 骑士周游问题解决方案基本思想

对整个问题，考虑采用回溯算法与贪心算法来综合解决。

1. 回溯算法思想

搜索空间是整个棋盘上的 8×8 个点。约束条件是不出边界且每个点只能经过一次。搜索过程是从一点 (i,j) 出发，按深度优先的原则，从 8 个方向中尝试一个可以走的点，直到走过棋盘上所有的点。当没有点可达且没有遍历完棋盘时，就要撤销该点，从该点上一点开始找出另外的一个可达点，直到遍历完整个棋盘。

2. 贪心算法思想

探讨每次选择位置的"最佳策略"，在确定马的起始结点后，在对其子结点进行选取时，优先选择出度最小的子结点进行搜索，这是一种局部调整最优的做法。如果优先选择出度多的子结点，那出度小的子结点就会越来越多，很可能出现死结点（即没有出度又不能跳过的结点），反过来如果每次都优先选择出度小的结点跳，那出度小的结点就会越来越少，这样跳成功的机会就更大一些。

4.5.9 回溯算法经典问题——骑士周游问题的代码实现

回溯算法求马踏棋盘问题如代码 4.13 所示。

【代码 4.13】

```
1  /**
2   * 马踏棋盘算法或骑士周游问题
3   * 将马随机放在过期象棋的 8×8 棋盘的某个方格中，
4   * 马按走棋规则进行移动，要求每个方格只进入一次，走遍棋盘上全部 64 个方格
5   */
```

```
6   public class HorseChessboard {
7
8       private static int X; //棋盘的列数
9       private static int Y; //棋盘的行数
10      //创建一个数组,标记棋盘的各个位置是否被访问过
11      private static boolean visited[];
12      //使用一个属性,标记是否棋盘的所有位置都被访问
13      private static boolean flag; //如果为 true,表示成功
14
15      public static void main(String[] args) {
16          X = 8;
17          Y = 8;
18          int row = 3; //马儿初始位置的行,从 1 开始编号
19          int column = 4; //马儿初始位置的列,从 1 开始编号
20          //创建棋盘
21          int[][] chessboard = new int[X][Y];
22          visited = new boolean[X * Y];//初始值都是 false
23
24          traverseChessboard(chessboard, row - 1, column - 1, 1);
25
26          //输出棋盘的最后情况
27          System.out.println("输出马踏棋盘的轨迹,从坐标位置 1 开始:");
28          for(int[] rows : chessboard) {
29              for(int step : rows) {
30                  System.out.print(step + "\t");
31              }
32              System.out.println();
33          }
34      }
35
36      /**
37       * 完成骑士周游问题的算法
38       * @param chessboard 棋盘
39       * @param row          马儿当前的位置的行:从 0 开始
40       * @param column       马儿当前的位置的列:从 0 开始
41       * @param step         是第几步 ,初始位置就是第 1 步
42       */
43      public static void traverseChessboard(int[][] chessboard, int row, int column, int
    step) {
44          chessboard[row][column] = step;
45          //row = 4 X = 8 column = 4 = 4 * 8 + 4 = 36
46          visited[row * X + column] = true; //标记该位置已经访问
47          //获取当前位置可以走的下一个位置的集合
48          ArrayList<Point> ps = nextSteps(new Point(column, row));
49          //对 ps 进行排序,排序的规则就是对 ps 的所有的 Point 对象的下一步的位置的数目,
             //进行非递减排序
50          sort(ps);
51          //遍历 ps
52          while(!ps.isEmpty()) {
```

```
53              Point p = ps.remove(0);//取出下一个可以走的位置
54              //判断该点是否已经访问过
55              if(!visited[p.y * X + p.x]) {//说明还没有访问过
56                  traverseChessboard(chessboard, p.y, p.x, step + 1);
57              }
58          }
59          //判断马儿是否完成了任务,使用 step 和应该走的步数比较
60          //如果没有达到数量,则表示没有完成任务,将整个棋盘置 0
61          //说明: step < X * Y 成立的情况有两种
62          //1.棋盘到目前位置,仍然没有走完
63          //2.棋盘处于一个回溯过程
64          if(step < X * Y && !flag) {
65              chessboard[row][column] = 0;
66              visited[row * X + column] = false;
67          } else {
68              flag = true;
69          }
70      }
71
72      /**
73       * 功能:根据当前位置(Point 对象),计算马儿还能走哪些位置(Point),并放入到一个集合
         中(ArrayList),最多有 8 个位置
74       * @param curPoint
75       * @return
76       */
77      public static ArrayList<Point> nextSteps(Point curPoint) {
78          //创建一个 ArrayList
79          ArrayList<Point> ps = new ArrayList<Point>();
80          //创建一个 Point
81          Point p1 = new Point();
82          //表示马儿可以走 5 这个位置
83          if((p1.x = curPoint.x - 2) >= 0 && (p1.y = curPoint.y - 1) >= 0) {
84              ps.add(new Point(p1));
85          }
86          //判断马儿可以走 6 这个位置
87          if((p1.x = curPoint.x - 1) >= 0 && (p1.y = curPoint.y - 2) >= 0) {
88              ps.add(new Point(p1));
89          }
90          //判断马儿可以走 7 这个位置
91          if((p1.x = curPoint.x + 1) < X && (p1.y = curPoint.y - 2) >= 0) {
92              ps.add(new Point(p1));
93          }
94          //判断马儿可以走 0 这个位置
95          if((p1.x = curPoint.x + 2) < X && (p1.y = curPoint.y - 1) >= 0) {
96              ps.add(new Point(p1));
97          }
98          //判断马儿可以走 1 这个位置
99          if((p1.x = curPoint.x + 2) < X && (p1.y = curPoint.y + 1) < Y) {
```

```
100                    ps.add(new Point(p1));
101                }
102            //判断马儿可以走 2 这个位置
103            if((p1.x = curPoint.x + 1) < X && (p1.y = curPoint.y + 2) < Y) {
104                    ps.add(new Point(p1));
105                }
106            //判断马儿可以走 3 这个位置
107            if((p1.x = curPoint.x - 1) >= 0 && (p1.y = curPoint.y + 2) < Y) {
108                    ps.add(new Point(p1));
109                }
110            //判断马儿可以走 4 这个位置
111            if ((p1.x = curPoint.x - 2) >= 0 && (p1.y = curPoint.y + 1) < Y) {
112                    ps.add(new Point(p1));
113                }
114            return ps;
115        }
116
117        //根据当前一步的所有的下一步的选择位置,进行非递减排序,减少回溯的次数
118        public static void sort(ArrayList<Point> ps) {
119            ps.sort(new Comparator<Point>() {
120                @Override
121                public int compare(Point o1, Point o2) {
122                    //获取到 o1 的下一步的所有位置个数
123                    int count1 = nextSteps(o1).size();
124                    //获取到 o2 的下一步的所有位置个数
125                    int count2 = nextSteps(o2).size();
126                    if(count1 < count2) {
127                        return -1;
128                    } else if(count1 == count2) {
129                        return 0;
130                    } else {
131                        return 1;
132                    }
133                }
134            });
135        }
136  }
```

运行结果:

输出马踏棋盘的轨迹,从坐标位置 1 开始:

20	17	44	3	22	7	42	5
45	2	21	18	43	4	23	8
16	19	58	1	64	49	6	41
57	46	31	50	59	54	9	24
30	15	56	63	48	51	40	53
35	32	47	60	55	62	25	10
14	29	34	37	12	27	52	39
33	36	13	28	61	38	11	26

4.5.10 回溯算法的总结

回溯算法求解八皇后问题的时间复杂度为 $O(n!)$，实际执行次数为 $n!/2$。

回溯算法的优势是其思想非常简单，大部分情况下都是用来解决广义的搜索问题，也就是从一组可能的解中，选择出一个满足要求的解。回溯算法非常适合用递归来实现，在实现的过程中，剪枝操作是提高回溯效率的一种技巧。利用剪枝，我们并不需要穷举搜索所有的情况，从而提高搜索效率。回溯算法的劣势是效率相对于动态规划算法低。

回溯算法是个"万金油"。基本上能用动态规划算法、贪心算法解决的问题，都可以用回溯算法解决。回溯算法相当于穷举搜索。穷举所有的情况，然后对比得到最优解。但是回溯算法的时间复杂度非常高，是指数级别的，只能用来解决小规模数据的问题。对于大规模数据的问题，用回溯算法解决的执行效率很低。

小　　结

本章讲解了常见的算法设计思维——递归算法、贪心算法、分治算法、动态规划算法和回溯算法。

递归就是方法自己调用自己，每次调用时传入不同的变量。本章以求阶乘、斐波那契数列和汉诺塔问题来对递归进行讲解。递归是基础算法，二分查找、快速排序、归并排序、树的遍历上都有使用递归。分治算法、动态规划、回溯算法中大量使用递归算法来实现。

贪心算法（或贪婪算法）是一种在每一步选择中都采取在当前状态下最好或最优的选择，从而希望导致结果是全局最好或最优的算法。本章讲解了贪心算法的经典案例——部分背包问题、均分纸牌问题、拼接数字问题。

分治算法的核心思想就是将原问题划分成 n 个规模较小并且结构与原问题相似的子问题，递归地解决这些子问题，然后合并其结果，从而得到原问题的解。排序算法中的归并排序就是采用分治算法的典型应用。本章讲解了分治算法的案例——字母大小写转换、求 n 次幂。

动态规划算法与分治算法类似，基本思想都是将待求解问题分解成若干子问题，先求解子问题，然后从这些子问题的解得到原问题的解。动态规划算法与分治法不同的是，适合用动态规划求解的问题，经过分解得到子问题往往并不互相独立。下一个子阶段的求解是建立在上一个子阶段的结果的基础上进行的。动态规划可以通过填写动态规划表的方式来逐步推进，得到最优解。本章讲解了动态规划的经典案例——斐波那契数列、01 背包问题、完全背包问题。

回溯算法，又称试探法。解决问题时，走不通就回退再走。本章讲解了回溯算法的经典案例——八皇后问题、走迷宫问题、骑士周游问题（马踏棋盘算法）。

本章要求大家熟练掌握每种算法思维的核心思想，对每种算法思维经典案例的解题思路要非常清晰。

第 5 章 排序算法

排序是将一组数据,依据指定的顺序进行排列的过程。如果只有 10 个数字,手动排序也能轻松完成,但如果有几万个数据,排序就不那么容易了。使用高效率的排序算法就是解决问题的关键。

现在数据无处不在,数据甚至被称为新的能源。要从庞杂的数据背后挖掘、分析其中的规律,需要先整理数据,而整理数据的第一步通常是排序。排序算法在商业数据处理和现代科学计算中有着重要的地位,它应用于天体物理学、分子动力学、基因组学、天气预报等诸多领域。排序算法中的快速排序算法,甚至被誉为 20 世纪科学和工程领域的十大算法之一。

5.1 排序算法概述

5.1.1 排序算法的分类

根据不同的排序方式将排序算法分为两大类(见图 5.1)。

排序算法概述

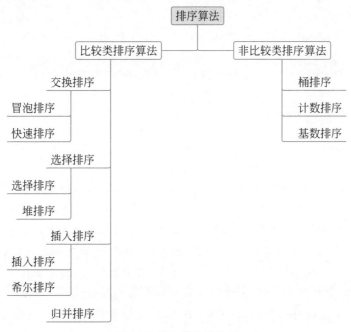

图 5.1 排序算法的分类

比较类排序算法（comparison sorting algorithms）：通过比较来决定元素间的相对次序。已经证明，基于比较的排序算法，平均时间复杂度不会好于 O($n$log$n$)。

非比较类排序算法（non-comparison sorting algorithms）：不通过比较来决定元素间的相对次序。

比较类排序算法包括：交换排序（冒泡排序、快速排序）、选择排序（选择排序、堆排序）、插入排序（插入排序、希尔排序）和归并排序。

非比较类排序算法包括：桶排序、计数排序和基数排序。

5.1.2 排序算法其他维度的分类

1. 按时间复杂度分类

主流的排序算法按照时间复杂度分为三大类，具体区别如表 5.1 所示。

（1）平方阶时间复杂度排序算法包括：冒泡排序、选择排序、插入排序。

（2）线性对数阶时间复杂度排序算法包括：快速排序、堆排序、希尔排序（接近O($n$log$n$)）和归并排序。

（3）线性阶时间复杂度排序算法包括：桶排序、计数排序、基数排序。

表 5.1　各种排序算法复杂度比对

排序算法	时间复杂度（平均）	时间复杂度（最坏）	时间复杂度（最好）	空间复杂度	稳定性
冒泡排序	O(n^2)	O(n^2)	O(n)	O(1)	稳定
选择排序	O(n^2)	O(n^2)	O(n^2)	O(1)	不稳定
插入排序	O(n^2)	O(n^2)	O(n)	O(1)	稳定
快速排序	O($n$log$n$)	O(n^2)	O($n$log$n$)	O($n$log$n$)	不稳定
堆排序	O($n$log$n$)	O($n$log$n$)	O($n$log$n$)	O(1)	不稳定
希尔排序	O(n^1.3)	O(n^2)	O(n)	O(1)	不稳定
归并排序	O($n$log$n$)	O($n$log$n$)	O($n$log$n$)	O(n)	稳定
桶排序	O($n+k$)	O(n^2)	O(n)	O($n+k$)	稳定
计数排序	O($n+k$)	O($n+k$)	O($n+k$)	O($n+k$)	稳定
基数排序	O($d(n+k)$)	O($d(n+k)$)	O($d(n+k)$)	O($n+k$)	稳定

注：n 表示数据规模，k 表示桶的个数，d 为数据的最大位数。

> **知识加油站**
>
> 如何按类别轻松记住这十种排序算法的名称？
>
> 　　根据时间复杂度，我们将排序算法分成三大类：冒选插、快堆希归、桶计基。之所以按照这个顺序，是因为"冒选插"与"快堆希"正好对应。冒泡排序与快速排序同属于交换排序，选择排序与堆排序同属于选择排序，插入排序与希尔排序同属于插入排序。而快速排序、堆排序、希尔排序这三种排序算法其实就是对冒泡排序、选择排序、插入排序改良后的算法。
>
> 　　如何轻松记忆？我们可以想象这么一个场景：冒着大雪，志愿者选择好工具，插入扫雪的人群中，快速把雪堆起来，希望下班的人能顺利归家。人们送来一桶桶热水，记录下了对志愿者的感激。有了这样的想象，再记忆"冒选插，快堆希归，桶计基"就容易了。

2. 按稳定性分类

根据排序的稳定性，排序算法分为稳定排序和不稳定排序。

（1）稳定排序：值相同的元素在排序后仍然保持着排序前的顺序。如果待排序的序列中存在值相等的元素，经过排序之后，相等元素之间原有的先后顺序不变。假设在数列中存在 a[i]＝a[j]，若在排序之前，a[i]在 a[j]前面；并且排序之后，a[i]仍然在 a[j]前面，则这个排序算法是稳定的。

稳定性的重要性体现在可针对对象的多种属性进行有优先级的排序。例如，给电商交易系统中的"订单"排序，按照金额大小对订单数据排序，对于相同金额的订单以下单时间早晚进行排序。以上需求可以用稳定排序算法简洁地实现：先按照下单时间给订单排序，排序完成后用稳定排序算法按照订单金额重新排序。

稳定的排序算法包括：冒泡排序、插入排序、归并排序、桶排序、计数排序和基数排序。

（2）不稳定排序：值相同的元素在排序后打乱了排序前的顺序。

不稳定的排序算法包括选择排序、快速排序、堆排序和希尔排序。

3. 按内存损耗情况

根据算法的内存损耗情况，排序算法分为原地排序和非原地排序算法。

（1）原地排序算法：指空间复杂度是 O(1)的排序算法。冒泡排序、选择排序、插入排序、堆排序和希尔排序属于原地排序算法。

（2）非原地排序：需要利用额外的数组来辅助排序，空间复杂度不是 O(1)。快速排序、归并排序、桶排序、计数排序和基数排序属于非原地排序算法。

5.2　冒泡排序算法

5.2.1　冒泡排序算法的概念

冒泡排序（bubble sort）算法是学习编程的过程中必学且知名度最高的一个经典排序算法，也是考试或面试过程中出镜率最高的排序算法。冒泡排序属于交换排序算法。

冒泡排序算法

这个算法因越大的元素经过交换慢慢"浮"到数组的顶端，故名"冒泡排序"算法。按照冒泡排序算法的思想，把相邻的元素两两比较，当一个元素大于右侧相邻元素时，交换它们的位置；当一个元素小于或等于右侧相邻元素时，位置不变。冒泡排序只会操作相邻的两个数据：每次冒泡操作都会对相邻的两个元素进行比较，看是否满足大小关系。

5.2.2　冒泡排序算法的实现步骤

第 1 步：比较相邻的元素，如果第一个比第二个大，就将两者交换。

第 2 步：对每一对相邻元素做同样的操作，从开始第一对到结尾的最后一对。最后的元素就是最大的数。

第 3 步：针对所有元素重复以上步骤，每重复一轮上述步骤，则需要操作的元素就会越来越少，直到没有任何一对元素需要比较为止。

例如，有一个待排序的数列[5，8，6，3，9，2，1，7]，采用冒泡排序算法进行排序，第一轮的步骤如图 5.2 所示。

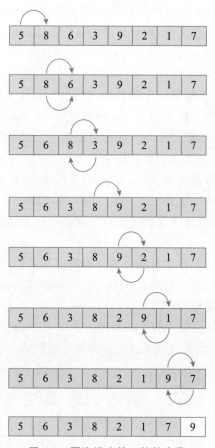

图 5.2　冒泡排序第 1 轮的步骤

经过第一轮后，元素 9 作为数列中最大的元素，就像是汽水里的气泡一样浮到了最右侧。每一轮结束都会有一个本轮最大的元素移到最右侧（见图 5.3）。

5	6	3	8	2	1	7	9	第1轮
5	3	6	2	1	7	8	9	第2轮
3	5	2	1	6	7	8	9	第3轮
3	2	1	5	6	7	8	9	第4轮
2	1	3	5	6	7	8	9	第5轮
1	2	3	5	6	7	8	9	第6轮
1	2	3	5	6	7	8	9	第7轮
1	2	3	5	6	7	8	9	排序后

图 5.3　冒泡排序每一轮排序的结果

5.2.3 冒泡排序算法的代码实现

扫描二维码获取实现冒泡排序的详细代码。代码 5.1 仅展示核心代码。

【代码 5.1】

```
1  / * *
2   *  冒泡排序
3   *  时间复杂度:O(n²)
4   *  未优化算法,数组有序或无序,需要比较(n-1)² 次,所以时间复杂度是 O(n²)
5   *  优化算法,当数组有序,需要比较 n-1 次,时间复杂度是 O(n)
6   *  优化算法,当数组无序,最坏的情况下需要比较 n(n-1)/2 次,所以时间复杂度是 O(n²)
7   * /
8  public class BubbleSort {
9     / * *
10     *  冒泡排序,未优化
11     * /
12    public static void bubbleSort(int[] arr) {
13        //记录排序的轮数
14        int loop = 0;
15        //记录两两比较的次数
16        int count = 0;
17        for (int i = 0; i < arr.length - 1; i++) {
18            for (int j = 0; j < arr.length - 1; j++) {
19                count++;
20                //临时变量用于交换
21                int tmp = 0;
22                if (arr[j] > arr[j + 1]) {
23                    tmp = arr[j];
24                    arr[j] = arr[j + 1];
25                    arr[j + 1] = tmp;
26                }
27            }
28        System.out.println("冒泡排序 - 第" + (++loop) + "轮排序结果为:" + Arrays.
           toString(arr));
29        }
30        System.out.println("未优化情况下,需要比较的次数:" + count);
31    }
32 }
```

运行结果:

冒泡排序未优化 - 原始数据:[5, 8, 6, 3, 9, 2, 1, 7]
冒泡排序 - 第 1 轮排序结果为:[5, 6, 3, 8, 2, 1, 7, 9]
冒泡排序 - 第 2 轮排序结果为:[5, 3, 6, 2, 1, 7, 8, 9]
冒泡排序 - 第 3 轮排序结果为:[3, 5, 2, 1, 6, 7, 8, 9]
冒泡排序 - 第 4 轮排序结果为:[3, 2, 1, 5, 6, 7, 8, 9]
冒泡排序 - 第 5 轮排序结果为:[2, 1, 3, 5, 6, 7, 8, 9]

冒泡排序-第6轮排序结果为:[1, 2, 3, 5, 6, 7, 8, 9]

冒泡排序-第7轮排序结果为:[1, 2, 3, 5, 6, 7, 8, 9]

未优化情况下,需要比较的次数:49

5.2.4　冒泡排序算法的优化

不同的数列采用冒泡排序需要循环的轮数是不同的(见图 5.4～图 5.6)。数组[5,4,3,2,1]需要执行 4 轮操作才能排好序,数组[5,1,2,3,4]则需要执行两轮操作即完成排序,而数组[1,2,3,4,5]执行一轮循环后,就能判断出所有相邻的元素都无须换位就已经排序完成。如果按照未优化的程序,数组 51234 和数组 12345 都需要循环 4 轮,这显然执行了不必执行的多余步骤。所以程序需要优化处理。

5 4 3 2 1 → 1 2 3 4 5									
第1轮	5 4 3 2 1	→	4 5 3 2 1	→	4 3 5 2 1	→	4 3 2 5 1	→	4 3 2 1 5
第2轮	4 3 2 1 5	→	3 4 2 1 5	→	3 2 4 1 5	→	3 2 1 4 5		
第3轮	3 2 1 4 5	→	2 3 1 4 5	→	2 1 3 4 5				
第4轮	2 1 3 4 5	→	1 2 3 4 5						

图 5.4　冒泡排序示例 1

5 1 2 3 4 → 1 2 3 4 5									
第1轮	5 1 2 3 4	→	1 5 2 3 4	→	1 2 5 3 4	→	1 2 3 5 4	→	1 2 3 4 5
第2轮	1 2 3 4 5	→	1 2 3 4 5	→	1 2 3 4 5	→	1 2 3 4 5	→	

图 5.5　冒泡排序示例 2

1 2 3 4 5 → 1 2 3 4 5									
第1轮	1 2 3 4 5	→	1 2 3 4 5	→	1 2 3 4 5	→	1 2 3 4 5	→	1 2 3 4 5

图 5.6　冒泡排序示例 3

1. 外层循环优化

假如从开始第一对到结尾最后一对,相邻元素两两比较大小结束,都没有发生两两交换位置的操作,这意味着右边的元素总是大于或等于左边的元素,说明此时的数组已经排好序了,则无须再对剩余的元素重复比较下去。

编程思路:在外层循环处,设置标志 isSort,默认为 true,表示顺序已经排好。程序执行过程中,如果出现两两换位,则 isSort 更改为 false,说明还需要继续循环。如果一轮结束没有换位,isSort 为 true,说明数列已经排好序,那么就可以跳出循环了。

2. 内层循环优化

已经被移到右侧的元素不用再参与比较,所以内循环的次数不是 arr.length−1,而是在这个基础上减去已经移动到右侧的元素的个数,即 arr.length−1−i。

冒泡排序算法
优化后的代码
实现

5.2.5 冒泡排序算法优化后的代码

扫描二维码获取实现冒泡排序算法优化后的详细代码。代码 5.2 仅展示核心代码。

【代码 5.2】

```
1   /* *
2    * 冒泡排序
3    * 时间复杂度:O(n²)
4    * 1.未优化算法,数组有序或无序,需要比较(n-1)² 次,所以时间复杂度是 O(n²)
5    * 2.优化算法,当数组有序,需要比较 n-1 次,时间复杂度是 O(n)
6    * 3.优化算法,当数组无序,最坏的情况下需要比较 n(n-1)/2 次,所以时间复杂度是 O(n²)
7    */
8   public class BubbleSort {
9       /* *
10       * 优化后冒泡排序注意事项:
11       * 1.内循环次数:j < arr.length - 1 - i
12       * 2.两轮 for 循环中间设置 boolean flag = true;
13       */
14      public static void bubbleSort2(int[] arr) {
15          //记录排序的轮数
16          int loop = 0;
17          //记录两两比较的次数
18          int count = 0;
19          for (int i = 0; i < arr.length - 1; i + +) {
20              //默认排好序了
21              boolean isSort = true;
22              for (int j = 0; j < arr.length - 1 - i; j + +) {
23                  count + + ;
24                  if (arr[j] > arr[j + 1]) {
25                      //isSort = false 表示还没有排好序,需要交换位置
26                      isSort = false;
27                      //以下是多种交换位置的写法
28                      //x = x^y; y = x^y; x = x^y;
29                      /* arr[j] = arr[j] ^ arr[j + 1];
30                      arr[j + 1] = arr[j] ^ arr[j + 1];
31                      arr[j] = arr[j] ^ arr[j + 1]; */
32                      //a = a + b - (b = a);
33                      arr[j] = arr[j] + arr[j + 1] - (arr[j + 1] = arr[j]);
34                  }
35              }
36              //排好序了跳出循环
37              if (isSort) break;
38              System.out.println("冒泡排序 - 第" + ( + + loop) + "轮排序结果为:" +
                    Arrays.toString(arr));
39          }
40          System.out.println("优化情况下,需要比较的次数:" + count);
41      }
```

```
42   }
```

运行结果：

冒泡排序优化－原始数据:[5, 8, 6, 3, 9, 2, 1, 7]
冒泡排序－第 1 轮排序结果为:[5, 6, 3, 8, 2, 1, 7, 9]
冒泡排序－第 2 轮排序结果为:[5, 3, 6, 2, 1, 7, 8, 9]
冒泡排序－第 3 轮排序结果为:[3, 5, 2, 1, 6, 7, 8, 9]
冒泡排序－第 4 轮排序结果为:[3, 2, 1, 5, 6, 7, 8, 9]
冒泡排序－第 5 轮排序结果为:[2, 1, 3, 5, 6, 7, 8, 9]
冒泡排序－第 6 轮排序结果为:[1, 2, 3, 5, 6, 7, 8, 9]
优化情况下,需要比较的次数:28

🖋代码分析

冒泡排序优化算法和未优化的算法,虽然每轮排序后的结果都一致,但是数据两两比较的总次数是不同的。优化后程序比较的次数要少于未优化的程序,说明优化后程序运行效率提升了。

5.2.6 冒泡排序算法总结

（1）冒泡排序的平均时间复杂度是 $O(n^2)$。当数组本身是有序的,在优化后的算法中,需要比较 $n-1$ 次,最好情况时间复杂度是 $O(n)$。当数组是无序的,在优化后的算法中,需要比较的次数是 $n(n-1)/2$ 次,时间复杂度是 $O(n^2)$。

（2）冒泡排序的空间复杂度为 $O(1)$。

（3）冒泡排序是原地排序。

（4）冒泡排序是左右相邻的两个元素两两比较,当两个元素数值相同时不换位,所以是稳定排序。

5.3 选择排序算法

5.3.1 选择排序的概念

选择排序算法

选择排序(selection sort)是一种最简单直观的排序算法,我们生活中经常无意中就在进行选择排序。如去超市买苹果,我们拿了一个袋子,从众多苹果中挑了一个最大的放入袋中,然后又从剩下的苹果中挑出最大的放入袋子,如此反复,直到挑够了需要的苹果然后结账。这其实就是选择排序的思想:选择排序就是不断地从未排序的元素中选择最大(或最小)的元素放入已排好序的元素集合中,直到未排序元素为空。

选择排序的原理是将数组分成有序区间和无序区间,初始时有序区间为空。每次从无序区间中选出最小的元素放到有序区间的末尾,而无序区间第一个元素换位到该最小元素原来的位置。直到无序区间为空,则排序结束。

5.3.2　选择排序的实现思路

给定数组 int[] arr＝{n 个数据}，对数组中的元素进行排序。

第 1 轮，在无序数列 arr[0]～arr[n−1]中选出最小的数据，将它与 arr[0]交换。

第 2 轮，在无序数列 arr[1]～arr[n−1]中选出最小的数据，将它与 arr[1]交换。

依此类推，第 i 轮在无序数列 arr[i]～arr[n−1]中选出最小的数据，将它与 arr[i]交换。直到全部排序完成。

那如何选出最小的一个元素呢？

先任意选一个元素假设它为最小的元素（默认为无序区间第一个元素），然后让这个元素与无序区间中的每一个元素进行比较，如果遇到比自己小的元素，则更新最小值下标，直到把无序区间遍历完，最后的最小值下标对应的数值就是该无序区间的最小值。

5.3.3　选择排序的实现步骤

第 1 步：找出数组中最小的数字。

第 2 步：将最小的数字放到第一个位置。

第 3 步：将第一个位置的数字，放到原本是最小数字的位置上。

第 4 步：重复上面 3 个步骤。

例如，有一个待排序的数组[5，8，6，3，9，2，1，7]，采用选择排序算法进行排序，步骤如下（见图 5.7～图 5.10）。

（1）初始一个无序数组（见图 5.7）。

图 5.7　选择排序的初始化数组

（2）先从这个无序数组中选出最小值 1，和第一个元素 5 进行交换，这样第一个元素就是最小的，第一个元素位置就变成有序区间了（见图 5.8）。

图 5.8　选择排序第一轮排序后结果

（3）在剩下的无序区间选择最小的元素 2，将最小元素 2 与无序区间的第一个元素 8 进行交换，有序区间递增一（见图 5.9）。

图 5.9　选择排序步骤 2

（4）以此类推，所有元素就通过这样不断地选择并交换位置，从而排好序（见图5.10）。

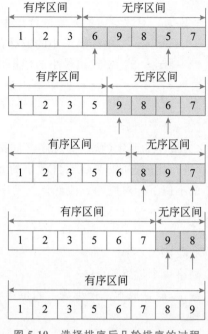

图 5.10 选择排序后几轮排序的过程

5.3.4 选择排序算法的代码实现

选择排序算法
的代码实现

扫描二维码获取实现选择排序的详细代码。代码5.3仅展示核心代码。

【代码5.3】

```
1  / * *
2   *  选择排序
3   *  选择排序将数组分成已排序区间和未排序区间
4   *  初始已排序区间为空。每次从未排序区间中选出最小的元素插入已排序区间的末尾，直到未
       排序区间为空
5   *  时间复杂度：O(n²)
6   *  无论是排好序或未排序，都需要循环比较 n(n-1)/2 次。当 n→∞时，等于 n²，记作 O(n²)
7   * /
8  public class SelectionSort {
9     / * *
10     *  选择排序总共循环了多少次
11     *  n(n-1)/2 次。当 n→∞时，利用极限思维等于 n²，记作 O(n²)
12     * /
13     public static void selectionSort(int[] arr) {
14         //记录排序的轮数
15         int loop = 0;
16         //记录两两比较的次数
17         int count = 0;
18         //第一个循环用来遍历数组中的所有数字
```

```
19          for (int i = 0; i < arr.length; i + + ) {
20              //初始化一个变量,用来记录最小数字的下标。初始默认假设第一个数字就是最
                //小数字
21              int minIndex = i;
22              //第二个循环,通过比较获取数组中最小的数字的下标
23              for (int j = i + 1; j < arr.length; j + + ) {
24                  count + + ;
25                  //如果找到更小的数字
26                  if (arr[minIndex] > arr[j]) {
27                      //将 minIndex 变量的值修改为新的最小数字的下标
28                      minIndex = j;
29                  }
30              }
31              //所有数字一个个比较结束之后,就能确认那个数字最小了
32              //将最小的数字替换到第一个位置,将第一个位置的数字放到最小数字原来的位
                //置,就是一次交换
33              /∗ int temp = arr[i];
34              arr[i] = arr[minIndex];
35              arr[minIndex] = temp; ∗/
36              arr[i] = arr[i] + arr[minIndex] - (arr[minIndex] = arr[i]);
37              System.out.println("选择排序 - 第" + ( + + loop) + "轮排序结果为:" + Arrays.
                toString(arr));
38          }
39          System.out.println("需要比较的次数:" + count);
40      }
41  }
```

运行结果:

```
选择排序 - 原始数据:[5, 8, 6, 3, 9, 2, 1, 7]
选择排序 - 第 1 轮排序结果为:[1, 8, 6, 3, 9, 2, 5, 7]
选择排序 - 第 2 轮排序结果为:[1, 2, 6, 3, 9, 8, 5, 7]
选择排序 - 第 3 轮排序结果为:[1, 2, 3, 6, 9, 8, 5, 7]
选择排序 - 第 4 轮排序结果为:[1, 2, 3, 5, 9, 8, 6, 7]
选择排序 - 第 5 轮排序结果为:[1, 2, 3, 5, 6, 8, 9, 7]
选择排序 - 第 6 轮排序结果为:[1, 2, 3, 5, 6, 7, 9, 8]
选择排序 - 第 7 轮排序结果为:[1, 2, 3, 5, 6, 7, 8, 9]
选择排序 - 第 8 轮排序结果为:[1, 2, 3, 5, 6, 7, 8, 9]
需要比较的次数:28
```

5.3.5 选择排序算法总结

（1）选择排序最大的特点,就是不论数列是否有序还是乱序,选择排序都需要花费一样的时间来计算。如利用选择排序对数组[1,2,3,4,5]和[3,1,4,2,5]排序所需要执行的步骤是一样的。如果用冒泡排序执行已经排好序的数列,则只需要一轮比较就可以得出结果。

（2）选择排序算法,无论是排好序还是未排序,都需要循环比较 $n(n-1)/2$ 次。当 $n \to \infty$ 时,等于 n^2,所以选择排序算法的时间复杂度为 $O(n^2)$。

（3）选择排序算法的空间复杂度是 O(1)。

（4）选择排序算法是原地排序算法。

（5）选择排序会发生数据交换操作，所以有可能把原本在前面的元素交换到后面，所以选择排序是不稳定排序。

（6）选择排序是一种简单的排序算法，适用于数据量较小的情况。根据时间复杂度分析，选择排序所花费的时间会随着数据量增大按照平方倍数增大，数据量越大，排序效率就越低。但是选择排序也有它的优势，就是思维逻辑简单。

5.4 插入排序算法

5.4.1 插入排序的概念

插入排序

插入排序（insertion sort，又称为直接插入排序）算法就是把未排序的元素一个一个地插入有序的集合中，插入时把有序集合从后向前扫描一遍，找到合适的插入位置。

大家平时玩牌类游戏，整理牌的过程，就是在用插入排序算法的思维方法（见图 5.11）。将第一张牌 8 看作已经排好序的牌，右边的 5、3、9 都是未排好序的牌（见图 5.12）。

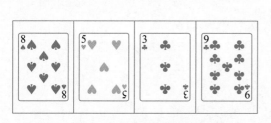

图 5.11　扑克牌原始序列

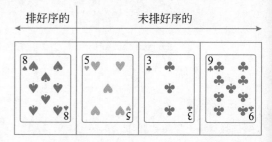

图 5.12　将 8 作为第一张牌的扑克牌排序

将 5 插入排好序的队伍中，5 比 8 小，放到 8 的前面（见图 5.13）。

将 3 也插入排好序的队伍中，3 比 5 和 8 都小，所以放到 5 的前面（见图 5.14）。

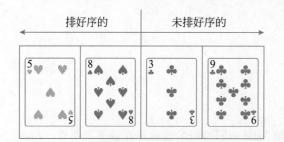

图 5.13　已排序队列插入 5 后的扑克牌排序

图 5.14　已排序队列插入 3 后的扑克牌排序

将 9 也插入排好序的队伍中，9 比其他牌都大，所以放在最后。这样所有的牌都排好序了。

5.4.2　插入排序算法的实现原理

插入排序的原理是将数列分成有序区间和无序区间。初始时有序区间只有一个元素,即数列第一个元素。从无序区间取出一个元素插入有序区间末尾,新插入的元素要与有序区间的数据一一比较大小:如果该数据大于有序区间最后一个数据则不交换位置,插入有序区间末尾即可;如果该数据小于有序区间的最后一个数据,则需要换位,换位后该数据还要与前一位数据继续比较大小,直到找到合适的位置才停止比较。

5.4.3　插入排序算法的实现步骤

使用插入排序算法进行排序的实现步骤如下。

第1步:从数列第2个元素开始抽取元素。

第2步:把它与它左侧第一个元素比较,如果左侧第一个元素比它大,则继续与它左侧第二个元素比较下去,直到遇到不比它大的元素,然后插到这个元素的右侧。

第3步:继续选取第3,4,…,n个元素,重复第2步,选择适当的位置插入。

例如,有一个待排序的数组[5,8,6,3,9,2,1,7],插入排序的步骤如下。

(1) 初始时,有序区间中只有5,无序区间中有8、6、3、9、2、1、7(见图5.15)。

(2) 将无序区间的第一个元素8插入有序区间数列末尾,8和5比较大小,8比5大则无须交换位置。此时有序区间中是5、8,无序区间中有6、3、9、2、1、7(见图5.16)。

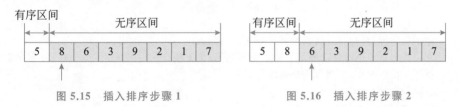

图5.15　插入排序步骤1　　　　　　　图5.16　插入排序步骤2

(3) 将无序区间的第一个元素6插入有序区间末尾,形成5、8、6的排列顺序。6和左侧的8比较大小,6比8小则换位;6再与5比较,6比5大则无须换位;最后有序区间中形成5、6、8的排列。此时,无序区间中还有元素3、9、2、1、7(见图5.17)。

(4) 将无序区间的第一个元素3插入有序区间末尾,形成5、6、8、3的排列顺序。3和左侧8比较大小,3比8小则换位;3再与6比较大小,3比6小则继续换位;3与5比较大小,3比5小继续换位;最后形成3、5、6、8的排列。此时,有序区间中是3、5、6、8,无序区间中还有元素9、2、1、7(见图5.18)。

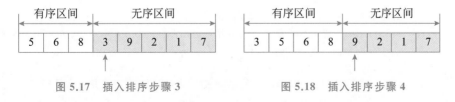

图5.17　插入排序步骤3　　　　　　　图5.18　插入排序步骤4

(5) 依此类推,直到无序区间为空时排序结束。最终排序结果为:1、2、3、5、6、7、8、9(后续排列过程见图5.19)。

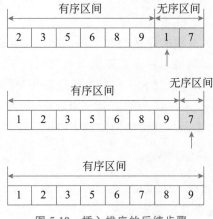

图 5.19　插入排序的后续步骤

5.4.4　插入排序算法的代码实现

插入排序算法
的代码实现

扫描二维码获得插入排序算法的详细代码实现。代码 5.4 仅展示核心代码。

【代码 5.4】

```
1  /**
2   * 插入排序
3   * 初始已排序区间只有一个元素,即数组第一个元素
4   * 实际操作过程中,未排序区间的第一个元素与已排序区间的最后一个元素比较大小,如果大于
       则不换位置,直接将该数据加到已排序区间的末尾
5   * 如果数据小于已排序区间的最后一个数据,则需要换位,并且该数据要与已排序区间前面的数
       据一一比较大小,直到找到合适的位置
6   * 时间复杂度:O(n²)
7   * 插入排序的时间复杂度有两种
8   * 1.当数组本身是有序的,则采用插入排序的时间复杂度是 O(n)
9   * 原因:如果数组本身是有序,插入排序需要每两个挨着的数字进行比较一次,总共比较 n-1
       次, 所以时间复杂度是 O(n)
10  * 2.当数组是无序的,最坏的情况下需要比较 n(n-1)/2 次,所以时间复杂度是 O(n²)
11  */
12  public class InsertionSort {
13     public static void insertionSort(int[] arr) {
14         //记录排序的轮数
15         int loop = 0;
16         //对数组进行遍历
17         for (int i = 0; i < arr.length; i++) {
18             //第二个循环仅仅是将当前数据跟自己左侧的数字进行比较,如果小于左侧数字
               //则交换位置,否则位置不变
19             for (int j = i; j > 0; j--) {
20                 //此处使用 break 比使用 if 效率高,两者在比较次数上有差别
21                 if (arr[j] >= arr[j - 1]) break;
22                 //前后两个数据交换位置
23                 arr[j] = arr[j] + arr[j - 1] - (arr[j - 1] = arr[j]);
24             }
```

```
25                System.out.println("插入排序 - 第" + ( + + loop) + "轮结果为:" + Arrays.
    toString(arr));
26          }
27       }
```

运行结果:

插入排序 - 原始数据:[5, 8, 6, 3, 9, 2, 1, 7]
插入排序 - 第1轮结果为:[5, 8, 6, 3, 9, 2, 1, 7]
插入排序 - 第2轮结果为:[5, 8, 6, 3, 9, 2, 1, 7]
插入排序 - 第3轮结果为:[5, 6, 8, 3, 9, 2, 1, 7]
插入排序 - 第4轮结果为:[3, 5, 6, 8, 9, 2, 1, 7]
插入排序 - 第5轮结果为:[3, 5, 6, 8, 9, 2, 1, 7]
插入排序 - 第6轮结果为:[2, 3, 5, 6, 8, 9, 1, 7]
插入排序 - 第7轮结果为:[1, 2, 3, 5, 6, 8, 9, 7]
插入排序 - 第8轮结果为:[1, 2, 3, 5, 6, 7, 8, 9]

5.4.5　插入排序算法总结

1. 插入排序的时间复杂度

(1) 当数列本身是有序的,插入排序的时间复杂度是 $O(n)$。原因是如果数列本身有序,插入排序需要将每相邻的两个数字各比较一次,总共比较 $n-1$ 次,所以时间复杂度是 $O(n)$。

(2) 当数列是无序的,最坏的情况下需要比较 $n(n-1)/2$ 次,所以时间复杂度是 $O(n^2)$。

2. 插入排序的空间复杂度

(1) 插入排序是原地排序,其空间复杂度是 $O(1)$。

(2) 插入排序中,无序区间的元素在插入有序区间的过程中,是依次与左侧的元素比较,如果两个元素相等,则不交换位置。所以不会像选择排序那样出现跨越式交换位置的情况,因此插入排序是稳定排序。

3. 插入排序适合的数列

根据插入排序的时间复杂度来看,插入排序适合如下类型的数列。

(1) 一个有序的大数组中融入一个小数组。如有序大数组 $[1, 2, 3, 4, 5, 6, 7, 8, 9]$,融入一个小数组 $[0, 1]$。

(2) 数组中只有几个元素的顺序不正确,或者说数组部分有序。

总体来说,插入排序是一种比较简单直观的排序算法,适用处理数据量比较小或者部分有序的数列。

4. 插入排序的和选择排序的区别

两种排序算法,虽然都是将数列分为有序区间和无序区间,通过将无序区间的数据放到有序区间来实现排序,但是排序过程完全不同。如数组 $[5, 4, 3, 2, 1, 0]$,在插入排序中,0要与前面的5、4、3、2、1这些元素一一比对才能插入数列的第一位;而选择排序中,最小值0直接跟5进行交换,5到0的位置,0到5的位置,第一步就可以找到最终位置。

5.5 快速排序算法

5.5.1 快速排序算法的概念

快速排序

快速排序（quick sort）算法是对冒泡排序算法的一种改进，由霍尔（Hoare）在1962年提出。同冒泡排序一样，快速排序也属于交换排序算法，通过元素之间的比较和交换位置来达到排序的目的。

使用快速排序算法每次排序时设置一个基准点，将小于基准点的数全部放到基准点的左边，将大于等于基准点的数全部放到基准点的右边。这样每次交换的时候就不会像冒泡排序一样只能在相邻的两个数之间进行交换，交换的距离就得到提升。快速排序之所比较快，因为相比冒泡排序，每次交换是跳跃式的。这样总的比较和交换次数就少了，排序效率自然就提高了。

通过一轮排序，将要排序的数据分割成两部分，其中一部分的所有数据比另一部分的所有数据都要小，然后再按此方法对这两部分数据分别进行快速排序，整个排序过程递归进行，以此达到整个数列变成有序序列。快速排序这种思路就是分治算法。

5.5.2 快速排序算法的实现思路

快速排序算法基于递归的方式来实现，其实现思路如下。

（1）选定一个合适的值（理想情况是选择数列的中值最好，但为了实现方便一般都是选择数列的第一个值），称为基准元素（pivot）。

（2）基于基准元素，将数列分为两部分：较小的分在左边，较大的分在右边。

（3）第一轮下来，这个基准元素的位置一定在最终位置上。

（4）对左右两个子数列分别重复上述过程，直到每个子数列中只包含一个元素则排序完成。

快速排序的核心思想就是在给基准元素找正确的位置。

5.5.3 快速排序算法的实现步骤

例如，有一个待排序的数组[5,8,6,3,9,2,1,7]。快速排序的步骤如下：选择第一个元素5作为基准元素。选定了基准元素以后，把其他元素中小于基准元素的都交换到基准元素左边，大于等于基准元素的都交换到基准元素右边。快速排序算法又分两种：双边循环法和单边循环法。

1. 双边循环法

接下来通过双边循环法对本例中的数组进行排序。

（1）选定基准元素 pivot=5，设置两个指针 left 和 right，分别指向数列最左侧的元素5和最右侧的元素7（见图5.20(a)）。

- 从 right 指针开始，让指针指向的元素和基准元素做比较。right 指向的数据如果小于 pivot，则 right 指针停止移动，切换到 left 指针。否则 right 指针继续向左移动。
- 轮到 left 指针行动，让 left 指向的元素和基准元素做比较。left 指向的数据如果大于

pivot，则 left 指针停止移动。否则 left 指针继续向右移动。

- 将 left 和 right 指向的元素交换位置。

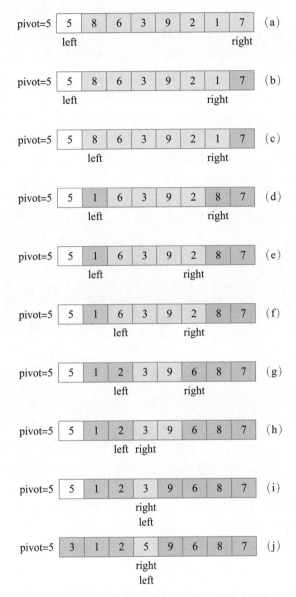

图 5.20 快速排序双边循环法第一轮排序步骤

（2）right 指针先开始，right 指针当前指向的数据是 7，由于 7＞5，right 指针继续左移，指向到 1，由于 1＜5，停止在 1 的位置（见图 5.20(b)）。

轮到 left 指针。由于 left 开始指向的是基准元素 5，所以 left 右移 1 位，指向到 8。由于 8＞5，所以 left 指针停下（见图 5.20(c)）。接下来，left 和 right 指向的元素进行交换。此时形成数列为[5,1,6,3,9,2,8,7]（见图 5.20(d)）。

（3）重新切换到 right 指针，指针向左移动，right 指针指向到 2。由于 2＜5，right 指针停止在 2 的位置（见图 5.20(e)）。

轮到 left 指针,指针右移 1 位,指向到 6,由于 6>5,所以 left 指针停下(见图 5.20(f))。接下来,left 和 right 所指向的元素进行交换。此时形成数列为[5,1,2,3,9,6,8,7](见图 5.20(g))。

(4) 重新切换到 right 指针,指针向左移动。right 指针指向到 9,由于 9>5,right 指针继续左移,指向到 3,由于 3<5,则 right 指针停止在 3 的位置(见图 5.20(h))。

轮到 left 指针,指针右移 1 位,指向到 3,此时 right 指针和 left 指针重叠在一起(见图 5.20(i))。接下来,将 pivot 元素 5 与重叠点的元素 3 进行交换(见图 5.20(j))。此时形成数列为[3,1,2,5,9,6,8,7]。第一轮排序结束。

第一轮排序结束后,本轮的基准元素 5 的位置就是最终排序后所在的位置。

接下来,采用递归的方式分别对基准元素 5 左侧的前半部分[3,1,2]排序,再对元素 5 右侧的后半部分[9,6,8,7]排序(见图 5.21)。

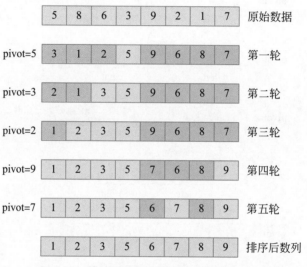

图 5.21 快速排序双边循环法各轮排序过程

(1) 基准元素 5 的前半部分[3,1,2],以 3 为基准元素,经过排序,结果为[2,1,3]。本轮下来,本轮的基准元素 3 的位置就是其最终位置。

(2) 上轮基准元素 3 左侧的队列[2,1],以 2 为基准元素排序,排序结果为[1,2]。本轮下来,本轮的基准元素 2 的位置就是其最终位置。

(3) 上轮基准元素 2 左侧只剩下元素 1,1 就是自己的基准元素。这样元素 1 的最终位置就确定了。

(4) 基准元素 5 的后半部分[9,6,8,7],以 9 为基准元素进行排序,结果为[7,6,8,9],本轮下来,本轮的基准元素 9 的位置就是其最终位置。

(5) 上轮基准元素 9 左侧的队列[7,6,8],以 7 为基准元素进行排序,结果为[6,7,8]。本轮下来,本轮的基准元素 7 的位置就是其最终位置。

(6) 上轮基准元素 7 左侧只剩下 6,6 就是自己的基准元素。这样元素 6 的最终位置就确定了。

(7) 基准元素 7 右侧只剩下 8,8 就是自己的基准元素。这样元素 8 的最终位置就确定了。

（8）此时基准元素 5、3、2、1、9、7、6、8 都找到其正确的位置，则排序结束。

快速排序的过程，其实就是在给基准元素找正确位置的过程。每轮循环都是以基准元素找到正确位置来结束。通过数列 $[5,8,6,3,9,2,1,7]$ 的排序过程，验证了当所有基准元素都找到正确的位置，数列的排序就完成了（见图 5.22）。

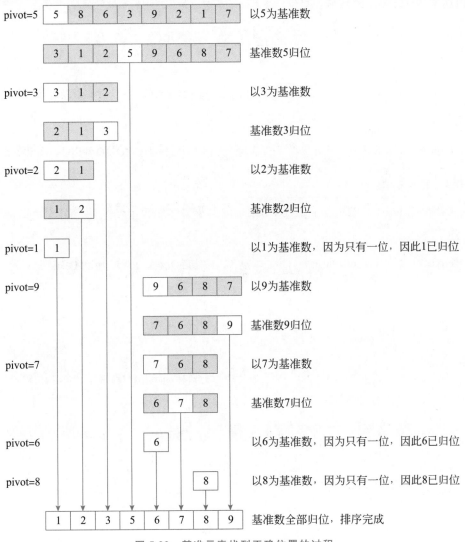

图 5.22 基准元素找到正确位置的过程

2. 单边循环法

单边循环法只从数列的一边对元素进行遍历和交换。

（1）开始和双边循环法相似，首先选定基准元素 pivot。同时，设置一个 mark 指针指向数列起始位置，这个 mark 指针代表小于基准元素的区域边界（见图 5.23）。

图 5.23 快速排序单边循环法排序初始状态

（2）接下来，从基准元素的下一个位置开始遍历数组。如果遍历到的元素大于基准元素，就继续往后遍历，如果遍历到的元素小于基准元素，则需要做以下两件事。

第一，把 mark 指针右移 1 位。因为小于 pivot 的区域边界增大了 1。

第二，让最新遍历到的元素和 mark 指针所在位置的元素交换位置。因为最新遍历的元素归属于小于 pivot 的区域（见图 5.24）。

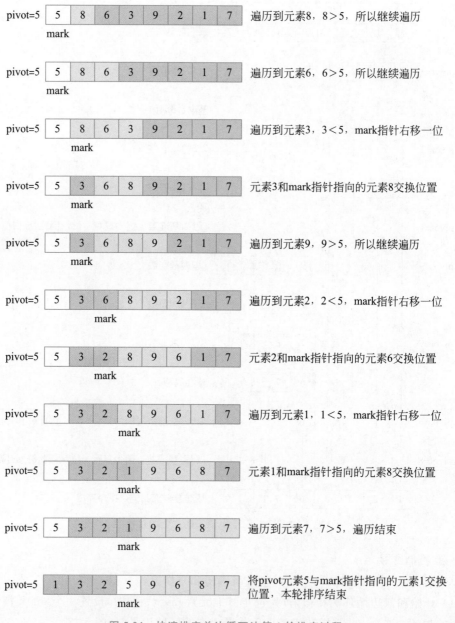

图 5.24　快速排序单边循环法第 1 轮排序过程

（3）按照这个思路，采用递归的方式分别对元素 5 左侧的前半部分排序，再对元素 5 右侧的后半部分排序（见图 5.25）。

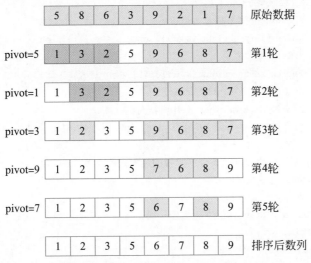

图 5.25 快速排序单边循环法各轮排序过程

5.5.4 快速排序算法的代码实现

扫描二维码获取实现快速排序算法的详细代码。代码 5.5 仅展示核心代码。

快速排序算法
的代码实现

【代码 5.5】

```
1  / * *
2   * 快速排序:双边循环法及单边循环法
3   * 时间复杂度:O(nlogn)
4   */
5  public class QuickSort {
6      public static void quickSort(int[] arr, int start, int end) {
7          //递归结束条件:start 大于或等于 end 时
8          if (start < end) {
9              //得到基准元素位置
10             int pivot = partition2(arr, start, end);
11             //System.out.println(pivot);
12             //根据基准元素,分成两部分进行递归排序
13             quickSort(arr, start, pivot - 1);
14             quickSort(arr, pivot + 1, end);
15         }
16     }
17
18     //分治(双边循环法)
19     private static int partition(int[] arr, int start, int end) {
20         //取第 1 个位置(也可以选择随机位置)的元素作为基准元素
21         int pivot = arr[start];
22         System.out.println(" - - -" + pivot);
23         int left = start;
24         int right = end;
25         //System.out.println(pivot);
```

```
26              while (left < right) {
27                  //right 指针左移
28                  while (left < right && arr[right] >= pivot) right - -;
29                  //left 指针右移
30                  while (left < right && arr[left] <= pivot) left + +;
31                  if (left >= right) break;
32                  //交换 left 和 right 指针所指向的元素
33                  arr[left] = arr[left] + arr[right] - (arr[right] = arr[left]);
34              }
35              //将基准元素与指针重合点所指的元素进行交换
36              arr[start] = arr[left];
37              arr[left] = pivot;
38              System.out.println("快速排序 - 第" + ( + + loop) + "轮排序结果为:" + Arrays.
                toString(arr));
39              return left;
40          }
41
42          //分治(单边循环法)
43          private static int partition2(int[] arr, int start, int end) {
44              //取第 1 个位置(也可以选择随机位置)的元素作为基准元素
45              int pivot = arr[start];
46              System.out.println(" - - -" + pivot);
47              int mark = start;
48              for (int i = start + 1; i <= end; i + +) {
49                  if (arr[i] < pivot) {
50                      mark + +;
51                      //交换数据
52                      arr[mark] = arr[mark] + arr[i] - (arr[i] = arr[mark]);
53                  }
54              }
55              //将基准元素与指针所指的元素进行交换
56              arr[start] = arr[mark];
57              arr[mark] = pivot;
58              System.out.println("快速排序单边循环 - 第" + ( + + loop) + "轮排序结果为:" +
                Arrays.toString(arr));
59              return mark;
60          }
61      }
```

运行结果：

快速排序 - 原始数据:[5, 8, 6, 3, 9, 2, 1, 7]
快速排序 - 第 1 轮排序结果为:[3, 1, 2, 5, 9, 6, 8, 7]
快速排序 - 第 2 轮排序结果为:[2, 1, 3, 5, 9, 6, 8, 7]
快速排序 - 第 3 轮排序结果为:[1, 2, 3, 5, 9, 6, 8, 7]
快速排序 - 第 4 轮排序结果为:[1, 2, 3, 5, 7, 6, 8, 9]
快速排序 - 第 5 轮排序结果为:[1, 2, 3, 5, 6, 7, 8, 9]

5.5.5 快速排序算法总结

（1）快速排序算法的最坏情况时间复杂度和冒泡排序一样是 $O(n^2)$，快速排序的平均时间复杂度为 $O(n\log n)$。

（2）快速排序的空间复杂度是 $O(n\log n)$。

（3）快速排序是非原地排序。

（4）快速排序过程中会导致元素的前后位置发生较大的换位，所以快速排序是不稳定排序。

5.6　堆排序算法

5.6.1　堆排序算法的概念

堆排序（heap sort）算法是利用堆这种数据结构所设计的一种排序算法。堆排序属于选择排序算法的一种，该算法是对普通选择排序算法的改进。

5.6.2　堆排序算法的基本原理

堆排序算法

对图 5.26 和图 5.27 中的结点按层进行编号（层序遍历），将这种逻辑结构映射到数组中，形成以下两个数组：

arr1 = [60, 55, 50, 40, 45, 35, 30, 25, 20];

arr2 = [20, 25, 30, 45, 50, 40, 35, 60, 55];

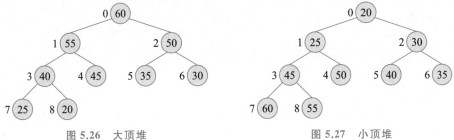

图 5.26　大顶堆　　　　　　　　图 5.27　小顶堆

用简单的公式来描述堆的定义如下。

大顶堆：$arr[i] >= arr[2i+1]$ && $arr[i] >= arr[2i+2]$。

小顶堆：$arr[i] <= arr[2i+1]$ && $arr[i] <= arr[2i+2]$。

将待排序数列构造成一个大顶堆，此时整个数列的最大值就是堆顶的根结点，将其与末尾元素进行交换，此时末尾就为最大值。然后将剩余 $n-1$ 个元素重新构造成一个大顶堆，将堆顶与末尾元素交换位置，这样会得到倒数第二个最大值。如此反复执行，最终形成一个有序序列。

5.6.3 堆排序算法的实现步骤

将无序数列构造成一个大顶堆（一般升序采用大顶堆，降序采用小顶堆）。接下来以数列[5，8，6，3，9，2，1，7]为例（见图5.28），来说明堆排序的步骤。

（1）从最后一个非叶子结点开始（结点索引为 arr.length/2−1=8/2−1=3，也就是索引下标为3的结点）。用该非叶子结点与左右子结点进行大小比对，因为3<7，所以3和7交换位置（见图5.29）。

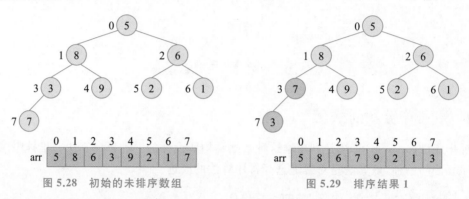

图5.28 初始的未排序数组　　　　　　图5.29 排序结果1

（2）找到倒数第二个非叶结点6,6 和左右子结点形成集合[6,2,1]，由于6最大，所以无须交换位置。

（3）找到倒数第三个非叶结点8,8 和左右子结点形成集合[8,7,9]，由于8<9，所以8和9交换位置（见图5.30）。

（4）找到倒数第四个非叶结点5,5 和左右子结点形成集合[5,9,6]，其中9最大，5和9交换位置（见图5.31）。

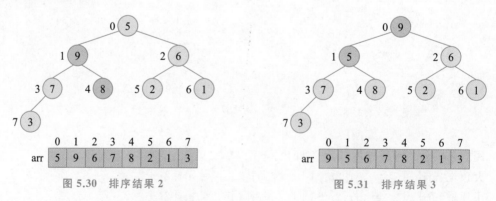

图5.30 排序结果2　　　　　　图5.31 排序结果3

（5）经过交换，导致了左子根[5,7,8]不符合大顶堆的特征，继续调整，[5,7,8]中8最大，5和8交换位置（见图5.32）。此时，一个无序数列构成了一个大顶堆。

（6）将堆顶元素9与末尾元素3进行交换，使队列的末尾元素最大。此后元素9将不再参与后续排序（见图5.33）。

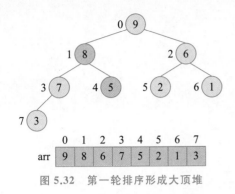

图 5.32 第一轮排序形成大顶堆

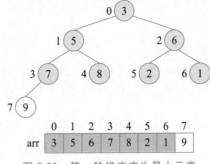

图 5.33 第一轮排序产生最大元素

（7）剩下的元素继续调整，形成新的大顶堆，再将堆顶元素与末尾元素交换，得到倒数第二大的元素。如此反复进行交换、调整、再交换（见图 5.34～图 5.40）。

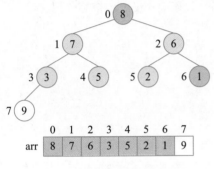

图 5.34 第二轮排序形成大顶堆

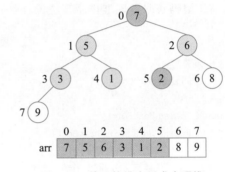

图 5.35 第三轮排序形成大顶堆

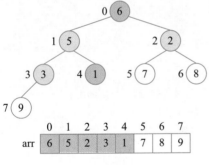

图 5.36 第四轮排序形成大顶堆

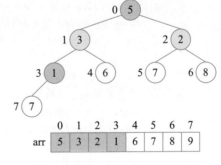

图 5.37 第五轮排序形成大顶堆

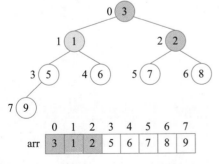

图 5.38 第六轮排序形成大顶堆

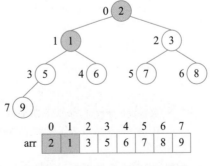

图 5.39 第七轮排序形成大顶堆

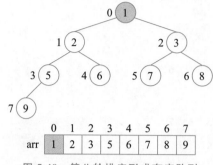

图 5.40　第八轮排序形成有序队列

堆排序算法
的代码实现

5.6.4　堆排序算法的代码实现

扫描二维码获取实现堆排序算法的详细代码。代码 5.6 仅展示核心代码。

【代码 5.6】

```
1   /*
2    * 堆排序
3    * 时间复杂度:O(nlogn)
4    */
5   public class HeapSort {
6       public static void heapSort(int[] arr) {
7           //1. 把无序数组构建成大顶堆
8           //从最后一个非叶子结点开始(第一个非叶子结点 arr.length/2 - 1),从左至右,从下至
                上进行调整
9           for (int i = arr.length / 2 - 1; i >= 0; i - -) {
10              adjustHeap(arr, i, arr.length);
11              System.out.println(" - - -" + Arrays.toString(arr));
12          }
13
14          //2. 调整堆结构 + 交换堆顶元素与末尾元素,调整堆产生新的堆顶
15          for (int i = arr.length - 1; i > 0; i - -) {
16              //最后 1 个元素和第 1 个元素进行交换
17              arr[0] = arr[0] + arr[i] - (arr[i] = arr[0]);
18              //"下沉"调整成大顶堆
19              adjustHeap(arr, 0, i);
20              System.out.println(" = =" + Arrays.toString(arr));
21          }
22      }
23
24      /**
25       * @param arr 待排序数组
26       * @param parentIndex 表示非叶子结点的索引
27       * @param length 表示需要排序的元素个数
28       */
29      public static void adjustHeap(int[] arr, int parentIndex, int length) {
30          //先取出当前非叶子结点的值,放到临时变量,用于最后的赋值
```

```
31            int temp = arr[parentIndex];
32            int childIndex = 2 * parentIndex + 1;
33            while (childIndex < length) {
34                //如果有右子结点,且右子结点大于左子结点的值,则定位到右子结点
35                if (childIndex + 1 < length && arr[childIndex + 1] > arr[childIndex]) {
36                    childIndex++;
37                }
38                //如果父结点大于任何一个子结点的值,则直接跳出
39                if (temp >= arr[childIndex]) {
40                    break;
41                }
42                //无须真正交换,单向赋值即可
43                arr[parentIndex] = arr[childIndex];
44                parentIndex = childIndex;
45                //下一个左子结点
46                childIndex = 2 * childIndex + 1;
47            }
48            arr[parentIndex] = temp;
49        }
50    }
```

运行结果:

```
堆排序-原始数据:[5, 8, 6, 3, 9, 2, 1, 7]
堆排序-第1轮结果为:[9, 8, 6, 7, 5, 2, 1, 3]
堆排序-第2轮结果为:[8, 7, 6, 3, 5, 2, 1, 9]
堆排序-第3轮结果为:[7, 5, 6, 3, 1, 2, 8, 9]
堆排序-第4轮结果为:[6, 5, 2, 3, 1, 7, 8, 9]
堆排序-第5轮结果为:[5, 3, 2, 1, 6, 7, 8, 9]
堆排序-第6轮结果为:[3, 1, 2, 5, 6, 7, 8, 9]
堆排序-第7轮结果为:[2, 1, 3, 5, 6, 7, 8, 9]
堆排序-第8轮结果为:[1, 2, 3, 5, 6, 7, 8, 9]
```

5.6.5　堆排序算法的总结

（1）堆排序的时间复杂度无论最好、最坏、平均都是 $O(n\log n)$。

（2）堆排序的空间复杂度是 $O(1)$。

（3）堆排序是原地排序算法。

（4）堆排序是不稳定排序。

5.7　希尔排序算法

5.7.1　希尔排序算法的概念

希尔排序（Shell's sort）算法是插入排序算法的一种,又称缩小增量排序（diminishing increment sort）,希尔排序算法因 Shell 于 1959 年提出而得名。

希尔排序算法

希尔排序是基于直接插入排序进行改进而形成的排序算法。它是直接插入排序算法的一种更高效的改进版本。

直接插入排序本身还不够高效，它每次只能将数据移动一位，当有大量数据需要排序时，需要大量的移位操作。但是直接插入排序在对几乎已经排好序的数据操作时，效率很高，几乎可以达到线性排序的效率。所以，如果能对数据进行初步排列达到基本排序，然后用直接插入排序就会大大提高排序效率。希尔排序算法正是基于此思路而形成的。

5.7.2　希尔排序算法的实现步骤

把元素按步长 gap 分组，gap 的数值就是分组的个数。gap 的起始值为数列长度的一半，每循环一轮 gap 减为原来的一半。对每组元素采用直接插入排序算法进行排序。随着步长逐渐减小，组就越少，组中包含的元素就越多。当步长值减小到 1 时，整个数据合成一组，最后再对这一组数列用直接插入排序进行最后的调整，最终完成排序。

gap 不为 1 的分组排序，就是在对数列进行初步排序，直到 gap 为 1，让直接插入排序达到最高效率。

接下来以无序数列 $[5,8,6,3,9,2,1,7,4]$ 为例，来说明希尔排序的实现步骤。

（1）第 1 轮排序，$gap=length/2=4$，也就是将数列分成四组。

四个组的元素分别是 $[5,9,4]$，$[8,2]$，$[6,1]$，$[3,7]$，这四个组分别执行直接插入排序后结果为 $[4,5,9]$，$[2,8]$，$[1,6]$，$[3,7]$。合并四个组的结果，第 1 轮排序后得到的结果就是 $[4,2,1,3,5,8,6,7,9]$（见图 5.41）。

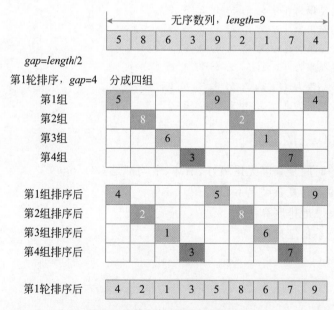

图 5.41　第 1 轮排序过程及结果

（2）第 2 轮排序，$gap=2$，将数列分成 2 组。

两个组的元素分别是 $[4,1,5,6,9]$ 和 $[2,3,8,7]$，这两个组分别执行直接插入排序后结果为$[1,4,5,6,9]$和$[2,3,7,8]$。合并两个组的结果,则第 2 轮排序后得到的结果是$[1,2,4,$ $3,5,7,6,8,9]$(见图 5.42)。

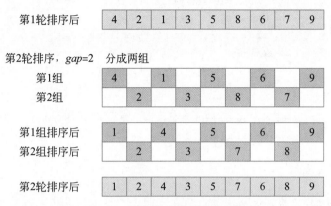

图 5.42 第 2 轮排序过程及结果

（3）第 3 轮排序,$gap=1$,数列就是一个组。

该组的元素是$[1,2,4,3,5,7,6,8,9]$,这个组执行直接插入排序后结果为$[1,2,3,4,5,$ $6,7,8,9]$,这个结果就是第 3 轮排序后得到的结果。此时排序完成(见图 5.43)。

图 5.43 第三轮排序过程及结果

5.7.3 希尔排序算法的代码实现

扫描二维码获取实现希尔排序算法的详细代码。代码 5.7 仅展示核心代码。

【代码 5.7】

希尔排序算法
的代码实现

```
1  /**
2   * 希尔排序
3   */
4  public class ShellSort {
5      //希尔排序的交换法。交换法好理解,但是性能略低
6      public static void shellSort(int[] arr) {
7          //记录排序轮数,用于测试
8          int loop = 0;
9          //定义增量 gap,起始值为数列长度的一半,每循环一轮减为原来的一半
10         for (int gap = arr.length / 2; gap > 0; gap /= 2) {
```

```
11              //对一个步长区间进行比较 [gap, arr.length)
12              for (int i = gap; i < arr.length; i + +) {
13                  //对步长区间中具体的元素进行比较
14                  for (int j = i - gap; j >= 0; j - = gap) {
15                      if (arr[j] <= arr[j + gap]) break;
16                      //换位
17                      arr[j] = arr[j] + arr[j + gap] - (arr[j + gap] = arr[j]);
18                  }
19              }
20              System.out.println("希尔排序 - 第" + ( + + loop) + "排序轮结果为:" +
                Arrays.toString(arr));
21          }
22      }
23
24      //希尔排序移动法
25      public static void shellSort2(int[] arr) {
26          int loop = 0;
27          //gap 为步长,每次减为原来的一半.
28          for (int gap = arr.length / 2; gap > 0; gap /= 2) {
29              //共 gap 个组,对每一组都执行直接插入排序
30              for (int i = gap; i < arr.length; i + +) {
31                  int j = i;
32                  int temp = arr[j];
33                  //如果 a[j] < a[j - gap],则寻找 a[j]位置,并将后面数据的位置都后移
34                  if (arr[j] < arr[j - gap]) {
35                      while (j - gap >= 0 && arr[j - gap] > temp) {
36                          arr[j] = arr[j - gap];
37                          j - = gap;
38                      }
39                      arr[j] = temp;
40                  }
41              }
42              System.out.println("希尔排序 - 第" + ( + + loop) + "轮排序结果为:" +
                Arrays.toString(arr));
43          }
44      }
45
46      //希尔排序移动法 2
47      public static void shellSort3(int[] arr) {
48          int count = 0;
49          //gap 为步长,每次减为原来的一半
50          for (int gap = arr.length / 2; gap > 0; gap /= 2) {
51              //共 gap 个组,对每一组都执行直接插入排序
52              for (int i = 0; i < gap; i + +) {
53                  for (int j = i + gap; j < arr.length; j + = gap) {
54                      count + + ;
55                      //如果 a[j] < a[j - gap],则寻找 a[j]位置,并将后面数据的位置都后移
56                      if (arr[j] < arr[j - gap]) {
```

```
57                        int tmp = arr[j];
58                        int k = j - gap;
59                        while (k >= 0 && arr[k] > tmp) {
60                            arr[k + gap] = arr[k];
61                            k -= gap;
62                        }
63                        arr[k + gap] = tmp;
64                    }
65                }
66            }
67        }
68    }
69  }
```

运行结果：

希尔排序-原始数据:[5, 8, 6, 3, 9, 2, 1, 7, 4]
希尔排序-第1轮排序结果为:[4, 2, 1, 3, 5, 8, 6, 7, 9]
希尔排序-第2轮排序结果为:[1, 2, 4, 3, 5, 7, 6, 8, 9]
希尔排序-第3轮排序结果为:[1, 2, 3, 4, 5, 6, 7, 8, 9]

5.7.4　希尔排序算法的总结

（1）希尔排序算法的时间复杂度与增量（即步长 gap）的选取有关。例如，当增量为 1 时，希尔排序退化成了直接插入排序，此时最坏情况时间复杂度为 $O(n^2)$，而具有增量的希尔排序的平均时间复杂度为 $O(n^{1.3})$，希尔排序最好情况时间复杂度是 $O(n)$。

（2）希尔排序的空间复杂度是 $O(1)$。希尔排序是原地排序。

（3）直接插入排序是稳定的，不会改变相同元素的相对顺序，但在不同的插入排序过程中，相同的元素可能在各自的插入排序中移动，最后其稳定性就会被打乱。换句话说，对于相同的两个数，可能分在不同的组中而导致它们的顺序发生变化。所以希尔排序是不稳定排序。

5.8　归并排序算法

5.8.1　归并排序算法的概念

归并排序（merge sort）算法是一个采用分治算法的典型应用。归并排序算法的思想是先递归分解数组，再合并数组。

归并排序算法把序列分成长度相同的两个子序列，当无法继续往下分时（也就是每个子序列中只有一个数据时），就对子序列进行归并。归并指的是把两个排好序的子序列合并成一个有序序列。该操作会一直重复执行，直到所有子序列都归并为一个整体为止。

归并排序有多路归并排序、二路归并排序，可用于内排序，也可以用于外排序。一般常用二路归并排序。

归并排序算法

5.8.2 二路归并排序算法的实现步骤

二路归并排序算法的整体思想是分而治之(divide-conquer)，用到了分治算法思维。每个递归过程涉及以下三个步骤。

第1步，分解。把待排序的 n 个元素的序列分解成两个子序列，每个子序列包括 $n/2$ 个元素。

第2步，治理。对每个子序列分别调用归并排序，递归操作。

第3步，合并。合并两个排好序的子序列，生成排序结果。

接下来以无序数列[5,8,6,3,9,2,1,7]为例说明归并排序的实现步骤。

(1) 对无序数列[5,8,6,3,9,2,1,7]对半分解，形成两个子序列[5,8,6,3]和[9,2,1,7]。

(2) 继续分解，直到无法继续往下分割为止，即每个子序列中只有一个数据(见图5.44)。

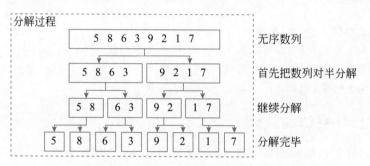

图 5.44　归并排序的分解数据过程

(3) 接下来对分解后的元素进行合并，合并时需要将数字按从小到大的顺序排列。首先把 5 和 8 合并，合并后的顺序为[5,8]。经过第 1 轮合并，形成序列[5,8,6,3,9,2,1,7]（见图 5.45）。

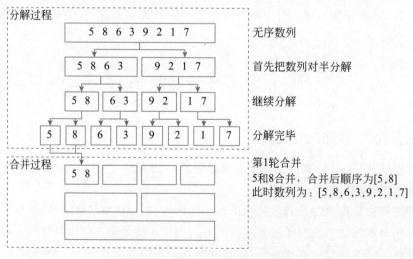

图 5.45　归并排序的第 1 轮合并

(4) 接下来将 6 和 3 合并，合并后的顺序为[3,6]。经过第 2 轮合并，形成序列[5,8,3,

6,9,2,1,7](见图 5.46)。

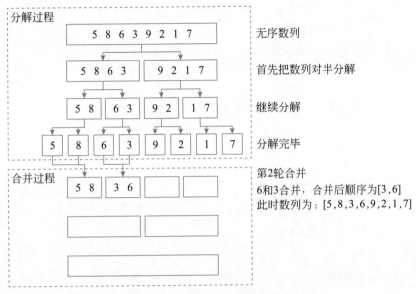

图 5.46 归并排序的第 2 轮合并

（5）接下来合并[5,8]和[3,6]。合并含有多个数字的序列时,要先比较首位数字,再移动较小的数字。首先比较 5 和 3,由于 5>3,所以先选出 3。此时剩下[5,8]和[6],再次比较序列中的首位数字 5 和 6,由于 5<6,所以选出 5。还剩下[8]和[6]进行比较,由于 8>6,所以先选出 6 再选出 8。根据选出的顺序形成[3,5,6,8]。经过第 3 轮合并,形成序列[3,5,6,8,9,2,1,7](见图 5.47)。

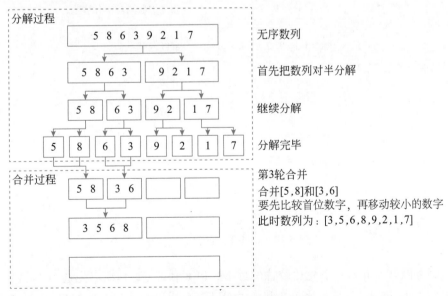

图 5.47 归并排序的第 3 轮合并

（6）接下来 9 和 2 合并,合并后顺序为[2,9],经过第 4 轮合并,形成序列[3,5,6,8,2,

9,1,7](见图 5.48)。

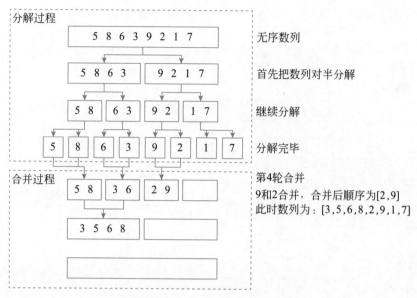

图 5.48　归并排序的第 4 轮合并

（7）接下来 1 和 7 合并，合并后顺序为[1,7]，经过第 5 轮合并，形成序列[3,5,6,8,2,9,1,7]（见图 5.49）。

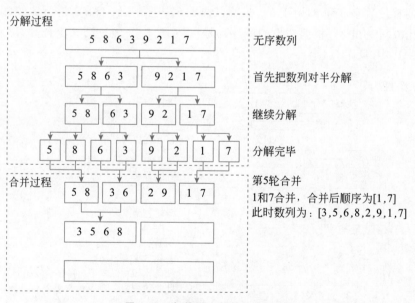

图 5.49　归并排序的第 5 轮合并

（8）合并[2,9]和[1,7]。先比较首位数字 2 和 1，由于 2＞1，所以先选出 1，再比较 2 和 7，由于 2＜7，所以选出 2，最后比较 9 和 7，由于 9＞7，所以先选出 7 再选出 9。根据选出的顺序形成[1,2,7,9]，此时数列为[3,5,6,8,1,2,7,9]（见图 5.50）。

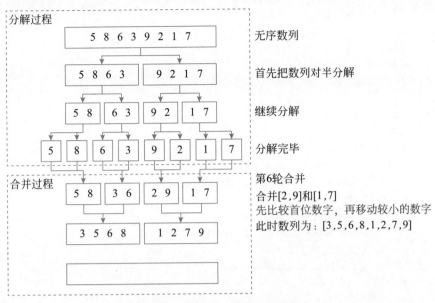

图 5.50　归并排序的第 6 轮合并

（9）合并[3,5,6,8]和[1,2,7,9]。按照先比较首位数字,再移动较小的数字的原则,最后形成数列为[1,2,3,5,6,7,8,9]。此时排序完成(见图 5.51)。

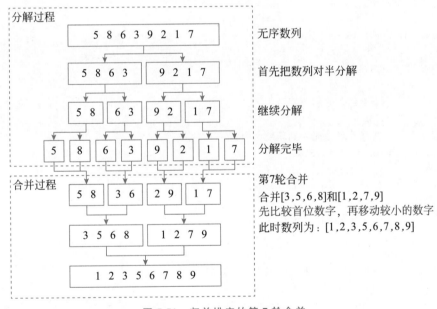

图 5.51　归并排序的第 7 轮合并

5.8.3　二路归并排序算法的代码实现

扫描二维码获取实现二路归并排序算法的详细代码。代码 5.8 仅展示核心代码。

二路归并排序
算法的代码实现

【代码5.8】

```
1   /**
2    * 归并排序
3    * 时间复杂度：O(nlogn)
4    * 两路归并排序算法
5    */
6   public class MergeSort {
7       //排序
8       public static void mergeSort(int[] arr, int start, int end) {
9           int mid = (start + end) / 2;
10          //递归结束条件：start 大于或等于 end 时
11          if (start < end) {
12              mergeSort(arr, start, mid);
13              mergeSort(arr, mid + 1, end);
14              //左右归并
15              merge(arr, start, mid, end);
16          }
17      }
18
19      //归并
20      public static void merge(int[] arr, int start, int mid, int end) {
21      //定义临时数组，用来存放两路中的数值。两路中较小的数值先被放入，直到全部放入临时
        数组中
22          int[] temp = new int[end - start + 1];
23          //两路归并：左路的索引下标
24          int i = start;
25          //两路归并：右路的索引下标
26          int j = mid + 1;
27          //新数组的索引下标
28          int n = 0;
29          //把较小的数先移到新数组中
30          while (i <= mid && j <= end) {
31              if (arr[i] < arr[j]) {
32                  temp[n++] = arr[i++];
33              } else {
34                  temp[n++] = arr[j++];
35              }
36          }
37          //把左路剩余数据全部移入临时数组
38          while (i <= mid) {
39              temp[n++] = arr[i++];
40          }
41          //把右路剩余数据全部移入临时数组
42          while (j <= end) {
43              temp[n++] = arr[j++];
44          }
45          //遍历临时数组，将其中的数据全部导入原数组，覆盖原 arr 中数据
46          for (int m = 0; m < temp.length; m++) {
```

```
47              arr[m + start] = temp[m];
48          }
49          System.out.println("归并排序 - 第" + ( + + loop) + "轮结果为:" + Arrays.
            toString(arr));
50      }
51  }
```

运行结果：

归并排序 - 原始数据:[5, 8, 6, 3, 9, 2, 1, 7]
归并排序 - 第 1 轮结果为:[5, 8, 6, 3, 9, 2, 1, 7]
归并排序 - 第 2 轮结果为:[5, 8, 3, 6, 9, 2, 1, 7]
归并排序 - 第 3 轮结果为:[3, 5, 6, 8, 9, 2, 1, 7]
归并排序 - 第 4 轮结果为:[3, 5, 6, 8, 2, 9, 1, 7]
归并排序 - 第 5 轮结果为:[3, 5, 6, 8, 2, 9, 1, 7]
归并排序 - 第 6 轮结果为:[3, 5, 6, 8, 1, 2, 7, 9]
归并排序 - 第 7 轮结果为:[1, 2, 3, 5, 6, 7, 8, 9]

5.8.4　归并排序算法的总结

（1）归并排序的时间复杂度无论最好情况还是最坏情况均是 $O(n\log n)$。

（2）归并排序需要一个辅助向量来暂存两个有序子序列归并的结果，故其空间复杂度为 $O(n)$。

（3）归并排序属于非原地排序算法。

（4）归并排序是稳定排序。

5.9　桶排序算法

5.9.1　桶排序算法的概念

桶排序

桶排序（bucket sort）算法顾名思义会用到"桶"，其核心思想是将要排序的数据分到几个有序的桶里，每个桶里的数据单独进行排序。桶内排完序之后，再把每个桶里的数据按照顺序依次取出，组成的序列就是有序的了。因为实际排序中，通常对每个桶中的元素都继续使用其他排序算法进行排序，所以更多的时候，桶排序会结合其他排序算法一起使用。

桶排序是一种线性时间复杂度的排序算法。桶排序需要创建若干个桶来协助排序，每一个桶（bucket）代表一个区间范围，里面可以承载一个或多个元素。桶排序算法不是一个基于比较的排序算法，属于非比较类排序算法。

桶排序对排序的数据要求苛刻，主要有以下三方面。

（1）要排序的数据需要很容易就能划分成 m 个桶，并且桶与桶之间有着天然的大小顺序。

（2）数据在各个桶之间的分布是比较均匀的。

（3）桶排序比较适合用在外部排序中。所谓的外部排序就是数据存储在外部磁盘中，数据量比较大而内存有限，无法将数据全部加载到内存中。

5.9.2　桶排序算法的实现步骤

桶排序算法可以实现对非整数数列进行排序。接下来以非整数数列[4.5, 0.84, 3.25, 2.18, 0.5]为例来讲解桶排序的实现步骤。

第 1 步，创建桶并确定每一个桶的区间范围。具体需要建立多少个桶，如何确定桶的区间范围，有很多种不同的方式。本例中我们创建的桶数量等于原始数列的元素数量，各个桶的区间数值范围按照比例来确定。

$$区间跨度 = (最大值 - 最小值)/(桶的数量 - 1)$$

对于数列[4.5, 0.84, 3.25, 2.18, 0.5]来说，选择桶的个数为 5（见图 5.52），可以计算出区间跨度为 1.0。则每个桶的元素区间范围就可以确定。

- 0 号桶：取值范围[0.5~1.5)。
- 1 号桶：取值范围[1.5~2.5)。
- 2 号桶：取值范围[2.5~3.5)。
- 3 号桶：取值范围[3.5~4.5)。
- 4 号桶：取值范围[4.5~5.5]。

用以下公式可以计算某个元素应该在哪个桶里。

$$桶编号 = (int)((元素数值 - 最小值)/区间跨度)$$

图 5.52　第 1 步创建桶并确定区间范围

第 2 步，遍历原始数列，把元素对号入座放入各个桶中（见图 5.53）。

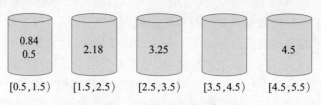

图 5.53　桶排序第 2 步

第 3 步，对每个桶内部的元素分别进行排序（本例中只有第 1 个桶需要排序）（见图 5.54）。

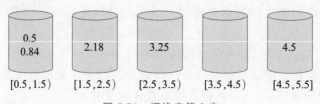

图 5.54　桶排序第 3 步

第 4 步,遍历所有的桶,输出所有元素[0.5,0.84,2.18,3.25,4.5]。

5.9.3　桶排序算法的代码实现

桶排序算法
的代码实现

扫描二维码获取实现桶排序算法的详细代码。代码 5.9 仅展示核心代码。

【代码 5.9】

```
1   /* *
2    * 桶排序
3    * 平均时间复杂度:O(n + k)
4    * 最佳时间复杂度:O(n)
5    * 最差时间复杂度:O(n²)
6    * 空间复杂度:O(n + k)
7    * 稳定性:稳定
8    * 桶排序最好情况下使用线性时间 O(n)
9    * 桶排序的时间复杂度,取决于对各个桶之间数据进行排序的时间复杂度,因为其他部分的时间
        复杂度都为 O(n)
10   * 桶划分的越小,各个桶之间的数据越少,排序所用的时间也会越少。但相应的空间消耗就会
        增大
11   */
12  public class BucketSort {
13      /* *
14       * 序列:4.5、0.84、3.25、2.18、0.5
15       * 区间跨度 = (最大值 - 最小值)/(桶的数量 - 1)
16       * 区间跨度 = 1.0
17       * 0.5 - 1.5 (0 号桶中:0.84, 0.5)
18       * 1.5 - 2.5 (1 号桶中:2.18)
19       * 2.5 - 3.5 (2 号桶中:3.25)
20       * 3.5 - 4.5 (3 号桶中:空)
21       * 4.5 - 5.5 (4 号桶中:4.5)
22       * 判断当前数据在某个区域的公式
23       * 桶编号 = (int)((元素数值 - 最小值) / 区间跨度)
24       */
25      public static void bucketSort(double[] arr) {
26          double max = arr[0];
27          double min = arr[0];
28          //获得最大值和最小值之间的差
29          for (int i = 0; i < arr.length; i + + ) {
30              if (arr[i] > max) max = arr[i];
31              if (arr[i] < min) min = arr[i];
32          }
33          double diff = max - min;
34          //桶初始化
35          int bucketCount = arr.length;
36            List < LinkedList < Double > > buckets = new ArrayList < LinkedList < Double > >
                (bucketCount);
37          for (int i = 0; i < bucketCount; i + + ) {
38              buckets.add(new LinkedList<Double>());
```

```
39              }
40              //将每个元素放入桶中
41              //区间跨度 = (最大值 - 最小值)/(桶的数量 - 1)
42              double span = diff / (bucketCount - 1);
43              //System.out.println("- - - -区间跨度为:" + span);
44              for (int i = 0; i < arr.length; i++) {
45                  //获取当前数据应该放在哪个区间内,也就是获取桶的编号
46                  //桶编号 = (int)((元素数值 - 最小值) / 区间跨度);
47                  int num = (int)((arr[i] - min) / span);
48                  //System.out.println("- - -桶编号:" + num);
49                  buckets.get(num).add(arr[i]);
50              }
51              //System.out.println("= = =" + buckets);
52
53              //对每个桶内部进行排序
54              for (int i = 0; i < buckets.size(); i++) {
55                  //对链表进行排序
56                  Collections.sort(buckets.get(i));
57              }
58
59              //将数据回填到原数组中
60              int index = 0;
61              for (LinkedList<Double> list : buckets) {
62                  for (double element : list) {
63                      arr[index++] = element;
64                  }
65              }
66          }
67 }
```

5.9.4　桶排序算法的总结

（1）建立的桶越多,每个桶里的数据就越少,排序所用的时间也会越少,但相应的空间消耗就会增大。当只建一个桶,且该桶内部使用冒泡排序时,时间复杂度为 $O(n^2)$,因此桶排序的最坏情况时间复杂度就是 $O(n^2)$。桶排序最好情况时间复杂度是 $O(n)$,平均时间复杂度是 $O(n+k)$（k 是桶的个数）。

（2）桶排序是非原地排序,空间复杂度是 $O(n+k)$。

（3）桶排序是稳定排序。

5.10　计数排序算法

5.10.1　计数排序算法的概念

计数排序算法

计数排序(count sort)算法于 1954 年由哈罗德·H. 苏厄德(Harold H. Seward)提出的。计数排序算法是利用数组下标来确定元素的正确位置。计数排序算法没有用到元素间的比

较,它利用元素的实际值来确定它们在输出数组中的位置。因此计数排序算法不是一个基于比较的排序算法,属于非比较类排序算法。

计数排序算法也是线性阶时间复杂度的排序算法。这里对元素的取值范围作了一定限制,即取值范围 k 小于等于数列中元素个数 n,如果 $k=n^2$ 或 n^3,也就是数据范围 k 比要排序的数据 n 多很多,就无法得到线性的时间复杂度,也就不适合使用计数排序了。

计数排序是典型的空间换时间的排序算法。

5.10.2　计数排序算法的实现步骤

计数排序其实就是最基本的桶排序。定义 n 个桶,每个桶一个编号,将数据放入相应桶中的过程中,计算每个桶中放了多少个数据。所以叫作计数排序。

(1) 以数列 $[7,3,2,1,9,7,5,4,3,6,8]$ 为例,该数列最大值为 9,最小值为 1,取值范围为 8,符合计数排序的应用场景。建立一个长度为 10 的数组作为桶,桶编号从 0 到 9。

(2) 开始遍历这个无序数列,每一个整数对号入座(元素 1 进入 1 号桶,元素 2 进入 2 号桶,依此类推),同时记录每个桶里放置元素的个数(见图 5.55)。

桶中元素个数	0	1	1	2	1	1	1	2	1	1
桶编号	0	1	2	3	4	5	6	7	8	9

图 5.55　计数排序示例 1

根据图 5.55 中的桶编号和桶中元素个数输出排序后的数列。元素的值就是桶编号,对应桶中元素的个数就是输出次数。如果大于 1,则输出多次,如果是 0 则不输出。最后输出的数据就是原无序数列排序后的结果,$[1,2,3,3,4,5,6,7,7,8,9]$。

(3) 如果起始数不是从 0 开始,比如数列 $[95,94,91,98,99,90,99,93,91,92]$,数列起始数为 90。此时可以采用偏移量的方式来排序(如元素 90 的偏移量为 0,元素 91 的偏移量为 1),以数组中的最小值作为偏移量(见图 5.56)

桶中元素个数	1	2	1	1	1	1	0	0	1	2
桶编号	0	1	2	3	4	5	6	7	8	9

图 5.56　计数排序示例 2

原本输出 $[0,1,1,2,3,4,5,8,9,9]$,加上偏移量 90 后,实际数列为 $[90,91,91,92,93,94,95,98,99,99]$。

5.10.3　计数排序算法的代码实现

计数排序算法的代码实现

扫描二维码获取实现计数排序算法的详细代码。代码 5.10 仅展示核心代码。

【代码 5.10】

```
1  /**
2   * 计数排序
3   * 是最基本的桶排序。是典型的空间换时间的排序算法
4   * 计数排序适合于连续的取值范围不大的数组。不连续和取值范围过大会造成数组过大
```

```
 5      *  计数排序只能用在数据范围不大的场景中,如果数据范围 k 比要排序的数据 n 大很多,就不适
            合用计数排序了
 6      *  计数排序只能给非负整数排序,如果要排序的数据是其他类型的,要将其在不改变相对大小的
            情况下,转化为非负整数
 7      *  计数排序的时间复杂度是 O(n + k)
 8      *  n: 数据个数
 9      *  k: 数据范围
10     */
11     public class CountSort {
12         //无偏移量的计数排序
13         public static void countSort0(int[] arr, int n) {
14             //定义 n 个桶,每个桶一个编号,数据放到相应编号的桶中
15             //数组索引表示桶的编号,索引值就是数据的值
16             //如果该值为 1 说明只出现一次,如果大于 1,说明重复多次出现
17             int[] buckets = new int[n];
18             for (int i = 0; i < arr.length; i + + ) {
19                 + + buckets[arr[i]];
20             }
21             //System.out.println("桶数据为:" + Arrays.toString(buckets));
22             //将数据回填到原数组中
23             int index = 0;
24             for (int i = 0; i < buckets.length; i + + ) {
25                 if (buckets[i] > 0) {
26                     for (int j = 0; j < buckets[i]; j + + ) {
27                         arr[index + + ] = i;
28                     }
29                 }
30             }
31         }
32
33         /**
34          * 带有偏移量的排序
35          * 偏移量就是待排序数列的最小值。桶个数就是最大值和最小值的差值 + 1
36          * 计数排序,这种排序算法是利用数组下标来确定元素的正确位置的
37          * 定义 n 个桶,每个桶一个编号,数据放到相应编号的桶中
38          * 定义一个数组,数组索引表示桶的编号,索引值就是存放的数值
39          * 如果该值为 1 说明只出现一次,如果大于 1,说明重复多次出现
40          */
41         public static void countSort(int[] arr) {
42             //求取最大值和最小值的差值,差值 + 1 就是桶的个数
43             int max = arr[0];
44             int min = arr[0];
45             //遍历获取最大值和最小值
46             for (int i : arr) {
47                 if (i > max) max = i;
48                 if (i < min) min = i;
49             }
50
51             //桶的个数 = 差值 + 1
```

```
52              int[] buckets = new int[max - min + 1];
53              //往桶中放数据
54              for (int i = 0; i < arr.length; i++) {
55                  //桶编号 = 实际数值 - 最小数值
56                  int value = arr[i] - min;
57                  buckets[value]++;
58              }
59              System.out.println("桶数据为:" + Arrays.toString(buckets));
60              //将数据回填到原数组中
61              int index = 0;
62              for (int i = 0; i < buckets.length; i++) {
63                  if (buckets[i] > 0) {
64                      for (int j = 0; j < buckets[i]; j++) {
65                          //实际数值 = 桶编号 + 最小数值
66                          arr[index++] = i + min;
67                      }
68                  }
69              }
70          }
71  }
```

5.10.4 计数排序算法的总结

（1）计数排序算法适用于连续的取值范围不大的数列，如果数据范围 k 比要排序的数据 n 大很多，就不适合用计数排序了。计数排序的优势在于在对一定范围内的整数排序时，它的最好、最坏和平均时间复杂度均为 $O(n+k)$（其中 k 是整数的范围）。计数排序算法是一种牺牲空间换取时间的做法，当 k 过大时，计数排序的效率反而不如比较类的排序算法。

（2）空间复杂度：$O(n+k)$（k 是桶的个数）。

（3）计数排序是非本地排序。

（4）稳定性：计数排序是稳定排序。

5.11 基数排序算法

5.11.1 基数排序算法的概念

基数排序(radix sort)算法的发明可以追溯到 1887 年赫尔曼·何乐礼在打孔卡片制表机上的贡献。基数排序是桶排序的扩展，但是只使用 10 个桶。

基数排序的基本实现原理是将整数按位切割成不同的数字，然后按位数进行比较。基数排序是经典的空间换时间的算法，占用内存很大，当对海量数据排序时，容易造成内存不足。

基数排序算法

5.11.2 基数排序算法的步骤

以无序数列[64,32,90,76,11,93,85,44,18,21,65,89,57,11]为例，以基数排序算法来进行排序。

第 1 步:根据个位数的数值,将它们分配至编号 0～9 的桶中。然后将这些桶中的数据串起来,形成的数列为:[90,11,21,11,32,93,64,44,85,65,76,57,18,89](见图 5.57)。

桶编号	数 据
0	90
1	11,21,11
2	32
3	93
4	64,44
5	85,65
6	76
7	57
8	18
9	89

形成序列：90,11,21,11,32,93,64,44,85,65,76,57,18,89

图 5.57 基数排序的第 1 轮排序

第 2 步:将上一步形成的数列再进行一次分配,这次是根据十位数来分配。然后将这些桶中的数据串起来,形成的数列为[11,11,18,21,32,44,57,64,65,76,85,89,90,93](见图 5.58)。此时整个数列已经排序完毕。

桶编号	数 据
0	
1	11,11,18
2	21
3	32
4	44
5	57
6	64,65
7	76
8	85,89
9	90,93

形成序列：11,11,18,21,32,44,57,64,65,76,85,89,90,93

图 5.58 基数排序的第 2 轮排序

如果排序的数值是三位数以上,则持续进行以上的动作直至最高位数为止。

基数排序的实现有以下两种方式。

(1) 低位优先法(least significant digital,LSD),适用于位数较小的数排序。

(2) 高位优先法(most significant digital,MSD),适用于位数较多的情况。

MSD 的方式与 LSD 相反,是由高位数为基底开始进行分配,但在分配之后并不马上合并回一个数列中,而是在每个"桶"中建立"子桶",将每个桶中的数值按照下一数位的值分配到"子桶"中。在进行完最低位数的分配后再合并回单一的数列中。

基数排序算法
的代码实现

5.11.3 基数排序算法的代码实现

扫描二维码获取实现基数排序算法的详细代码。代码 5.11 仅展示核心代码。

【代码 5.11】

```
1   / * *
2    *  基数排序
3    *  基数排序的实现,有两种方式
4    *  低位优先法,适用于位数较小的数排序 简称 LSD(最低有效位 Least Significant Digit)
5    *  高位优先法,适用于位数较多的情况,简称 MSD(最高有效位 most significant digit)
6    *  这里实现低位优先法
7    */
8   public class RadixSort {
9       public static void radixSort(int[] arr) {
10          //求当前数组中的最大数,其位数就是需要重复操作的轮数
11          int max = arr[0];
12          for (int i = 1; i < arr.length; i++) {
13              if (arr[i] > max)
14                  max = arr[i];
15          }
16          //存贮最大的数的位数,用来判断需要进行几轮基数排序
17          int maxLen = (max + "").length();
18
19          //定义 10 个桶容器
20          //数组的第一维表示 0~9,二维下标按照最大可能 arr.length 来计算
21          //虽然额外浪费了内存空间。基数排序就是用空间换时间的算法
22          int[][] buckets = new int[10][arr.length];
23
24          //定义桶的计数器
25          //记录每个桶中放置数据的个数。数组元素共 10 个,表示 10 个桶
26          //数组索引表示桶的编号,索引对应的数值是该桶中的数据个数
27          int[] counter = new int[10];
28
29          //times 是记录重复操作轮数的计数器。重复次数取决了最大数值的位数
30          //循环中定义变量 n,用来表示位数。1 表示个位,10 表示十位,100 表示百位。目的是
                //获取数字每个位上的值
31          for (int times = 1, n = 1; times <= maxLen; times++, n *= 10) {
32              //遍历数值,放到桶中
33              for (int i = 0; i < arr.length; i++) {
34                  //获取元素个位、十位、百位上的数字.就是桶编号
35                  int lsd = ((arr[i] / n) % 10);
36
37                  //将数值放入桶中
38                  buckets[lsd][counter[lsd]] = arr[i];
39                  //计数器增加
40                  counter[lsd]++;
41              }
42              //数组索引下标。每轮结束都要形成新的数列,数组下标重新记录
```

```
43                    int index = 0;
44                    //从 10 个桶中取出数据,形成新的数列
45                    for (int i = 0; i < 10; i++) {
46                        //从有数据的桶中遍历数据
47                        if (counter[i] > 0) {
48                            for (int j = 0; j < counter[i]; j++) {
49                                arr[index++] = buckets[i][j];
50                            }
51                        }
52                        //遍历完数据,将计数器清空,下次重新计数
53                        counter[i] = 0;
54                    }
55                    System.out.println("第" + times + "轮后:" + Arrays.toString(arr));
56                }
57            }
58        }
```

运行结果:

基数排序原始数据:[64,32,90,76,11,93,85,44,18,21,65,89,57,11]
第 1 轮后:[90,11,21,11,32,93,64,44,85,65,76,57,18,89]
第 2 轮后:[11,11,18,21,32,44,57,64,65,76,85,89,90,93]

5.11.4 基数排序算法的总结

（1）基数排序的时间复杂度为 $O(d(n+k))$（k 为桶数,d 为位数）。基数排序的效率和初始序列是否有序没有关联。

（2）空间复杂度:对于任何位数上的基数进行"装桶"操作时,都需要 $n+k$ 个临时空间。所以空间复杂度是 $O(n+k)$。

（3）基数排序是非原地排序算法。

（4）稳定性:在基数排序过程中,每次都是将当前位数上相同数值的元素统一"装桶",并不需要交换位置,所以基数排序是效率高的稳定排序算法。

小　　结

本章讲解了十大排序算法。这是算法中非常重要的内容,必须熟练掌握。

冒泡排序是左右相邻的两个元素两两比较,将较大的数据移动到数列尾部。当两个元素数值相同时不换位,所以是稳定排序。如果数列本身已经排好序,最好情况时间复杂度可以达到 $O(n)$,平均时间复杂度是 $O(n^2)$,最坏情况时间复杂度为 $O(n^2)$。冒泡排序的空间复杂度是 $O(1)$。

选择排序的原理是将数列分成有序区间和无序区间。初始已排序区间为空。每次从无序区间中选出最小的元素放到有序区间的末尾,直到无序区间为空。选择排序会发生数据交换操作,所以是不稳定排序。选择排序最大的特点是无论数组的顺序是有序还是乱序,选择排序都需要花费一样的时间来计算,所以选择排序的最好、最坏和平均时间复杂度都为

$O(n^2)$。选择排序适用于数据量较小的情况其空间复杂度是 $O(1)$。

插入排序的原理是将数列分成有序区间和无序区间。初始已排序区间只包含数列的第一个元素。每次将无序区间的第一个元素插入到有序区间的末尾,插入后逐一与有序区间中前一个数据对比,如果小则往前移动,直到找到合适的位置。插入排序是稳定排序。当数列本身是有序的,插入排序的最好情况时间复杂度是 $O(n)$。当数列无序,最坏的情况时间复杂度是 $O(n^2)$,平均时间复杂度为 $O(n^2)$。插入排序的空间复杂度是 $O(1)$。

快速排序是对冒泡排序的改进,一般基于递归实现。选定一个合适的基准元素 pivot,排序过程就是在给基准元素找正确索引位置的过程。快速排序是不稳定排序。快速排序的最坏情况时间复杂度和冒泡排序一样都是 $O(n^2)$,平均时间复杂度是 $O(nlogn)$,最好情况时间复杂度是 $O(nlogn)$。快速排序的空间复杂度是 $O(nlogn)$。

堆排序是利用堆数据结构所设计的一种排序算法,是对普通选择排序算法的改进。堆排序和选择排序一样是不稳定排序。堆排序的最好、最坏、平均时间复杂度都是 $O(nlogn)$。堆排序的空间复杂度是 $O(1)$。

希尔排序是对直接插入排序算法的改进。把元素按步长 gap 分组,每循环一轮 gap 减为原来的一半。当 gap 减小到 1 时,整个数据合成一组,最后再用直接插入排序进行最后的调整,最终完成排序。当 gap 为 1 时,希尔排序就退化成了直接插入排序,所以最坏情况时间复杂度为 $O(n^2)$,希尔排序的平均时间复杂度是 $O(n^{1.3})$,最好情况时间复杂度是 $O(n)$。希尔排序的空间复杂度是 $O(1)$。希尔排序是不稳定排序。希尔排序没有快速排序算法快,对中等大小规模的数据表现良好,对规模非常大的数据不是最优选择。

归并排序是分治法的典型应用。归并排序的思想是先递归分解数组,再合并数组。归并排序是一种稳定的排序。归并排序的最好情况、最坏情况和平均时间复杂度均是 $O(nlogn)$。归并排序需要一个辅助向量来暂存有序子序列归并的结果,故空间复杂度为 $O(n)$。

桶排序的核心思想是将要排序的数据分到几个有序的桶里,每个桶里的数据单独进行排序。桶排序是稳定排序。桶排序的最好时间复杂度是 $O(n)$,最差时间复杂度是 $O(n^2)$,平均时间复杂度是 $O(n+k)$(k 是桶的个数),空间复杂度是 $O(n+k)$。

计数排序是基本的桶排序,是典型的空间换时间的算法,适用于连续且取值范围不大的数列。计数排序是稳定排序。计数排序的最好情况、最坏情况和平均时间复杂度都为 $O(n+k)$,空间复杂度是 $O(n+k)$(k 是桶的个数)。

基数排序的基本实现原理是将整数按位切割成不同的数字,然后按位数进行比较。基数排序是经典的空间换时间的算法,占用内存很大,当对海量数据排序时,容易造成内存不足。基数排序是稳定排序。基数排序跟数列是否有序无关,最好情况、最坏情况和平均时间复杂度都是 $O(d(n+k))$(k 是桶的个数,d 为位数),空间复杂度是 $O(n+k)$。

排序算法是软件开发人员的基本功,一定要牢牢掌握每一个排序算法的实现原理,要能做到手工推演算法实现步骤,最好能熟练掌握这些排序算法核心代码。

第6章 查找算法

在计算机应用中,查找是常用的基本运算。查找的定义是根据给定的某个值,在查找表中确定一个关键字等于给定值的数据元素(或记录)。查找表是由同一类型的数据元素(或记录)构成的集合。

对查找表经常进行的操作如下。

- 查询某个"特定的"数据元素是否在查找表中。
- 检索某个"特定的"数据元素的各种属性。
- 在查找表中插入一个数据元素。
- 从查找表中删除某个数据元素。

若对查找表只做前两种查找操作,则称此类查找表为静态查找表;若对查找表同时进行插入或删除操作,则称此类查找表为动态查找表。

常见的查找算法主要有线性查找、二分查找、插值查找以及斐波那契查找。插值查找和斐波那契查找是在二分查找的基础上进行优化而形成的查找算法。此外还有树表查找、分块查找(索引顺序查找)、哈希查找。这七种查找算法统称为七大查找算法。

根据查找表中元素是否有序,查找算法还分为无序查找和有序查找。

- 无序查找:查找表中的元素可以有序,也可以无序。
- 有序查找:查找表中的元素必须为有序排列。

6.1　线性查找算法

6.1.1　线性查找算法的概念

线性查找算法

线性查找(sequential search)也叫顺序查找算法,是最基本的一种查找方法。线性查找算法的实现思路是从给定的值中进行搜索,由一端开始逐一检查每个元素,直到找到所需元素,返回该元素的位置索引。线性查找算法属于无序查找算法。该算法针对的查找表中的元素可以有序,也可以无序。

6.1.2　线性查找算法的实现步骤

线性查找的基本思想是从查找表的一端开始,顺序扫描,从第一个开始,逐个将查找表中的元素和查找目标值进行比较,若某个元素的值和查找目标值相等,则查找成功,返回对应元素的位置索引。如果直到最后一个元素,都没有和查找目标值相等的元素,则查找表中没有所查的元素,查找失败。

　　线性查找可以返回第一个匹配的元素的位置索引,也就是返回一个整数,还可以将所有匹配的元素的位置索引都返回,也就是返回一个集合。

　　例如,从[5,8,6,3,9,2,1,7]中查找数字2。首先检查查找表第一个数字,将其与2进行比较。如果结果一致,查找便结束,不一致则向右检查下一个数字。重复上面的操作直到找到数字2为止。当找到2,查找结束,返回2所在的位置索引(见图6.1)。

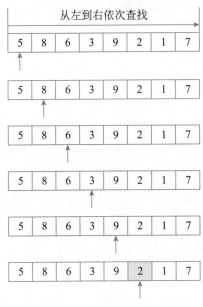

图 6.1　线性查找示意

6.1.3　线性查找算法的代码实现

　　线性查找算法的代码实现如代码6.1所示。

【代码6.1】

线性查找算法
的代码实现

```
1   /**
2    * 线性查找(顺序查找)
3    */
4   public class SequentialSearch {
5       public static void main(String[] args) {
6           int[] arr = makeArr();
7           System.out.println("原始数组:" + Arrays.toString(arr));
8
9           int target = 1;//要查找的目标值
10          List pos = sequentialSearchList(arr, target);
11          System.out.println("目标值:" + target + "所在的索引位置为:" + pos);
12      }
13
14      public static int[] makeArr() {
15          //定义一个整数类型数组,用于排序的原始数据
16          int[] arr = {1, 6, 3, 9, 2, 1, 7};
```

```
17              return arr;
18          }
19
20          /* *
21           * 顺序查找
22           * 返回指定元素首次出现的索引位置
23           * 找到一个满足条件的值,就返回下标,没找到返回-1
24           * @param arr 目标数组
25           * @param target 查找目标
26           * @return 查找目标的下标
27           */
28          public static int sequentialSearch(int[] arr, int target) {
29              for (int i = 0; i <arr.length; i++) {
30                  if (arr[i] = = target) {
31                      return i;
32                  }
33              }
34              return -1;
35          }
36
37          /* *
38           * 顺序查找
39           * 返回指定元素出现的索引位置的集合
40           * 找到一个满足条件的值,就返回下标构成的集合,没找到返回空集合
41           * @param arr 目标数组
42           * @param target 查找目标
43           * @return 查找目标的下标
44           */
45          public static List sequentialSearchList(int[] arr, int target) {
46              List pos = new ArrayList<>();
47              for (int i = 0; i <arr.length; i++) {
48                  if (arr[i] = = target) {
49                      pos.add(i);
50                  }
51              }
52              return pos;
53          }
54      }
```

6.1.4 线性查找算法的总结

线性查找需要从头开始不断地按顺序逐一检查数据,因此在数据量大且目标数据靠后或者目标数据不存在时,比较的次数就会更多,也更为耗时。若数据量为 n,当查找不成功时,需要 $n+1$ 次比较。因此线性查找算法的时间复杂度是 $O(n)$。

6.2　二分查找算法

6.2.1　二分查找算法的概念

二分查找(binary search)算法也叫折半查找。当要从一个有序数据集合中查找一个元素的时候,二分查找算法是一种非常快速的查找算法。

二分查找是针对有序数据集合的查找算法,如果是无序数据集合就要先进行排序操作。二分查找之所以快速,是因为它在匹配不成功的时候,每次都能排除剩余元素中一半的元素。因此可能包含目标元素的有效范围就收缩得很快,而不像顺序查找那样,每次仅能排除一个元素。

6.2.2　二分查找算法的实现步骤

二分查找属于有序查找算法。用给定值 key 先与中间结点的值比较,中间结点把线性表分成两个子表,若 key 与中间结点的值相等则查找成功;若不相等,再根据 key 与中间结点值的比较结果,确定下一步查找应该在中间结点左侧还是右侧。这样递归进行,直到查找到指定结点或者查找结束发现表中没有 key 结点。

以有序数列[2,4,6,8,10,12,14,16,18,20,22]为例,在该有序数列中查找元素 20,实现步骤如下。

(1) 设置两个指针 low 和 high,分别指向数列的第一个数据元素 2 和最后一个数据元素 22,再定义指针 mid,指向数列的中间元素 12。mid 指针的位置通过 low 和 high 的平均值取整得出。即 mid=(high+low)/2(见图 6.2)。

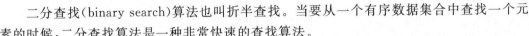

图 6.2　二分查找步骤 1

(2) 将 mid 指向的元素 12 与待查找元素 20 进行比较。因为 20 大于 12,说明待查找的元素 20 一定位于 mid 和 high 之间,所以继续折半查找。low=mid+1,mid=(low+high)/2,计算得出 low=6,high=10,mid=8(见图 6.3)。

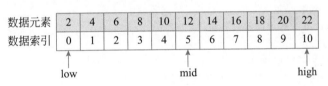

图 6.3　二分查找步骤 2

(3) 将 mid 指向的元素 18 与待查找元素 20 进行比较,由于 20 大于 18,所以继续折半查找。low=mid+1,mid=(low+high)/2,计算得出 low=9,high=10,mid=9(见图 6.4)。

数据元素	2	4	6	8	10	12	14	16	18	20	22
数据索引	0	1	2	3	4	5	6	7	8	9	10

low
mid high

图 6.4　二分查找步骤 3

（4）将 mid 指向的元素 20 与待查找元素 20 进行比较，结果相等，则查找成功，返回 mid 指针的位置。如果查找的元素不是 20，而是 22，那么还得继续折半查找，此时的 low＝ 10，mid＝10，high＝10，最后出现的情况如图 6.5 所示。

数据元素	2	4	6	8	10	12	14	16	18	20	22
数据索引	0	1	2	3	4	5	6	7	8	9	10

high
low
mid

图 6.5　二分查找步骤 4

6.2.3　二分查找算法的代码实现

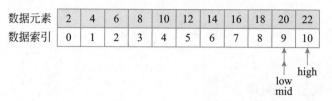
二分查找算法
的代码实现

二分查找算法有非递归和递归两种解决方法，具体代码实现如代码 6.2 所示。

【代码 6.2】

```
1   /**
2    *二分查找算法
3    *非递归解决办法和递归解决办法
4    */
5   public class BinarySearch {
6       public static void main(String[] args) {
7           //有序数组
8           int[] arr = {2, 4, 6, 8, 10, 12, 14, 16, 18, 20, 22};
9           //要查找的目标值
10          int target = 20;
11          System.out.println("采用非递归做法:");
12          System.out.println("查找到" + target + "所在的位置为" + binarySearchList
            (arr, target));
13          System.out.println("采用递归做法:");
14          System.out.println("查找到" + target + "所在的位置为" +
            recursionBinarySearchList(arr, target, 0, arr.length - 1));
15      }
16
17      /**
18       *有序的数组中查找某个元素首次出现的索引位置
19       *不使用递归的二分查找
20       *返回首次出现的索引位置
```

```
21        */
22      public static int binarySearch(int[] arr, int target) {
23          //低位索引
24          int low = 0;
25          //高位索引
26          int high = arr.length - 1;
27          //中间索引
28          int mid = 0;
29
30          if (target < arr[low] || target > arr[high] || low > high) return -1;
31          while (low <= high) {
32              mid = (low + high) / 2;
33              System.out.println("mid = " + mid);
34              if (target < arr[mid]) {
35                  //目标在左侧
36                  high = mid - 1;
37              } else if (target > arr[mid]) {
38                  //目标在右侧
39                  low = mid + 1;
40              } else {
41                  //等于半数
42                  return mid;
43              }
44          }
45          return -1;
46      }
47
48      /**
49       * 有序的数组中查找某个元素的索引位置
50       * 不使用递归的二分查找
51       * 返回集合
52       */
53      public static List<Integer> binarySearchList(int[] arr, int target) {
54          //低位索引
55          int low = 0;
56          //高位索引
57          int high = arr.length - 1;
58          //中间索引
59          int mid = 0;
60          if (target < arr[low] || target > arr[high] || low > high) return null;
61          while (low <= high) {
62              mid = (low + high) / 2;
63              System.out.println("mid = " + mid);
64              if (target < arr[mid]) {
65                  //目标在左侧
66                  high = mid - 1;
67              } else if (target > arr[mid]) {
68                  //目标在右侧
```

```java
69                     low = mid + 1;
70               } else {
71                   //定义放置索引下标的集合
72                   List<Integer> list = new ArrayList<>();
73                   //1.将首次查找的位置放入集合
74                   list.add(mid);
75                   //2.如果还有重复值,那么一定在当前查找到的位置右侧
76                   int index = mid + 1;
77                   while (index < arr.length) {
78                       if (arr[index] != target) break;
79                       list.add(index);
80                       index + + ;
81                   }
82                   return list;
83               }
84           }
85       return null;
86   }
87
88   /**
89    * 有序的数组中查找某个元素的索引位置
90    * 使用递归的二分查找
91    * 返回首次出现的索引位置
92    */
93   public static int recursionBinarySearch(int[] arr, int target, int low, int high) {
94       if (target < arr[low] || target > arr[high] || low > high) return -1;
95       //初始中间位置
96       int mid = (low + high) / 2;
97       System.out.println("mid = " + mid);
98       if (target < arr[mid]) {
99           //目标元素在左区域:high = mid - 1;
100          return recursionBinarySearch(arr, target, low, mid - 1);
101      } else if (target > arr[mid]) {
102          //目标元素在右区域:low = mid + 1;
103          return recursionBinarySearch(arr, target, mid + 1, high);
104      } else {
105          return mid;
106      }
107  }
108
109  /**
110   * 使用递归的二分查找
111   * 返回集合
112   */
113  public static List<Integer> recursionBinarySearchList(int[] arr, int target, int
     low, int high) {
114      if (target < arr[low] || target > arr[high] || low > high) return null;
115      //初始中间位置
116      int mid = (low + high) / 2;
```

```
117          System.out.println("mid = " + mid);
118          if (target < arr[mid]) {
119              //目标元素在左区域:high = mid - 1;
120              return recursionBinarySearchList(arr, target, low, mid - 1);
121          } else if (target > arr[mid]) {
122              //目标元素在右区域:low = mid + 1;
123              return recursionBinarySearchList(arr, target, mid + 1, high);
124          } else {
125              //定义放置索引下标的集合
126              List<Integer> list = new ArrayList<>();
127              //1.将首次查找的位置放入集合
128              list.add(mid);
129              //2.判断是否后续有重复值:如果还有重复值,那么一定在当前查找到的位置
                    右侧
130              int index = mid + 1;
131              while (index < arr.length) {
132                  if (arr[index] != target) break;
133                  list.add(index);
134                  index++;
135              }
136              return list;
137          }
138      }
139  }
```

用二分查找的思路可以解决诸如以下需求:一个有序的整数数列中,仅仅有一个数只出现 1 次,而其他数都出现 2 次,找出这个仅仅出现一次的数。如查找数列[1,1,2,2,3,3,4, 4,5,5,6,6,7]中仅出现 1 次的数字是哪个?

解题思路:

(1) 先判断该数列长度是偶数还是奇数,如果是偶数,那么就不符合题目的设定条件。也就不可能只有一个数不成对,而其他数都成对出现。

(2) 利用二分查找算法来解决。

当 mid 为偶数时,如果 mid 与 mid+1 位置上的数相等,那么 mid 前面的数一定都成对,唯一不成对的数只可能在 mid 之后。在 mid 后继续折半查找,low=mid+1。

当 mid 为偶数时,如果 mid 与 mid-1 位置上的数相等,那么唯一不成对的数就在 mid 之前。在 mid 前继续折半查找,high=mid-1。

当 mid 为奇数时,如果 mid 与 mid-1 位置上的数相等,那么 mid 前面的数一定都成对,唯一不成对的数只可能在 mid 之后。在 mid 后继续折半查找,low=mid+1。

当 mid 为奇数时,如果 mid 与 mid+1 位置上的数相等,那么唯一不成对的数就在 mid 之前。在 mid 前继续折半查找,high=mid-1。

总结:偶数位索引跟后面的比相同,往后继续找;奇数位索引跟前面的比相同,往后继续找;偶数位索引跟前面的比相同,往前继续找;奇数位索引跟后面的比相同,往前继续找。

6.2.4　二分查找根据出现次数查找目标元素的代码实现

二分查找根据出现次数查找目标元素的代码实现如代码 6.3 所示。

【代码 6.3】

```
1   /**
2    * 利用二分查找算法的案例
3    * 一个有序的整数数列中,仅仅有一个数只出现 1 次,而其他数都出现 2 次,找出这个仅仅出现
       一次的数
4    * 如查找[1,1,2,2,3,3,4,4,5,5,6,6,7]中仅仅出现 1 次的数
5    */
6   public class BinarySearch2 {
7       public static void main(String[] args) {
8           //一个有序数组有一个数出现 1 次,其他数出现 2 次,找出出现一次的数
9           int[] arr2 = {1,1,2,2,3,3,4,4,5,5,6,6,7};
10          System.out.println("该数为:" + binarySearch(arr2));
11      }
12
13      //查找有序数列中只出现一次的数
14      public static int binarySearch(int[] arr) {
15          if (arr.length % 2 == 0) {
16              return -1;
17          }
18          //低位索引
19          int low = 0;
20          //高位索引
21          int high = arr.length - 1;
22          //中间索引
23          int mid = 0;
24
25          while (low < high) {
26              mid = (low + high) / 2;
27              System.out.println("mid = " + mid);
28              //mid 为偶数
29              if (mid % 2 == 0) {
30                  //当 mid 为偶数时,如果 mid 与 mid + 1 位置上的数相等,那么 mid 前面的数一
                      定都成对,唯一不成对的数只可能在 mid 之后
31                  if (arr[mid] == arr[mid + 1]) {
32
33                      System.out.println("arr[mid] = " + arr[mid]);
34                      System.out.println("arr[mid + 1] = " + arr[mid + 1]);
35
36                      //在 mid 后继续折半查找,low = mid + 1
37                      low = mid + 1;
38                      System.out.println("往后折半,low = " + low);
39                  } else if (mid > 0 && arr[mid] == arr[mid - 1]) {
40                      //当 mid 为偶数时,如果 mid 与 mid - 1 位置上的数相等,那么唯一不成对
```

```
                              的数就在 mid 之前
41                         //在 mid 前继续折半查找,high = mid - 1
42                         high = mid - 1;
43                         System.out.println("往前折半,high = " + high);
44                     } else {
45                         return arr[mid];
46                     }
47                 } else {//mid 为奇数
48                     //当 mid 为奇数时,如果 mid 与 mid-1 位置上的数相等,那么 mid 前面的数一
                              定都成对,唯一不成对的数只可能在 mid 之后
49                     if (arr[mid] = = arr[mid - 1]) {
50
51                         System.out.println("arr[mid] = " + arr[mid]);
52                         System.out.println("arr[mid-1] = " + arr[mid - 1]);
53
54                         //在 mid 后继续折半查找,low = mid + 1
55                         low = mid + 1;
56                         System.out.println("往后折半,low = " + low);
57                     } else if (arr[mid] = = arr[mid + 1]) {
58                         //当 mid 为奇数时,如果 mid 与 mid+1 位置上的数相等,那么唯一不成对
                              的数就在 mid 之前
59                         System.out.println("arr[mid] = " + arr[mid]);
60                         System.out.println("arr[mid+1] = " + arr[mid + 1]);
61
62                         //在 mid 前继续折半查找,high = mid - 1
63                         high = mid - 1;
64                         System.out.println("往前折半,high = " + high);
65                     } else {
66                         return arr[mid];
67                     }
68                 }
69             }
70             return arr[low];
71         }
72     }
```

6.2.5 二分查找算法的时间复杂度

二分查找算法中关键字的平均比较次数为 $\log(n+1)$,所以算法的时间复杂度为 $O(\log n)$。

6.2.6 二分查找算法的优缺点

二分查找算法的优点是速度快、不占空间、不用开辟新空间。缺点是必须是有序的数组,数据量太小没有意义,但数据量也不能太大,因为数组要占用连续的空间。有序数列的查找都可以采用二分查找法。

6.3 插值查找算法

6.3.1 插值查找算法的概念

插值查找算法

插值查找(interpolation search)算法也叫按比例查找算法。

当要从一个有序查找表中查找一个元素时,二分查找虽然效率不错,可是为什么要将查找表五五分呢?

打个比方,在英文词典里查找"about"这个单词,会首先翻开字典的中间部分,然后持续折半查找吗? 肯定不会。对于单词"about",我们会下意识地往字典的最前部分翻。而查找单词"zoo",我们会下意识地往字典的最后部分翻。同样的,在从小到大排序的、取值范围在1~10 000 的 100 个元素中查找数字 5,我们也不会考虑从中间折半查找,自然会从数列的最小值开始查找。

折半查找算法不是自适应的。如果根据查找目标值在整个有序数列中所处的位置,让mid 值的变化更靠近目标值,那么就可以减少比较次数。所以在折半查找法的基础上进行改造就出现了插值查找算法。

插值查找与二分查找唯一不同的地方在于 mid 的计算方式上。二分查找中 $mid = (high+low)/2$,而插值查找中 mid 的计算公式如下:

$$mid = low + (high - low) * (target - arr[low])/(arr[high] - arr[low])$$

- low、high 分别是查找表的最小索引和最大索引。
- target 代表要查找的目标值,arr[low]代表查找表中的最小值,arr[high]代表查找表中的最大值。
- target-arr[low]是目标值和最小值之间的差值,arr[high]-arr[low]是最大值和最小值之间的差值。插值查找能快速定位目标数值所在的索引,比二分查找可以更快速实现查找。

插值查找算法的基本思想:基于二分查找算法,将查找点的选择改进为自适应选择,可以提高查找效率。插值查找也属于有序查找。

6.3.2 插值查找算法的实现步骤

以从有序数列[2,4,6,8,10,12,14,16,18,20,22]中查找元素 20 为例,说明插值查找的实现步骤。

(1) 设置两个指针 low 和 high,分别指向数据集合的第一个元素 2 和最后一个元素 22。再计算 mid 指针的位置,$mid = 0 + 10 * (20-2)/(22-2) = 9$,此时 low=0,mid=9,high=10(见图 6.6)。

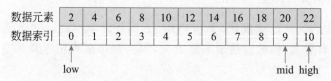

图 6.6 插值查找 1

（2）将 mid 所指向的元素 20 与待查找元素 20 进行比较,结果相等,则查找成功,返回 mid 指针的位置 9。

同样是这个有序数列,用二分查找法查找 20,需要比较 3 次才能查找到结果,而插值查找只需要比较 1 次就实现了。

又如,查找有序数列[1,13,25,37,49,51,62,63,68,70,71,80,88]中的 62。

（1）计算 mid,mid=0+(12-0)*(62-1)/(88-1)=8,此时 low=0,mid=8,high=12(见图 6.7)。

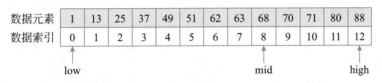

图 6.7　插值查找 2

（2）将 mid 所指向的元素 68 与待查找元素 62 进行比较,由于 68 大于 62,所以在前半段查找。则 high=mid-1=7,mid=0+(7-0)*(62-1)/(63-1)=6,此时的 low=0,mid=6,high=7(见图 6.8)。

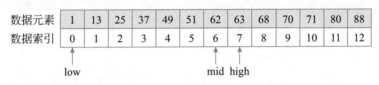

图 6.8　插值查找 3

（3）将 mid 所指向的元素 62 与待查找元素 62 进行比较,结果相等,查找成功,返回 mid 指针的索引位置 6。

同样的有序数列,同样查找 62,用二分查找是否就不如插值查找快呢?经过实际测试,上述示例使用二分查找,一次就能查找到结果。所以插值查找有其适用条件,对于查找表中的数据分布很不均匀时,插值查找并非是最佳选择。

6.3.3　插值查找的代码实现

插值查找算法也有非递归和递归两种解决办法来实现。插值查找算法的代码实现如代码 6.4 所示。

插值查找的
代码实现

【代码 6.4】

```
1  /**
2   * 插值查找思路
3   * 与二分查找类似,插值查找属于有序查找,插值查找也有非递归算法和递归算法两种解决
        办法
4   * 不同的是:插值查找每次从自适应 mid 处开始查找
5   * mid = low + (high - low) * (target - arr[low]) / (arr[high] - arr[low])
6   * mid 是插入中间值,low 是最小索引,high 是最大索引,target 是查找目标值
7   * arr[low]是最小索引所在的值,arr[high]是最大索引对应的值
8   * 好处:数据量大,关键字分布比较均匀的时候使用,插值查找比二分查找快
```

```
 9   */
10   public class InterpolationSearch {
11       public static void main(String[] args) {
12           int[] arr = {1,13,25,37,49,51,62,62,62,68,70,71,80};
13           //要查找的目标值
14           int target = 62;
15           System.out.println("采用非递归做法:");
16               System.out.println("查找到" + target + "所在的位置为:" +
                 interpolatioSearchList(arr, target));
17           System.out.println("采用递归做法:");
18            System.out.println("查找到" + target + "所在的位置为:" + recursionInter
             polatioSearchList(arr, target, 0, arr.length - 1));
19       }
20
21       /**
22        * 有序的数组中查找某个元素首次出现的索引位置
23        * 不使用递归的插值查找
24        * 返回 int,即索引位置
25        */
26       public static int interpolatioSearch(int[] arr, int target) {
27           //低位索引
28           int low = 0;
29           //高位索引
30           int high = arr.length - 1;
31           //中间索引
32           int mid = 0;
33
34           if (target < arr[low] || target > arr[high] || low > high) return -1;
35           while (low <= high) {
36               mid = low + (high - low) * (target - arr[low]) / (arr[high] - arr[low]);
37               System.out.println("mid = " + mid);
38               if (target < arr[mid]) {
39                   //目标在左侧
40                   high = mid - 1;
41               } else if (target > arr[mid]) {
42                   //目标在右侧
43                   low = mid + 1;
44               } else {
45                   //等于半数
46                   return mid;
47               }
48           }
49           return -1;
50       }
51
52       /**
53        * 有序的数组中查找某个元素首次出现的索引位置
54        * 使用递归的插值查找
55        * 返回 int,即索引位置
```

```
56          */
57          public static int recursionInterpolatioSearch(int[] arr, int target, int low, int
            high) {
58              if (target < arr[low] || target > arr[high] || low > high) return -1;
59              //初始中间位置
60              int mid = low + (high - low) * (target - arr[low]) / (arr[high] - arr[low]);
61              System.out.println("mid = " + mid);
62              if (target < arr[mid]) {
63                  return recursionInterpolatioSearch(arr, target, low, mid - 1);
64              } else if (target > arr[mid]) {
65                  return recursionInterpolatioSearch(arr, target, mid + 1, high);
66              } else return mid;
67          }
68
69          /**
70           * 有序的数组中查找某个元素的所有索引位置
71           * 不使用递归的插值查找
72           * 返回集合
73           */
74          public static List<Integer> interpolatioSearchList(int[] arr, int target) {
75              //低位索引
76              int low = 0;
77              //高位索引
78              int high = arr.length - 1;
79              //中间索引
80              int mid = 0;
81              if (target < arr[low] || target > arr[high] || low > high) return null;
82              while (low <= high) {
83                  //初始中间位置
84                  mid = low + (high - low) * (target - arr[low]) / (arr[high] - arr[low]);
85                  System.out.println("mid = " + mid);
86                  if (target < arr[mid]) {
87                      //目标在左侧
88                      high = mid - 1;
89                  } else if (target > arr[mid]) {
90                      //目标在右侧
91                      low = mid + 1;
92                  } else {
93                      return resultList(arr, target, mid);
94                  }
95              }
96              return null;
97          }
98
99          /**
100          * 有序的数组中查找某个元素首次出现的索引位置
101          * 使用递归的插值查找
102          * 返回集合
103          */
```

```
104        public static List<Integer> recursionInterpolatioSearchList(int[] arr, int target,
      int low, int high) {
105            if (target < arr[low] || target > arr[high] || low > high) return null;
106            //初始中间位置
107            int mid = low + (high - low) * (target - arr[low]) / (arr[high] - arr[low]);
108            System.out.println("mid=" + mid);
109            if (target < arr[mid]) {
110                return recursionInterpolatioSearchList(arr, target, low, mid - 1);
111            } else if (target > arr[mid]) {
112                return recursionInterpolatioSearchList(arr, target, mid + 1, high);
113            } else {
114                return resultList(arr, target, mid);
115            }
116        }
117
118        /**
119         * 查找到mid所在索引下标.再往左右两侧检索,判断是否有重复数值
120         * 将所有检索到的索引下标放到集合中后返回
121         */
122        public static List<Integer> resultList(int[] arr, int target, int mid) {
123            //定义放置索引下标的集合
124            List<Integer> list = new ArrayList<>();
125            //1.如果目标正好在中间位
126            list.add(mid);
127            //2.当目标在左侧,指针左移时
128            int index = mid - 1;
129            while (index >= 0) {
130                if (arr[index] != target) break;
131                list.add(index);
132                index--;
133            }
134            //3.当目标在右侧,指针右移时
135            index = mid + 1;
136            while (index < arr.length) {
137                if (arr[index] != target) break;
138                list.add(index);
139                index++;
140            }
141            return list;
142        }
143    }
```

6.3.4 插值查找算法的总结

插值查找算法的时间复杂度是 $O(\log n)$。对于数据量较大,关键字分布又比较均匀的数列来说,插值查找算法的平均性能比二分查找算法要好。反之,数列中数据如果分布非常不均匀,那么插值查找算法未必是最合适的选择。

6.4 斐波那契查找算法

6.4.1 斐波那契查找算法的概念

在介绍斐波那契查找(fibonacci search)算法之前,我们先介绍一个概念——黄金分割。黄金比例又称黄金分割,是指事物各部分间一定的数学比例关系,即将整体一分为二,较大部分与较小部分之比等于整体与较大部分之比,其比值约为 1∶0.618 或 1.618∶1。

0.618 被公认为最具有审美意义的比例,被称为黄金分割。这个比值的作用不仅体现在如绘画、雕塑、音乐、建筑等艺术领域,在管理、工程设计等方面也有着不可忽视的作用。

对于斐波那契数列:1,1,2,3,5,8,13,21,34,55,89…(也可以从 0 开始),前后两个数字的比值随着数列的增加,越来越接近黄金比值 0.618。利用这个特性,我们可以将黄金比例运用到查找算法中。

斐波那契查找也叫作黄金分割法查找,它是二分查找的一种提升算法,通过运用黄金比例的概念在数列中选择查找点进行查找,提高查找效率。同样地,斐波那契查找也属于一种有序查找算法。

6.4.2 斐波那契查找算法的实现步骤

例如,有一个元素个数为 89 的有序数列。89 在斐波那契数列中是 34 和 55 相加所得,这样就可以把这个有序数列分成两部分:前 55 个元素组成的前半段和后 34 个元素组成的后半段。此时前半段元素个数 55 和整个有序数列长度 89 的比值为 0.618,而 34 与 55 的比值也为 0.618。

如果要查找的元素在前半段,从斐波那契数列来看,55 是 34 和 21 相加所得,所以继续分成两段:前 34 个元素组成的前半段和后 21 个元素组成的后半段。继续查找,如此反复,直到查找成功或失败。此过程中斐波那契数列中的数据一直被应用在查找算法中。

接下来,以查找有序数列[1,13,25,37,49,51,62,63,68,70,71,80,88]中的 62 为例来说明斐波那契查找算法的查找步骤。

(1) 定义斐波那契数列的索引为 k,其对应的值为 F[k]。对于数列[1,13,25,37,49,51,62,63,68,70,71,80,88]来说,该数列长度为 13,即 F[k]=13,数字 13 在斐波那契数列[1,1,2,3,5,8,13,21,…]中的索引位置是 6,因此 k=6。我们可以得出以下结论:

- k=6。
- 数列长度=F[k]=F[6]=13。
- 前半段长度=F[$k-1$]=F[5]=8。
- 后半段长度=F[$k-2$]=F[4]=5。

k 就是数列长度的值在斐波那契数列中对应的索引位置,$k-1$ 就是该索引位置的前一个索引位置,$k-2$ 就是再前一个索引的位置(见图 6.9)。

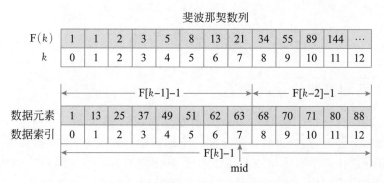

图 6.9　斐波那契查找分割数列图示

（2）由 k 可以很容易计算得出 mid 的值：mid＝low＋F$[k-1]-1$。

（3）将查找目标值和 mid 所在位置的数值进行比较，如果目标值小于 mid 所在位置的数，那么就在 mid 前半段的数列中继续查找，令 high＝mid-1，而 $k=k-1$；如果目标值大于 mid 所在位置的数，那么就在 mid 后半段的数列中继续查找，令 low＝mid$+1$，而 $k=k-$ 2。按此规律重复多次，直到查到目标值或者查找失败。具体实现步骤如下。

首先，设置两个指针 low 和 high，分别指向数列的第一个元素 1 和最后一个元素 88。该数列长度为 13，即 F$[k]=13$，13 对应的 k 为 6。计算得出 mid＝low＋F$[k-1]-1=0+$ F$[6-1]-1=7$。此时 $k=6$，low＝0，mid＝7，high＝12（见图 6.10）。

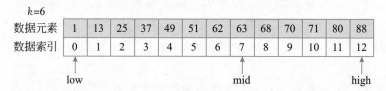

图 6.10　斐波那契查找步骤 1

其次，将 mid 所指向的元素 63 与待查找元素 62 进行比较，由于 63 大于 62，所以在前半段查找。high＝mid$-1=7-1=6$，$k=k-1=6-1=5$，而 mid＝low＋F$[k-1]-1=0+$ F$[5-1]-1=0+5-1=4$，此时 $k=5$，low＝0，mid＝4，high＝6（见图 6.11）。

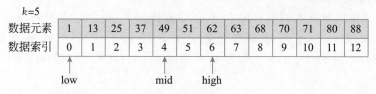

图 6.11　斐波那契查找步骤 2

然后，将 mid 所指向的元素 49 与待查找元素 62 进行比较，由于 49 小于 62，所以在后半段查找。low＝mid$+1=4+1=5$，$k=k-2=5-2=3$，而 mid＝low＋F$[k-1]-1=5+$ F$[3-1]-1=5+2-1=6$，此时 $k=3$，low＝5，mid＝6，high＝6（见图 6.12）。

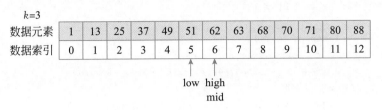

图 6.12　斐波那契查找步骤 3

最后,将 mid 所指向的元素 62 与待查找元素 62 进行比较,结果相等,查找成功,返回
mid 指针的索引位置 6。

知识加油站

当有序数列的元素个数不是斐波那契数列中的某个数时,该如何进行查找呢?

这种情况下,需要把有序数列的长度补齐。具体做法是在斐波那契数列上找一个略大
于数列长度的值,用最后一个元素补充。

如果不是补齐,而是将原有序数列多余的元素截掉肯定是不可行的,因为这样可能会
把要查找的目标值截掉。

如图 6.13 所示,对于有序数列[1,13,25,37,49,51,62,63,68,70]来说,元素个数为 10。
10 并非斐波那契数列中的数,此时从斐波那契数列中选择一个略大于 10 的数字,也就是 13,
用有序数列的最后一个元素 70 来补齐不足的三个数。如果从有序数列[1,13,25,37,49,51,
62,63,68,70]中查找 62,其查找过程和上述案例中分析的查找过程完全一致。

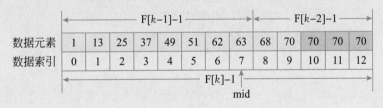

图 6.13　斐波那契查找元素补足的示意

6.4.3　斐波那契查找算法的代码实现

斐波那契查找算法的代码实现如代码 6.5 所示。

【代码 6.5】

```
1  /**
2   * - - - - - 斐波那契查找 - - - - - -
3   * 1.斐波那契查找算法是在二分查找基础上,用斐波那契数列来进行分割
4   * 2.在斐波那契数列上找一个略大于查找元素表个数的值 F[k]
5   * 3.将查找元素表个数扩充到 F[k] 如果要补充元素用最后一个元素补充
6   * 4.完成后对 F[k] 个元素进行斐波那契分割,即分割成前面 F[k-1] 个元素,后面 F[k-2] 个
      元素
7   * 5.对要查找元素的部分进行递归
8   * 6.就平均性能而言,优于二分查找,但是若一直在左半区域查找则低于二分查找
```

斐波那契查找
算法的代码实现

```
9   *  mid = low + F[k - 1] - 1;
10  *  */
11  public class FibonacciSearch {
12      public static void main(String[] args) {
13          int[] arr = {1,13,25,37,49,51,62,63,68,70,71,80,88};
14          //查找的目标值
15          int target = 62;
16          System.out.println("查找到" + target + "所在的位置为:" + fiboSearchList(arr,
            target));
17      }
18
19      //查找第一次出现的索引
20      public static int fiboSearch(int[] arr, int target) {
21          int low = 0;
22          int high = arr.length - 1;
23          int k = 0; //斐波那契的索引下标。数组长度的数值在斐波那契数列中对应的索引
                       下标
24          int mid = 0;
25          int F[] = getFiboArray(15); //定义一个斐波那契数列
26          //获得斐波那契分割数值下标
27          while (arr.length > F[k]) {
28              k++;
29          }
30          System.out.println("k 的起始值 = " + k);
31
32          //利用 Java 工具类 Arrays 构造新数组并指向数组 arr[]
33          //copyOf(int[] original, int newLength)
34          int[] temp = Arrays.copyOf(arr, F[k]);
35          System.out.println("待查数列 = " + Arrays.toString(temp));
36
37          //对新构造的数组进行元素补足,用数列的最大值来不足
38          for (int i = high + 1; i <temp.length; i++) {
39              temp[i] = arr[high];
40          }
41          System.out.println("补足个数的数列 = " + Arrays.toString(temp));
42
43          while (low <= high) {
44              //数列左侧有 f[k-1]个元素
45              mid = low + F[k - 1] - 1;
46              System.out.println("mid = " + mid);
47
48              if (target < temp[mid]) {
49                  //目标值小于 mid 所在元素,在左侧查找
50                  high = mid - 1;
51                  k--;
52              } else if (target > temp[mid]) {
53                  //目标值大于 mid 所在元素,在右侧查找
54                  low = mid + 1;
55                  k -= 2;
56              } else {
```

```
57                  if (mid <= high) return mid;
58                  else return high;
59              }
60          }
61          return -1;
62      }
63
64      //查找所有出现的索引位置,返回集合
65      public static List<Integer> fiboSearchList(int[] arr, int target) {
66          int low = 0;
67          int high = arr.length - 1;
68          int k = 0; //斐波那契的索引下标。数组长度的数值在斐波那契数列中对应的索引
                        下标
69          int mid = 0;
70          int F[] = getFiboArray(15); //获得斐波那契数列
71          //获得斐波那契分割数值下标
72          while (arr.length > F[k]) {
73              k++;
74          }
75          System.out.println("k 的起始值 = " + k);
76
77          //利用 Java 工具类 Arrays 构造新数组并指向 数组 arr[]
78          //copyOf(int[] original, int newLength)
79          int[] temp = Arrays.copyOf(arr, F[k]);
80          System.out.println("待查数列 = " + Arrays.toString(temp));
81
82          //对新构造的数组进行元素补足,用数列的最大值来不足
83          for (int i = high + 1; i < temp.length; i++) {
84              temp[i] = arr[high];
85          }
86          System.out.println("补足个数的数列 = " + Arrays.toString(temp));
87
88          while (low <= high) {
89              //数列左侧有 f[k-1]个元素
90              mid = low + F[k - 1] - 1;
91              System.out.println("k = " + k + ",mid = " + mid);
92
93              if (target < temp[mid]) {
94                  //目标值小于 mid 所在元素,在左侧查找
95                  high = mid - 1;
96                  k--;
97              } else if (target > temp[mid]) {
98                  //目标值大于 mid 所在元素,在右侧查找
99                  low = mid + 1;
100                 k -= 2;
101             } else {
102                 if (mid <= high) {
103                     return searchList(arr, target, mid);
104                 }
105             }
```

```
106          }
107          return null;
108      }
109
110      /**
111       * 查找到 mid 所在索引下标.再往左右两侧检索,判断是否有重复数值
112       * 将所有检索到的索引下标放到集合中后返回
113       * 返回集合
114       */
115      public static List<Integer> searchList(int[] arr, int target, int mid) {
116          //定义放置索引下标的集合
117          List<Integer> list = new ArrayList<>();
118          //1.如果目标正好在中间位
119          list.add(mid);
120          //2.当目标在左侧,指针左移时
121          int index = mid - 1;
122          while (index >= 0) {
123              if (arr[index] != target) break;
124              list.add(index);
125              index--;
126          }
127          //3.当目标在右侧,指针右移时
128          index = mid + 1;
129          while (index < arr.length) {
130              if (arr[index] != target) break;
131              list.add(index);
132              index++;
133          }
134          return list;
135      }
136
137      //生成斐波那契数列数组
138      public static int[] getFiboArray(int maxSize) {
139          int[] F = new int[maxSize];
140          F[0] = 1;
141          F[1] = 1;
142          for (int i = 2; i < maxSize; i++) {
143              F[i] = F[i - 1] + F[i - 2];
144          }
145          return F;
146      }
147  }
```

6.4.4 斐波那契查找算法的总结

斐波那契查找算法的时间复杂度是 $O(\log n)$。从代码实现上分析,与二分查找算法相比,斐波那契查找只涉及加法和减法运算,而不用除法。而除法比加减法要消耗更多的时间,因此斐波那契查找的运行时间理论上应该比二分查找少,但是在实际应用过程中,二分查找的步骤反而比斐波那契查找的步骤要少。所以斐波那契查找算法不一定优于二分查找算法。

6.5 哈希查找算法

6.5.1 哈希查找算法的概念

哈希查找(hash search)算法又称散列法、杂凑法或关键字地址计算法等,相应的表称为哈希表。

哈希表是一个在时间和空间上做出权衡的经典数据结构。如果没有内存限制,可以直接将键作为数组的索引,那么所有的查找时间复杂度为O(1);如果没有时间限制,可以使用无序数组进行存储并进行顺序查找,这样只需要很少的内存。哈希表使用适度的时间和空间,在这两个维度上找到了平衡。只需要调整哈希函数算法即可在时间和空间上做出相应的取舍。

6.5.2 哈希查找的原理

哈希即散列。散列技术是在记录的存储位置和它的关键字之间建立一个确定的对应关系 f,使每个关键字 key 对应一个存储位置 f(key)。这个对应关系 f 称为散列函数或哈希函数。查找时根据这个确定的对应关系,找到关键字 key 的映射 f(key),若查找集合中存在关键字 key,则必定在 f(key)的位置上。采用散列技术将一组记录映射到一块连续的存储空间中,这块连续的存储空间称为散列表或哈希表(hash table),这一映射过程称为构造哈希表或散列,记录的存储位置称为哈希位置或散列地址。散列技术既是一种存储方法,也是一种查找方法。

在哈希表中,如果出现 key1≠key2,而 f(key1)=f(key2),则这种现象称为地址冲突。key1 和 key2 对哈希函数 f 来说是同义词。好的哈希函数应该使一组关键字的哈希地址均匀分布在整个哈希表中,从而减少冲突。常用的构造哈希函数的方法有四种。

(1) 直接地址法。取关键字或关键字的某个线性函数值为哈希地址,即 H(key)=key 或 H(key)=a∗key+b,其中 a 和 b 为常数。

(2) 数字分析法。假设关键字是 n 进制数(如十进制数),并且哈希表中可能出现的关键字都是事先知道的,则可选取关键字的若干数位组成哈希地址。选取的原则是使得到的哈希地址尽量避免冲突,即所选数位上的数字尽可能是随机的。

(3) 平方取中法。取关键字平方后的中间几位为哈希地址。这是一种较常用的方法,通常在选定哈希函数时不一定能知道关键字的全部情况,仅取其中的几位为地址不一定合适,而一个数平方后的中间几位数和数的每一位都相关,由此得到的哈希地址随机性更大。

(4) 除留余数法。取关键字被某个不大于哈希表长 m 的数 p 除后所得的余数为哈希地址。即 H(key)=key%p(p<=m)。除留余数法是一种最简单、最常用的方法。

采用均匀的哈希函数可以减少地址冲突,但是不能避免冲突,因此必须有良好的方法来处理冲突,通常处理地址冲突的方法有以下两种。

(1) 开放地址法。该方法中,以发生冲突的哈希地址为自变量,通过哈希冲突函数得到一个新的空闲的哈希地址。这种得到新地址的方法有很多种,主要有线性探查法和平方探查法。线性探查法是从发生冲突的地址开始,依次探查该地址的下一地址,直到找到一个空闲单元为止。而平方探查法则是在发生冲突的地址上加减某个因子的平方作为新的地址。

（2）拉链法。该方法是把所有的同义词用单链表连接起来,且哈希表中每个单元中存放的不再是记录本身,而是相应同义词单链表的头指针。

本节我们建议使用除留余数法来构造哈希函数,采用开放地址法中的线性探查法来处理地址冲突。以查找数列[5,13,9,39,26,20,129,100]为例,来构造一张哈希表,并进行哈希查找。该查找表中元素个数为8,接近的素数为11。假设哈希表长 $m=12,p=11(p<=m)$,则哈希函数为 H(key)=key%p。

（1）先在哈希表可用空间里,取出12个连续空间来存放对应元素。

（2）取出查找表中第一个元素5,用哈希函数求其对应的位置:5%11=5,所以把第1个元素5放入位置为5的空间里(见图6.14(a))。

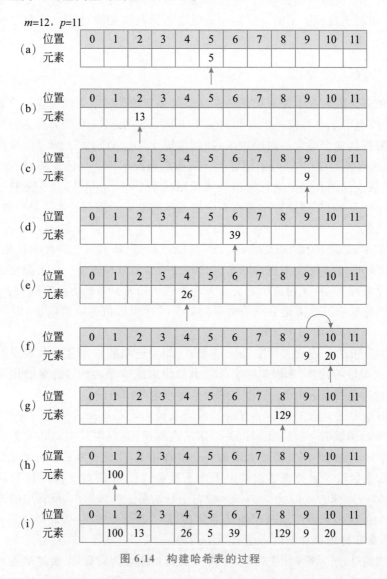

图 6.14　构建哈希表的过程

（3）数列中第2个元素13,用哈希函数求其对应的空间位置为13%11=2,所以把第2

个元素 13 放入位置为 2 的空间里(见图 6.14(b))。

(4) 依次执行,将元素 9、39、26 依次放入相应位置(见图 6.14(c)~图 6.14(e))。当取元素 20 时,20%11=9,原本应该把元素 20 放入位置为 9 的空间里。但是位置 9 已经有元素,则查看下个位置是否为空,位置 10 无数据,则将元素 20 放置其中(见图 6.14(f))。

(5) 按如此寻址规律循环下去,把剩下的元素全部放入哈希表中(见图 6.14(i))。

在哈希表中进行查找,按照哈希函数获取待查元素的地址,若对应地址空间的值不等于待查元素的值,则线性搜索下一地址,比较对应地址空间的值,直到找到为止。若搜索到哈希表尾都未找到,则查找失败。

6.5.3 哈希查找算法的代码实现

哈希查找算法的代码实现如代码 6.6 所示。

哈希查找算法
的代码实现

【代码 6.6】

```
1  /**
2   * 哈希法:又称散列法、杂凑法或关键字地址计算法等,相应的表称为哈希表
3   * 哈希表的装填因子 α:α = 哈希表中元素个数 / 哈希表的长度
4   * α 可描述哈希表的装满程度。显然,α越小,发生冲突的可能性越小,而 α 越大,发生冲突的可
         能性也越大
5   * 除留余数法
6   * 设哈希表长为 m、p 为小于或等于 m 的最大素数(素数一般指质数。质数是指在大于 1 的自然数
         中,除了 1 和它本身以外不再有其他因数的自然数。)
7   * 关键字对 p 取模,结果就是关键字的地址.如果该位置上没有数值,则将该关键字放置在此位置上
8   * 如果该位置上有数值,则判断下一个位置是否为空,不断判断下一个位置上是否有值,直到找
         到空位置,则将该关键字放置在此位置上
9   * 哈希函数为 H(key) = key % p
10  * 本案例中元素个数为 8,接近的素数为 11。我们设哈希表长 m = 12,p = 11 (p< = m)
11  */
12  public class HashTable {
13      publicint[] arrKey;
14      public int nullKey = -1;
15      public static int m = 12;
16      public static int p = 11;
17
18      public static void main(String[] args) {
19          int[] arr = {5,13,9,39,26,20,129,100};
20          HashTable ht = newHashTable();
21
22          //哈希表的装填因子 α:α = 哈希表中元素个数/哈希表的长度
23          double α = (double)arr.length / m;
24          System.out.println("装填因子 α = " + α);
25
26          //创建 HashTable
27          ht.createHashtable(arr, m, p);
28          ht.dispHashtable();
29
30          //查找 HashTable 中是否有元素 20
```

```
31            int result = ht. searchHashtable(m, p, 20);
32            if (result = = - 1) {
33                System. out. println("查找失败,不存在该元素");
34            } else {
35                System. out. println("查找成功,该元素的地址为:" + result);
36            }
37        }
38
39    publicHashTable() {
40            this. arrKey = new int[m];
41            //初始化 HashTable 中的 arrKey
42            for (int i = 0; i < m; i + + ) {
43                arrKey[i] = nullKey;
44            }
45        }
46
47    //填充数据
48    public void insertHashtable(int key, int m, int p) {
49            int adr = key % p;
50            //关键字对 p 取模,结果就是关键字的地址。如果该位置上没有数值,则将该关键字放
                置在此位置上
51            if (arrKey[adr] = = nullKey) {
52                arrKey[adr] = key;
53                //显示关键字与位置的对应关系
54                System. out. println("arrKey[" + adr + "] = " + arrKey[adr]);
55            } else {
56                //如果该位置上有数值,则判断下一个位置是否为空,不断判断下一个位置上是否
                    有值,直到找到空位置,则将该关键字放置在此位置上
57                while (arrKey[adr] ! = nullKey) {
58                    adr = (adr + 1) % m;
59                    System. out. println("     = arrKey[" + adr + "] = " + arrKey[adr]);
60                }
61                //最终找到空位置,将关键字放置其中
62                arrKey[adr] = key;
63                System. out. println(" * arrKey[" + adr + "] = " + arrKey[adr]);
64            }
65        }
66
67    //创建 HashTable
68    public void createHashtable(int[] arr, int m, int p) {
69            //填充数据
70            for (int i = 0; i <arr. length; i + + ) {
71                insertHashtable(arr[i], m, p);
72            }
73        }
74
75    //展示哈希表中数据
76    public voiddispHashtable() {
77            for (int i = 0; i < m; i + + ) {
```

```
78                  System.out.print(i + ":" + arrKey[i] + ", ");
79              }
80              System.out.println();
81          }
82
83          //查找哈希表中数据
84          public int searchHashtable(int m, int p, int target) {
85              int adr = target % p;
86              while (arrKey[adr] != nullKey && arrKey[adr] != target) {
87                  adr = (adr + 1) % m;
88              }
89              if (arrKey[adr] == target) {
90                  return adr;
91              } else {
92                  return -1;
93              }
94          }
95      }
```

6.5.4 哈希查找算法的总结

查找复杂度,对于无冲突的哈希表来说,查找复杂度为 O(1)。

当然,在查找之前我们需要构建相应的哈希表。当没有内存限制,可以将哈希表长度设置很长,那么几乎不会产生冲突,查找复杂度为 O(1)。

对于大规模数据,需要进行频繁地查找操作,而原有数据的存放并没有规律,那么哈希查找就是一种很好的做法。将这些数据按照自定义的规律放到哈希表中,查找前就能根据查找目标的值提前计算出可能存放的位置。对于无冲突的哈希表,去该位置上取出数值进行验证是否相同即可。对于有冲突的哈希表,即便该位置上的值并非目标值,往后续位置继续查找比对即可。哈希查找是一种典型的以空间换时间的查找算法。

6.6 分块查找算法

6.6.1 分块查找算法的概念

分块查找(block search)算法又称索引顺序查找算法,它是一种性能介于顺序查找和二分查找之间的查找方法。

二分查找虽然有很好的性能,但其前提条件是查找表中的元素必须有序排列,但这一前提条件在数列元素动态变化难以满足。而顺序查找的查找效率很低。如果既要保持较快的查找速度,又要能够满足无序查找,则可采用分块查找的方法。

分块查找算法的速度虽然不如二分查找算法快,但比顺序查找算法快得多,同时不需要对数列中元素进行排序。当元素很多且块数很大时,对索引表可以采用折半查找,这样能够进一步提高查找速度。

分块查找由于只要求索引表是有序的,对块内元素没有排序要求,因此特别适用于元素动态变化的情况。当增加或减少元素以及元素的数值发生改变时,只需将该元素结点调整到所在的块即可。在空间复杂性上,分块查找的主要代价是增加了一个辅助数组。

6.6.2 分块查找算法的思想

将 n 个数据元素划分为 m 块($m \leqslant n$)。每块中的元素不一定有序,但前一块中的最大数值必须小于后一块的最小数值,即要求块与块之间必须"分块有序"。抽取各块中的最大值及其起始位置构成一个索引表。由于是分块有序的,所以索引表是一个递增有序表。

分块查找算法的基本思路:首先,查找索引表,因为索引表是有序表,故可以采用二分查找,以确定待查记录在那一个块中;其次,在已确定的块中进行顺序查找(因为块内无序,只能用顺序查找)。如果在块中找到该记录则查询成功,否则查找失败。分块查找的思想就是通过索引表来找目标值的位置。

分块查找算法实现的流程主要分为以下两个部分。

(1) 先选取各块中的最大关键字构成一个索引表。

(2) 查找分两个部分:先对索引表进行二分查找或顺序查找,以确定待查记录在哪一块中;然后,在已确定的块中用顺序法进行查找。

以查找查找表[8,14,6,10,22,15,27,37,18,19,25,23,33,31,40,38,54,61]中的 54 为例,来说明分块查找的步骤。

(1) 观察查找表,根据"分块有序"的原则,可以将上述查找表分成三块。第一块是[8,14,6,10],因为其中的元素都比后续元素的值小;第二块是[22,15,27,37,18,19,25,23,33,31],因为其中的所有元素都比后续的元素值小;第三块是[40,38,54,61]。这三块的起始位置分别为 0、4、14,块内最大值分别为 14、37、61,将其构成索引表(见图 6.15)。

(2) 因为索引表是有序数列,所以用二分查找算法来查找索引表。目标元素 54 大于37,且小于61,所以该查找目标在第三个块中。

(3) 因为块内元素为无序数列,所以对第三个块进行顺序查找,将目标值与块内的元素一一比对,最终确定 54 所在的位置(见图 6.15)。

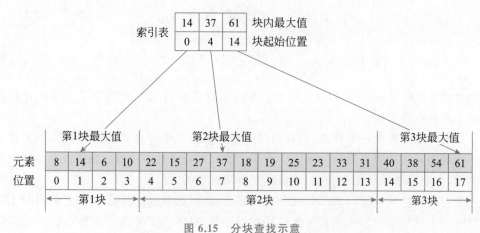

图 6.15　分块查找示意

6.6.3 分块查找算法的代码实现

分块查找算法的代码实现如代码 6.7 所示。

【代码 6.7】

```
1  /**
2   * 将 n 个数据元素划分为 m 块(m ≤ n)
3   * 每块中的元素不一定有序,但前一块中的最大数值必须小于后一块的最小数值,即要求块与块
       之间必须"分块有序"
4   * 抽取各块中的最大值及其起始位置构成一个索引表
5   */
6  public class BlockSearch {
7      //放置要查找的数列
8      private intdata[];
9
10     public static void main(String[] args) {
11         //原始数列
12         int[] arr = {8,14,6,10,22,15,27,37,18,19,25,23,33,31,40,38,54,61};
13
14         //索引表
15         int[][] blockInfos = {{14,0},{37,4},{61,14}};
16         BlockSearch blockSearch = new BlockSearch(arr);
17         IndexTable indexTable = new IndexTable(blockInfos);
18         int result = blockSearch.indexSearch(indexTable, blockInfos.length, arr.length,
                66);
19         if (result < 0) {
20             System.out.println("要查找的元素不存在");
21         } else {
22             System.out.println("查找成功,该元素在表中的位置为:" + result);
23         }
24     }
25
26     //构造方法
27     public BlockSearch(int[] arr) {
28         this.data = new int[arr.length];
29         for (int i = 0; i <arr.length; i++) {
30             this.data[i] = arr[i];
31         }
32     }
33
34     /**
35      * 索引查找方法
36      * @param indexTable   索引表
37      * @param m            块的数量
38      * @param n            原始数列的长度
39      * @param target       要查找的目标值
40      * @return
41      */
```

```
42    public intindexSearch(IndexTable indexTable, int m, int n, int target) {
43        int low = 0;
44        int high = m - 1;
45        int mid = 0;
46
47        //二分查找索引表
48        while (low < = high) {
49            mid = (low + high) / 2;
50            if (indexTable.elem[mid].key > = target) {
51                high = mid - 1;
52            } else {
53                low = mid + 1;
54            }
55        }
56
57        //顺序查找块中的数据
58        if (low < m) {
59            //获取每个块中的最后一个值的索引，作为 for 循环的终止条件
60            int end = 0;
61            if (low = = m - 1) {
62                end = data.length;
63            } else {
64                end = indexTable.elem[low + 1].start;
65            }
66            //遍历块中的全部元素，与目标值进行比对
67            for (int i = indexTable.elem[low].start; i < end; i+ +) {
68                //System.out.println("i = " + i);
69                if (data[i] = = target) {
70                    return i;
71                }
72            }
73        }
74        return - 1;
75    }
76
77    /* *
78     * 索引表
79     * 索引中包含中两部分内容：该块中最大的关键字以及第一个关键字在总数列中的位置，即
         块的起始位置
80     */
81    public static class IndexItem {
82        public int key; //块中最大的关键字
83        public int start; //开始位置
84    }
85
86    //索引表
87    public static class IndexTable {
88        publicIndexItem[] elem;
89        public int length = 0;
90
```

```
91          public IndexTable(int[][] b) {
92              this.elem = new IndexItem[b.length];
93              int i;
94              for (i = 0; i <b.length; i + + ) {
95                  elem[i] = newIndexItem();
96                  elem[i].key = b[i][0];
97                  elem[i].start = b[i][1];
98                  this.length + + ;
99              }
100         }
101     }
102 }
```

6.6.4 分块查找算法的总结

分块查找算法的运行效率受两部分影响：查找块的操作和块内查找的操作。查找块的操作可以采用顺序查找，也可以采用二分查找（更优）；块内查找的操作采用顺序查找的方式。相比于二分查找，分块查找时间效率上更低一些；相比于顺序查找，由于在子表中进行，比较的子表个数会不同程度的减少，所以分块查找算法会更优。

总体来说，分块查找算法的效率介于顺序查找和二分查找之间。

6.7 树表查找算法

6.7.1 树表查找算法的概念

顺序查找、二分查找和索引查找都是适用于静态查找表的查找算法，其中二分查找的效率最高。静态查找表的缺点是当表的插入或删除操作频繁时，为维护表的有序性，需要移动表中很多记录。这种由移动记录引起的额外时间开销，会削弱二分查找的优势（二分查找和分块查找只适用于静态查找表）。

若要对动态查找表进行高效率的查找，可以使用树表查找算法。以树这种数据结构作为查找表的组织形式，称为树表，如二叉查找树、平衡二叉树、平衡二叉查找树、红黑树等。

6.7.2 树表查找算法

关于二叉查找树、平衡二叉树、平衡二叉查找树、红黑树、B 树、B+树的查找，已经在本书第 3 章中详细讲解过。

6.7.3 树表查找算法的总结

二叉查找树在执行查找操作时的时间复杂度为 O(log$n$)，但是在极端情况下二叉查找树会退化成链表，此时的时间复杂度会退化为 O(n)。为了避免二叉查找树的退化，就需要使用平衡二叉查找树。AVL 树是最具代表的平衡二叉查找树其查找的时间复杂度稳定在 O(log$n$)。但是对于频繁执行插入和删除的情况下，AVL 树的维护较差，红黑树的维护性则强于 AVL 树。红黑树一般情况下查找的时间复杂度是 O(log$n$)，但是最坏情况下会差于 AVL 树。红黑树是一种比较高效的平衡查找树，应用非常广泛，很多编程语言的内部实现都或多或少的采用了红黑树。

小　　结

本章讲解了常见的查找算法——线性查找、二分查找、插值查找、斐波那契查找以及分块查找（索引顺序查找）、哈希查找、树表查找。这被统称为七大查找算法。

线性查找属于无序查找算法，其平均时间复杂度是 $O(n)$。

二分查找的优点是速度快、不占空间、不用开辟新空间。缺点是必须是有序查找，其平均时间复杂度为 $O(\log n)$。

插值查找和斐波那契查找是在二分查找的基础上优化而成的查找算法，自然也都是有序查找算法。

插值查找的时间复杂度是 $O(\log n)$。对于数据量较大，关键字分布又比较均匀的查找表来说，插值查找算法的平均性能比二分查找要好得多。

斐波那契查找也叫作黄金分割法查找，其时间复杂度是 $O(\log n)$，斐波那契查找的运行时间理论上要比二分查找小。

分块查找算法的效率介于线性查找和二分查找之间。

本章要求读者熟练掌握线性、二分查找、插值查找以及斐波那契查找的实现原理。对于树表查找，其实就是掌握二叉树的查找操作。对于分块查找、哈希查找要了解其实现原理。

第**7**章　字符串匹配算法

　　字符串匹配算法,就是字符串查找算法。字符串匹配问题是实际工程中经常遇到的问题,也是各大公司笔试面试的常考题目。当我们在文本编辑器或是浏览器中查找某个单词时,就是在查找子字符串。事实上,字符串匹配算法的原始动机就是为了支持这种查找操作。字符串查找的另一个经典应用是在截获的通信内容中寻找某种重要的模式。现代社会,我们经常在互联网的海量信息中查找字符串。

　　字符串匹配算法很多,常见的包括:BF 算法(brute force,暴力匹配算法)、RK 算法(Robin-Karp,哈希检索算法)、BM(Boyer Moore)算法、KMP(Knuth-Morris-Pratt)算法、Sunday 算法等。

　　字符串查找理解起来最简单且使用广泛的就是暴力匹配算法。虽然它在最坏情况下的时间复杂度是 $O(m*n)$,其中 n 为文本串的长度,m 为字符串的长度,但是在处理许多应用程序中的字符串时,一般情况下运行时间与 $m+n$ 成正比。1970 年,Cook 在理论上证明了一个结论,这个结论暗示了一种在最坏情况下用时也只与 $m+n$ 成正比的解决字符串查找问题的算法。Knuth 和 Pratt 改进了 Cook 的框架并将它提炼为一个相对简单而实用的算法。同时 Morris 在实现一个文本编辑器时,为了解决某个棘手的问题也发明了几乎相同的算法。殊途同归的两种方式得到了同一种算法。Knuth、Morris 和 Pratt 在 1976 年发表了他们的算法——KMP 算法。在这段时间里 Boyer 和 Moore 也发明了一种在许多应用程序中查找非常快的算法,即 BM 算法。该算法一般只会检查文本字符串中的一部分字符。许多文本编辑器使用了这个算法,显著降低了字符串查找的响应时间。

　　KMP 算法和 BM 算法都需要对模式字符串进行复杂的预处理,这个过程十分晦涩而且也限制了它们的应用范围。1980 年,Rabin 和 Karp 利用哈希函数开发出了一种与暴力匹配算法几乎一样简单但运行时间与 $m+n$ 成正比的算法,这种算法就是 RK 算法。RK 算法还可以扩展到二维的模式和文本中,这使得它比其他算法更适用于图像处理。

　　字符串匹配算法通常分为两个步骤:预处理(preprocessing)和匹配(matching)。所以算法的总运行时间为预处理和匹配的时间的总和。本章主要介绍 BF 算法、KMP 算法、BM 算法和 RK 算法。

7.1　暴力匹配算法

7.1.1　暴力匹配算法的概念

　　BF 算法叫作暴力匹配算法或暴力检索算法,也称朴素匹配算法(naive string matching algorithm)。BF 算法是字符串匹配的时候最容易想到的算法,也最好实现。这种算法的字

暴力匹配算法

符串匹配方式很"暴力"，比较简单易懂，但性能不高。

BF 算法的实现过程就是"傻瓜式"地用模式串与文本串中的字符一一匹配。换句话来说，就是在文本中，用模式串可能出现匹配的任何位置去检查是否匹配。

例如，给定一段长度为 n 的文本串（text，通常用 T 表示）和一个长度为 m 的模式串（pattern，通常用 P 表示），需要在文本中找到一个和该模式相符的子字符串。暴力匹配算法的做法就是在文本串 T 中，检查起始位置分别是 $0,1,2,\cdots,n-m$ 的字符串，看有没有跟模式串 P 完全一致的。模式串在主串中最多有 $n-m+1$ 种可能的匹配位置。

7.1.2 暴力匹配算法的原理

在文本串 T 中查找模式串 P，文本 T 是一个长度为 n 的数组 $T[1,\cdots,n]$；模式串 P 是一个长度为 m，且 $m \leqslant n$ 的数组 $P[1,\cdots,m]$。模式串相对于文本是很短的，m 可能等于 100 或者 1000，而文本串相对于模式串是很长的，n 可能等于 100 万或者 10 亿。在字符串查找中，一般会对模式串进行预处理来支持在文本中的快速查找。而暴力匹配算法是没有预处理阶段的。

暴力匹配算法的原理：首先将文本串和模式串左端对齐，逐一比较，如果第一个字符不匹配，则模式串向后移动一位继续比较。如果第一个字符匹配，则继续比较后续字符，直至全部匹配。在最坏的情况下，模式串最多需要移动 $n-m+1$ 次。

例如，文本串为"ABCABAAAABAABCAC"，模式串为"ABAABCAC"。

（1）初始化，i 指针在文本串 T 的第 0 位，j 指针在模式串 P 的第 0 位（见图 7.1）。

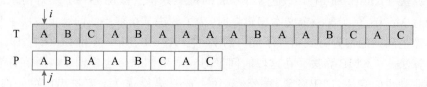

图 7.1　暴力匹配指针初始化

（2）比较 i 指针指向的字符和 j 指针指向的字符是否相同，如果相同，两个指针就都向后移动，继续验证后续字符是否相同；如果不相同，则说明模式串 P 不可能出现在文本串 T 的当前位置，本轮比对停止（见图 7.2）。

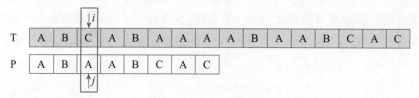

图 7.2　暴力匹配步骤 2

（3）如图 7.2 所示，文本串 T 中的字符 C 与模式串 P 中的字符 A 不相同，则本轮比对停止，模式串 P 向后移动一位，让模式串 P 的顶端与文本串 T 指针 $i+1$ 处对齐。此时 i 指针移动到文本串 T 的第 1 位，j 指针移动到模式串 P 的第 0 位，然后重新开始以上步骤（见图 7.3）。

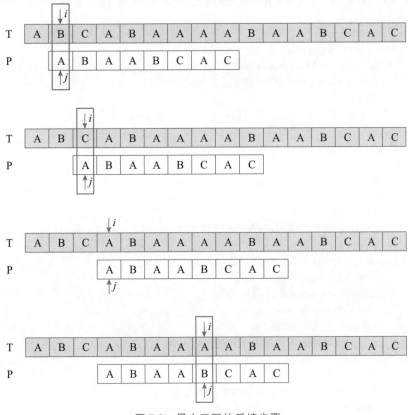

图 7.3　暴力匹配的后续步骤

（4）重复以上步骤，当 i 为 8 时，模式串 P 中的每一个字符都与文本串 T 匹配。此时匹配完成，返回 8，说明模式串 P 在文本串 T 中首次出现的位置是 8（见图 7.4）。

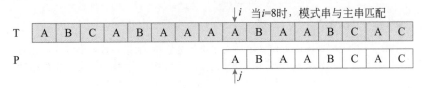

图 7.4　暴力匹配成功

由图 7.1～图 7.3 可知，指针 i 的移动范围是从 0 到 $n-m+1$，指针 j 的移动范围是从 0 到 m。如果超出指针 i 的移动范围还没有匹配上，则匹配失败，返回 -1。

7.1.3　暴力匹配算法的代码实现

暴力匹配算法的代码实现如代码 7.1 所示。

【代码 7.1】

```
1  /**
2   * BF 算法
3   * 暴力匹配算法
4   * 朴素匹配算法
```

暴力匹配算法
的代码实现

```
5      * 在最坏情况下,暴力匹配算法在长度为 n 的文本中查找长度为 m 的模式串,时间复杂度为 O(n * m)
6      */
7    public class BFMatch {
8        public static void main(String[] args) {
9            String s1 = "ABCABAAAABAABCAC";
10           String s2 = "ABAABCAC";
11           System.out.println("匹配的位置:" + bfSearch(s1, s2));
12           System.out.println("匹配的位置 1:" + bfSearch1(s1, s2));
13       }
14
15       /* *
16        * 暴力匹配算法
17        * @param ts 主串
18        * @param ps 模式串
19        * @return 如果找到,返回模式串在主串中首次出现的位置,否则返回 - 1
20        */
21       public static int bfSearch(String ts, String ps) {
22           //文本串的长度为 n
23           int n = ts.length();
24           //模式串的长度为 m
25           int m = ps.length();
26           //记录文本串和模式串中字符的比对次数
27           int count = 0;
28
29           //文本串指针 i。指针 i 的移动范围是从 0 到 n - m + 1
30           for (int i = 0; i < n - m + 1; i + + ) {
31               int j = 0;
32               //模式串指针 j.指针 j 的移动范围是从 0 到 m
33               for (j = 0; j < m; j + + ) {
34                   //输出指针 i 和 j
35                   System.out.println("i = " + i + ",j = " + j);
36                   //比对次数累加
37                   count + + ;
38                   //逐一比对模式串与文本串中的字符,如果一致就继续往后比对
39                   //如果不一致,则跳出,让模式串后移一位,移动到文本串的指针 i + 1 处
40                   if (ts.charAt(i + j) ! = ps.charAt(j)) break;
41               }
42               System.out.println("字符比对次数:" + count);
43               System.out.println(" - - - - - - - - -");
44               //匹配成功
45               //如果逐一比对模式串与文本串中的字符,没有跳出,且指针 j 与模式串长度相
46               //同,则说明匹配成功,返回此时的指针 i
46               if (j = = m) return i;
47           }
48           //超出指针 i 的移动范围还没有匹配,则匹配失败,返回 - 1
49           return - 1;
50       }
51
52       /* *
53        * 暴力匹配算法的另一种写法
```

```
54      * @param ts 主串
55      * @param ps 模式串
56      * @return 如果找到,返回模式串在主串中首次出现的位置,否则返回-1
57      */
58     public static int bfSearch1(String ts, String ps) {
59         //文本串的长度为 n
60         int n = ts.length();
61         //模式串的长度为 m
62         int m = ps.length();
63         int i = 0; //主串的指针
64         int j = 0; //模式串的指针
65         //记录文本串和模式串中字符的比对次数
66         for (i = 0, j = 0; i < n && j < m; i++) {
67             if (ts.charAt(i) == ps.charAt(j)) {
68                 j++;
69             } else {
70                 i -= j;
71                 System.out.println("---" + i);
72                 j = 0;
73             }
74         }
75         if (j == m) return i - m;//找到匹配
76         else return -1;//超出指针 i 的移动范围还没有匹配,则匹配失败,返回-1
77     }
78 }
```

7.1.4 暴力匹配算法的总结

(1)暴力匹配算法没有模式串的预处理阶段。

(2)模式串每次总是向右移动1位。

(3)对模式串中字符的比较顺序不限定,可以从前到后,也可以从后到前。

(4)暴力匹配算法的最好情况时间复杂度是 $O(n)$,最坏情况时间复杂度为 $O(n*m)$。其中 n 为文本串的长度,m 为模式串的长度。

如何证明该时间复杂度呢?假如有文本串为 AA...B,文本长度为 n,文本的前 $n-1$ 位都是字符 A,只有最后一位字符是 B。模式串为 AAAAAB,长度为 m,前 $m-1$ 位是字符 A,最后一位字符是 B。模式串在文本串中最多有 $n-m+1$ 个可能的匹配位置,而模式串中的所有字符都需要逐一对比,所以总的对比次数就是 $m*(n-m+1)$。一般来说 m 远小于 n,因此时间复杂度为 $O(n*m)$。

7.2 KMP 算法

7.2.1 KMP 算法的概念

KMP(Knuth-Morris-Pratt)算法的全称是克努特-莫里斯-普拉特算法。KMP 算法是 Donald Knuth、James H. Morris、Vaughan Pratt 于 1976 年发表的研究成果,其中,Knuth

KMP 算法

是《计算机程序设计艺术》的作者。KMP算法是众多《数据结构和算法》图书必讲的算法，是知名度最高的算法。曾被投票选为当今世界最伟大的十大算法之一，但是晦涩难懂。

暴力匹配算法明显时间复杂度过高，不适合规模稍大一些的应用环境，需要改进。暴力匹配算法之所以需要大量的时间，是因为存在大量的局部匹配，而且每次匹配一旦失配，文本串和模式串的字符指针都需要回退，并从头开始下一轮的尝试，这就造成整个过程中重复了很多操作。

KMP算法的本质也是前缀匹配算法，对比暴力匹配算法，区别在于它会动态调整每次模式串的移动距离，而不仅仅是加一，并非每次只向后移动一位，从而就加快了匹配过程。简单理解，暴力匹配算法和KMP算法的区别，唯一不同就在于模式串每次的移动距离。

7.2.2　KMP算法的实现思路

KMP算法的核心思想，就是在模式串与文本串匹配的过程中，当遇到不可匹配的字符时找到一些规律，将模式串往后多移动几位，跳过那些肯定不会匹配的情况。

在一次匹配中，我们是不知道文本串内容的，而模式串是我们自己定义的。暴力匹配算法中，模式串的第 j 位失配，默认把模式串后移动一位。但在前一轮的比较中，我们已经知道了模式串的前 $j-1$ 位与文本串中的 $j-1$ 个元素已经匹配成功了。这就意味着，在经过一轮的尝试匹配后，我们得到了文本串的部分内容。可以利用这些内容，让模式串多往后移动几位，减少比较的次数。这就是KMP算法最根本的原理。KMP的重点就在于当模式串与文本串不匹配时，我们应该知道 j 指针要移动到哪个位置。

KMP算法在开始的时候，也是将文本符串和模式串左端对齐，逐一比较，但是当出现不匹配的字符时，KMP算法不是像BF算法那样向后移动一位，而是按事先计算好的"部分匹配表"中记载的位数来移动，节省了大量时间。

在模式串和文本串匹配的过程中，把不能匹配的那个字符叫作坏字符，把已经匹配的那段字符串叫作好前缀。

部分匹配值是指字符串前缀和后缀共有元素的字符长度（一般用 partial_match_length 来表示，简称 pml）。前缀是指除最后一个字符外，一个字符串所有的头部组合；后缀是指除第一个字符外，一个字符串所有的尾部组合。

例如，模式串为"ABAABCAC"，部分匹配值的计算过程如下。

（1）"A"为单字符，前缀和后缀为空集，共有元素的长度为0。

（2）"AB"的前缀为[A]，后缀为[B]，无共有元素，即共有元素的长度为0。

（3）"ABA"的前缀为[A，AB]，后缀为[BA，A]，共有元素为"A"，共有元素的长度1。

（4）"ABAA"的前缀为[A，AB，ABA]，后缀为[BAA，AA，A]，共有元素为"A"，共有元素的长度为1。

（5）"ABAAB"的前缀为[A，AB，ABA，ABAA]，后缀为[BAAB，AAB，AB，B]，共有元素为"AB"，长度为2。

（6）"ABAABC"的前缀为[A，AB，ABA，ABAA，ABAAB]，后缀为[BAABC，AABC，ABC，BC，C]，无共有元素，长度为0。

(7) "ABAABCA"的前缀为[A,AB,ABA,ABAA,ABAAB,ABAABC],后缀为[BAABCA,AABCA,ABCA,BCA,CA,A],共有元素为"A",共有元素的长度为1。

(8) "ABAABCAC"的前缀为[A,AB,ABA,ABAA,ABAAB,ABAABC,ABAABCA],后缀为[BAABCAC,AABCAC,ABCAC,BCAC,CAC,AC,C],无共有元素,长度为0。也可以用表格来计算部分匹配值(见表7.1)。

表 7.1　KMP算法部分匹配值

pml	模　式　串							
	A	B	A	A	B	C	A	C
0	A							
0	A	B						
1	A	B	A					
1	A	B	A	A				
2	A	B	A	A	B			
0	A	B	A	A	B	C		
1	A	B	A	A	B	C	A	
0	A	B	A	A	B	C	A	C

计算出部分匹配值(pml)之后,接下来将部分匹配值复制一行,去掉最后一个数,各pml依次向右平移一格,在开头添加负1,再将每个值加1,得到next数组(在实际代码实现过程中,next数组的每个值并不用加1)。next数组就是模式串中的字符与文本串比较后失配,下一步需要移动的位数(见表7.2)。

表 7.2　KMP算法中模式串的next数组

序号	1	2	3	4	5	6	7	8
模式串	A	B	A	A	B	C	A	C
部分匹配值	0	0	1	1	2	0	1	0
移位	−1	0	0	1	1	2	0	1
next	0	1	1	2	2	3	1	2

KMP算法由两部分组成:第一部分,计算模式串的next或nextval数组;第二部分,利用计算好的模式串的nextval数组,进行模式匹配。

有了next数组,接下来我们以从文本串"ABCABAAAABAABCAC"中查找模式串"ABAABCAC"为例,来讲解KMP算法的实现步骤。

(1) 文本串与模式串左端对齐,从头开始比对(见图7.5)。

| T | A | B | C | A | B | A | A | A | A | B | A | A | B | C | A | C |
| P | A | B | A | A | B | C | A | C |

图 7.5　KMP算法步骤1

(2) 模式串中第3个字符"A"与文本串失配。该字符对应的next值为1,让模式串的第 1 个字符跟失配的位置进行比较。这是模式串第 1 次移位（见图 7.6）。

| T | A | B | C | A | B | A | A | A | A | B | A | A | B | C | A | C |
| P | | | A | B | A | A | B | C | A | C | | | | | | |

图 7.6　KMP算法步骤 2

（3）经过第 1 次移位，模式串的第 1 个字符跟失配的位置进行比较，两者不匹配。模式串中第 1 个字符"A"对应的 next 值为 0，则让模式串的第 0 个字符跟失配的位置进行比较，即将模式串向后移一位，让模式串前一个空格跟失配位置进行比较。这是模式串第 2 次移位（见图 7.7）。

| T | A | B | C | A | B | A | A | A | A | B | A | A | B | C | A | C |
| P | | | | A | B | A | A | B | C | A | C | | | | | |

图 7.7　KMP算法步骤 3

（4）经过第 2 次移位，模式串前 4 个字符都与文本串匹配，但是模式串中第 5 个字符"B"与文本串失配，该字符对应的 next 值为 2，则让模式串的第 2 个字符跟失配的位置进行比较。这是模式串第 3 次移位（见图 7.8）。

| T | A | B | C | A | B | A | A | A | A | B | A | A | B | C | A | C |
| P | | | | | A | B | A | A | B | C | A | C | | | | |

图 7.8　KMP算法步骤 4

（5）第 3 次移位后，模式串的第 2 个字符"B"与文本串失配，该字符对应的 next 值为 1，则让模式串的第 1 个字符跟失配位置进行比较。这是模式串第 4 次移位（见图 7.9）。

| T | A | B | C | A | B | A | A | A | A | B | A | A | B | C | A | C |
| P | | | | | | A | B | A | A | B | C | A | C | | | |

图 7.9　KMP算法步骤 5

（6）经过第 4 次移位，模式串中第 2 个字符"B"与文本串失配，该字符对应的 next 值为 1，则让模式串的第 1 个字符跟失配位置进行比较。这是模式串第 5 次移位（见图 7.10）。

| T | A | B | C | A | B | A | A | A | A | B | A | A | B | C | A | C |
| P | | | | | | | A | B | A | A | B | C | A | C | | |

图 7.10　KMP算法步骤 6

（7）经过第 5 次移位，模式串的字符与文本串的字符完全匹配，匹配结束。返回模式串第一个字符在文本串中的位置。对于本案例，KMP 算法共需要模式串移位 5 次，如果用暴力匹配算法则需要模式串移动 8 次。

KMP 算法对模式串做预处理时,有计算 next 数组和 nextval 数组之分。它们的意义和作用完全一样,可以混用。不同的是,next 数组在一些情况下有些缺陷,而 nextval 是为了弥补这个缺陷而产生的。

如文本串是"AABAAAABAABAAC",模式串"AAC"。next 数组是[0,1,2](其实任何模式串的 next 数组,前两位一定是 0,1)。使用 KMP 算法,模式串需要移位 11 次才能找到匹配位置。该例子如果采用暴力匹配算法,模式串也是移位 11 次,而暴力匹配算法还无须对模式串进行预处理,执行效率更高。所以 KMP 算法计算 next 数组的形式,在部分情况下是无法体现出 KMP 算法优势的。如果计算 nextval,则会减少模式串移位次数,提升匹配效率。如该例子中,"AAC"的 nextval 数组为[0,0,2](见图 7.11)。当匹配完成,模式串移位 8 次(见图 7.11),性能得到提升。如果文本串很长的话,那可以省去更多次移位。因此 KMP 算法建议使用对模式串预处理获取 nextval 数组的方式来实现。

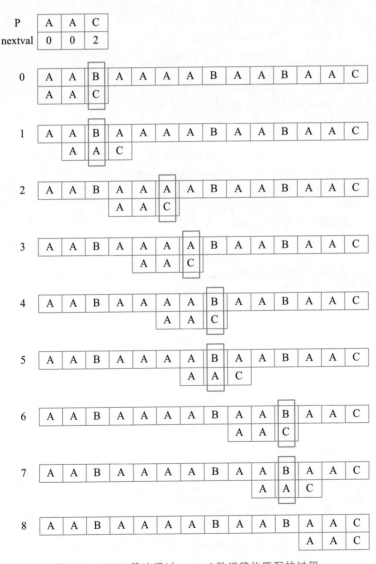

图 7.11 KMP 算法通过 nextval 数组移位匹配的过程

7.2.3　KMP 算法的代码实现

KMP 算法的
代码实现

KMP 算法的代码实现如代码 7.2 所示。

【代码 7.2】

```
1   /**
2    * KMP 算法由两部分组成
3    * 第一部分,计算模式串的 next 或 nextval 数组
4    * 第二部分,利用计算好的模式串的 nextval 数组,进行模式匹配
5    * KMP 算法中有 next 数组和 nextval 数组之分
6    * 他们的意义和作用完全一样,完全可以混用
7    * 唯一不同的是,next 数组在一些情况下有些缺陷,而 nextval 是为了弥补这个缺陷而产生的
8    */
9   public class KMPMatch {
10      public static void main(String[] args) {
11          String s1 = "ABCABAAAABAABCAC";
12          String s2 = "ABAABCAC";
13
14          int pos = kmpSearch(s1, s2);
15          System.out.println("查找到位置是" + pos);
16      }
17
18      //和暴力破解相比,改动的最主要的地方就是,i 不需要回溯,j 不是归 0
19      public static int kmpSearch(String ts, String ps) {
20          int i = 0; //主串的指针
21          int j = 0; //模式串的指针
22          //获取 next 数组或 nextVal 数组
23          int[] next = getNext(ps);
24          //int[] next = getNextval(ps);
25          System.out.println("next 数组为:" + Arrays.toString(next));
26          int count = 0;//记录文本串和模式串中字符的比对次数
27          while (i < ts.length() && j < ps.length()) {
28              if (j == -1 || ts.charAt(i) == ps.charAt(j)) {
29                  //当两个字符相同,就比较下一个
30                  i++;
31                  j++;
32              } else {
33                  //模式串移位
34                  //BF 算法中 i 需要回溯,而 KMP 中 i 不需要回溯
35                  //i = i - j + 1
36                  //j 回到指定位置
37                  j = next[j];
38                  count++;
39              }
40          }
41          System.out.println("模式串移位次数:" + count);
42          if (j == ps.length()) {
43              return i - j;
```

```
44          } else {
45              return − 1;
46          }
47      }
48
49      //未改进的 KMP 算法获取模式串部分匹配值的 next 数组
50      public static int[] getNext(String ps) {
51          char[] p = ps.toCharArray();
52          int[] next = new int[p.length];
53          //定义前缀和后缀的索引
54          int j = 0;
55          int k = − 1;
56          next[0] = − 1;
57          while (j < p.length − 1) {
58              if (k = = − 1 || p[j] = = p[k]) {
59                  + + j;
60                  + + k;
61                  next[j] = k;
62                  //System.out.println("j = " + j + ",k = " + k);
63              } else {
64                  k = next[k];
65                  //System.out.println("− − − − − − − − −j = " + j + ",k = " + k);
66              }
67          }
68          return next;
69      }
70
71      //改进的 KMP 算法,获取模式串部分匹配值的 nextval 数组
72      public static int[] getNextval(String ps) {
73          char[] p = ps.toCharArray();
74          int[] next = new int[p.length];
75          next[0] = − 1;
76          int j = 0;
77          int k = − 1;
78          while (j < p.length − 1) {
79              if (k = = − 1 || p[j] = = p[k]) {
80                  if (p[+ + j] = = p[+ + k]) { //当两个字符相等时要跳过
81                      next[j] = next[k];
82                  } else {
83                      next[j] = k;
84                  }
85              } else {
86                  k = next[k];
87              }
88          }
89          return next;
90      }
91  }
```

运行结果：

next 数组为:[-1,0,0,1,1,2,0,1]

模式串移位次数:5

查找到位置是 8

代码分析

当采用改良后 KMP 算法,计算出 nextval 数组为[-1,0,-1,1,0,2,-1,1],此时模式串移位次数为三次(见图 7.12)。可以发现匹配效率提升了。

改良的KMP算法

序号	1	2	3	4	5	6	7	8
模式串	A	B	A	A	B	C	A	C
nextval	0	1	0	2	1	3	0	2

1.模式串与文本串左侧对齐，从头开始比对

| T | A | B | C | A | B | A | A | A | A | B | A | A | B | C | A | C |
| P | A | B | A | A | B | C | A | C | | | | | | | | |

模式串中第3个A对应的next值为0，则让模式串的第0个字符跟失配的位置进行比较。模式串第1次移位。

2.第1次移位后

| T | A | B | C | A | B | A | A | A | A | B | A | A | B | C | A | C |
| P | | | | A | B | A | A | B | C | A | C | | | | | |

模式串中第5个B对应的next值为1，则让模式串的第1个字符跟失配的位置进行比较。模式串第2次移位。

3.第2次移位后

| T | A | B | C | A | B | A | A | A | A | B | A | A | B | C | A | C |
| P | | | | | | A | B | A | A | B | C | A | C | | | |

模式串中第2个B对应的next值为1，则让模式串的第1个字符跟失配的位置进行比较。模式串第3次移位。

4.第3次移位后

| T | A | B | C | A | B | A | A | A | A | B | A | A | B | C | A | C |
| P | | | | | | | | | A | B | A | A | B | C | A | C |

完全匹配

图 7.12　KMP 算法计算 nextval 实现匹配的步骤

7.2.4　KMP 算法的总结

（1）KMP 算法需要对模式串进行预处理,对模式串中字符的比较顺序是从左到右。

（2）预处理阶段需要额外的 $O(m)$ 时间复杂度。

（3）KMP 算法的平均时间复杂度是 $O(n+m)$，最坏情况时间复杂度是 $O(n)$，最好情况时间复杂度是 $O(n/m)$（m 为模式串长度，n 为文本串的长度）。

7.3 BM 算法

7.3.1 BM 算法的概念

BM 算法

各种文本编辑器中都有"查找"功能，快捷键是 Ctrl＋F。这里的查找采用的算法就是 BM(boyer moore)算法。1977 年，得克萨斯大学的 Boyer 教授和 Moore 教授发明了这种算法。BM 算法是一种非常高效的字符串匹配算法。

BM 算法和 KMP 算法分别是后缀匹配和前缀匹配的经典算法。前缀匹配是指模式串和文本串的比较从左到右，模式串的移动也是从左到右；后缀匹配是指模式串和文本串的比较是从右到左，模式串的移动则是从左到右。前缀匹配和后缀匹配的区别就在于比较的顺序不同。

经典的 BM 算法是对后缀暴力匹配算法的改进。BM 算法所做的事情就是改进了暴力匹配的关键代码，即模式串不是每次移动一步，而是根据已经匹配的后缀信息，从而移动更多的位数。其实 BM 算法和 KMP 算法的基本原理也是相似的，在模式串与文本串匹配的过程中，当模式串和文本串的某个字符不匹配时，跳过一些肯定不会匹配的情况，将模式串多移动几位，从而加快匹配过程。不过 BM 算法的执行效率要比 KMP 算法快 3～4 倍，并且更容易理解。这就为什么文本编辑器的查找功能一般都采用此算法的原因。

7.3.2 BM 算法的实现原理

BM 算法核心思想是利用模式串本身的特点，在模式串中某个字符与文本串不能匹配时，将模式串往后多移动几位，以此来减少不必要的字符比较，提高匹配的效率。BM 算法构建的规则有两类，坏字符规则和好后缀规则（见图 7.13）。

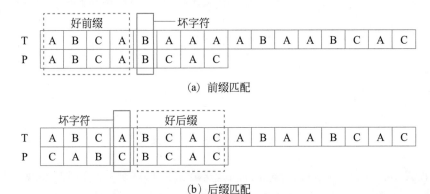

图 7.13 前缀匹配和后缀匹配

在模式串和文本串匹配的过程中，把不能跟模式串匹配的文本串中的字符叫作坏字符，把已经匹配的那段字符串叫作好前缀。而 BM 算法是后缀匹配，从右向左匹配的字符串是好后缀。BM 算法从右向左匹配过程中，会比较"坏字符规则表"和"好后缀规则表"，哪个对应的后移位数大就用哪个值，这样的移动幅度比 KMP 算法要大，自然匹配效率就高。

无论是坏字符规则还是好后缀规则，这两个规则的移动位数只与模式串有关，与文本串无关。因此，可以预先计算生成"坏字符规则表"和"好后缀规则表"。使用时只要查表比较一下就可以了。

好后缀规则也可以独立于坏字符规则使用。因为坏字符规则的实现比较耗内存，为了节省内存，我们也可以只用好后缀规则来实现 BM 算法。

拿 BM 算法的发明者 Moore 教授的例子，从文本串"HERE IS A SIMPLE EXAMPLE"中查询模式串"EXAMPLE"为例来讲解 BM 算法的步骤。

（1）将文本串和模式串左端对齐，从尾部开始比较（见图 7.14(a)）。

（2）当前"S"和"E"不匹配，此时"S"就是"坏字符"（bad character），即不匹配的字符。在 BM 算法中，当每次发现坏字符时，就需要去模式串中寻找是否存在相同的字符。因为模式串中不存在字符"S"，所以将模式串顶端向后移动到坏字符的下一个位置（见图 7.14(b)）。

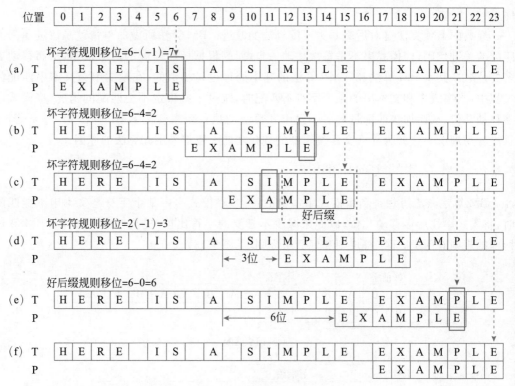

图 7.14　BM 算法匹配步骤

（3）模式串整体向后移动到合适位置后，接着继续从尾部开始比较，发现字符"P"和"E"不匹配，此时坏字符是"P"。因为模式串中存在字符"P"，所以将模式串移动到两个"P"对齐的位置。如果模式串中有多个字符与坏字符相同，则选择模式串中最右边相同的字符与坏字符对齐，如图 7.14(c)所示。

知识加油站

坏字符规则如下。

模式串右移位数=坏字符相对模式串的位置-坏字符在模式串中上一次出现的位置,如果模式串中不存在坏字符,则出现的位置为-1。

以下验证一下该坏字符规则是否正确。

图7.13(a)中字符"S"和"E"不匹配,坏字符"S"的位置是6,模式串中不存在字符"S",所以位移数为6-(-1)=7。模式串向右移动7位。

图7.13(b)中字符"P"和"E"不匹配,坏字符"P"的位置是6,模式串中"P"最早出现的位置是4,所以位移数为6-4=2。模式串向右移动2位。

图7.13(c)中字符"I"和"A"不匹配,坏字符"I"的位置是2,模式串中不存在字符"I",所以位移数为2-(-1)=3。模式串向右移动3位。

图7.13(e)中字符"P"和"E"不匹配,坏字符"P"的位置是6,模式串中"P"最早出现的位置是4,所以位移数为6-4=2。模式串向右移动2位。

(4) 继续从尾部开始比较,"E、L、P、M"都匹配,"I"和"A"不匹配,此时坏字符是"I"。不过当前情况,出现了"好后缀"。所有尾部匹配的字符串称为好后缀(good suffix)。"MPLE""PLE""LE""E"都是好后缀。

知识加油站

在既有坏字符,又有好后缀的情况下该如何移位呢?

BM算法的基本思想,后移位数选择坏字符规则和好后缀规则之中的较大值。

好后缀规则如下。

模式串右移位数=好后缀相对模式串的位置-好后缀在模式串中上一次出现的位置

好后缀规则有以下三个注意点。

(1) 好后缀的位置以最后一个字符为准。假定"ABCDEFG"的"EFG"是好后缀,则它的位置以字符"G"为准,好后缀位置为6(从0开始计算)。

(2) 如果好后缀在模式串中只出现一次,则它上一次出现的位置为-1。如"EFG"在"ABCDEFG"之中只出现一次,则它的上一次出现的位置为-1。

(3) 如果好后缀有多个,则除了最长的那个好后缀,其他好后缀的上一次出现位置必须在头部。如假定"BABCDAB"的好后缀是"DAB""AB""B",这时好后缀的上一次出现位置是什么?回答是,此时采用的好后缀是"B",它上一次出现的位置是头部,即第0位。

图7.13(c)中,"MPLE""PLE""LE""E"都是好后缀,后移位数=6-0=6。模式串向右移动6位。

按照坏字符规则,后移位数为3位,如图7.14(d)所示;按照好后缀规则,后移位数为6位,如图7.14(e)所示。所以选择好后缀规则,后移6位。

(5) 继续从尾部比较,发现"P"和"E"不匹配,"P"在模式串中存在,将两个字符"P"对齐。发现全部能匹配,则匹配成功,如图7.14(f)所示。

7.3.3　BM 算法的代码实现

BM 算法的代码实现

BM 算法的代码实现如代码 7.3 所示。

【代码 7.3】

```
1   /**
2    * BM算法从右向左匹配过程中,会比较"坏字符规则表"和"好后缀规则表"
3    * 哪个对应的后移位数大就用哪个值,这样的移动幅度比 KMP 算法要大,自然匹配效率要高
4    * 无论是坏字符规则还是好后缀规则,这两个规则的移动位数只与模式串有关,与文本串无关
5    * 因此,可以预先计算生成"坏字符规则表"和"好后缀规则表"。使用时只要查表比较一下就可
         以了
6    */
7   public class BMMatch {
8
9       public static void main(String[] args) {
10          String ts = "HERE IS A SIMPLE EXAMPLE";
11          String ps = "EXAMPLE";
12
13          /* String ts = "ABCABAAAABAABCAC";
14          String ps = "ABAABCAC"; */
15          int pos = bmSearch(ts, ps);
16          System.out.println("查找到位置是" + pos);
17      }
18
19      //BM匹配查找
20      public static int bmSearch(String ts, String ps) {
21          int n = ts.length();
22          int m = ps.length();
23          if (m > n) {
24              return -1;
25          }
26          int[] badCharTable = buildBadCharTable(ps);
27          int[] goodSuffixTable = buildGoodSuffixTable(ps);
28          int j = 0;
29          for (int i = m - 1; i < n; ) {
30              System.out.println("模式串尾部位置:" + i);
31              for (j = m - 1; ts.charAt(i) == ps.charAt(j); i--, j--) {
32                  if (j == 0) {
33                      //匹配成功,位置是 i
34                      return i;
35                  }
36              }
37              //System.out.println("bc:" + badCharTable[ts.charAt(i)] + ",gs:"
                  //+ goodSuffixTable[m - j - 1]);
38              i += Math.max(goodSuffixTable[m - j - 1], badCharTable[ts.charAt(i)]);
39          }
40          return -1;
```

```
41        }
42
43        //构建坏字符表
44        public static int[] buildBadCharTable(String ps) {
45            int[] badCharTable = new int[2 << 7];
46            int m = ps.length();
47            for (int i = 0; i < badCharTable.length; i++) {
48                badCharTable[i] = m;    //默认初始化全部为匹配字符串长度
49            }
50            for (int i = 0; i < m - 1; i++) {
51                int k = ps.charAt(i);
52                badCharTable[k] = m - 1 - i;
53            }
54            return badCharTable;
55        }
56
57        //构建好后缀表
58        public static int[] buildGoodSuffixTable(String ps) {
59            int m = ps.length();
60            int[] goodSuffixTable = new int[m];
61            int lastPrefixPosition = m;
62
63            for (int i = m - 1; i >= 0; --i) {
64                if (isPrefix(ps, i + 1)) {
65                    lastPrefixPosition = i + 1;
66                }
67                goodSuffixTable[m - 1 - i] = lastPrefixPosition - i + m - 1;
68            }
69
70            for (int i = 0; i < m - 1; ++i) {
71                int slen = suffixLength(ps, i);
72                goodSuffixTable[slen] = m - 1 - i + slen;
73            }
74            return goodSuffixTable;
75        }
76
77        //前缀匹配
78        private static boolean isPrefix(String ps, int p) {
79            for (int i = p, j = 0; i < ps.length(); ++i, ++j) {
80                if (ps.charAt(i) != ps.charAt(j)) {
81                    return false;
82                }
83            }
84            return true;
85        }
86
87        /**
```

```
88            * 后缀匹配
89            */
90           private static int suffixLength(String ps, int p) {
91               int len = 0;
92               for (int i = p, j = ps.length() - 1; i >= 0 && ps.charAt(i) == ps.charAt(j); i
                 --, j--) {
93                   len += 1;
94               }
95               return len;
96           }
97       }
```

运行结果：

模式串尾部移位到:13

模式串尾部移位到:15

模式串尾部移位到:21

模式串尾部移位到:23

查找到位置是:17

7.3.4　BM 算法的总结

BM 算法的平均时间复杂度是 $O(n+m)$，最坏情况下是 $O(m*n)$，最好情况下是 $O(n/m)$（m 为模式串长度，n 为文本串长度）。

7.4　RK 算法

7.4.1　RK 算法的概念

RK 算法

RK(Rabin Karp)算法的全称为 Rabin-Karp 算法，是由两位发明者 Rabin 和 Karp 的名字来命名的。KMP 算法和 BM 算法都需要对模式字符串进行复杂的预处理，这个过程十分晦涩而且也限制了它们的应用范围。1980 年，Rabin 和 Karp 使用散列表开发出了一种与 BF 算法几乎一样简单，但运行时间与 $m+n$ 成正比的算法，这种算法就是 RK 算法。

RK 算法是对 BF 算法的一个改进。在 BF 算法中，每一个字符都需要进行比较，并且当首字符匹配时仍然需要比较剩余的所有字符。而在 RK 算法中，只进行一次比较来判定两者是否相等。RK 算法对 BF 算法稍加改造，引入哈希算法，时间复杂度立刻降低。

RK 算法也可以进行多模式匹配，在论文查重等实际应用中一般都是使用此算法。

7.4.2　RK 算法的基本思想

RK 算法的核心是使用 Hash 来比较。如果两个字符串 Hash 后的值不相同，则它们肯定不相同；如果它们 Hash 后的值相同，它们不一定相同。

RK 算法的基本思想：将模式串 P 的 Hash 值跟文本串 T 中每一个与 P 等长的子串的 Hash 值比较。Hash 值是一个数字，数字之间的比较非常快速，这样模式串跟子串的比较不再是一个个字符的比较，而是数字的比较，比对的效率大大提高。

　　事实上子串 Hash 值的计算是一个低效的过程，这个过程需要遍历子串中的每个字符，因此整体 RK 算法效率并没有提高。要想真正提高 RK 算法的效率，就要想办法提高计算子串 Hash 值的效率，也就是计算子串 Hash 值的哈希算法的设计问题。

　　RK 算法的效率取决于哈希算法的设计，如果存在冲突的话，时间复杂度可能会退化，极端情况下，哈希算法大量冲突，每个子串散列值都跟模式串相等，时间复杂度就退化为 $O(n*m)$ 了。读者可以自己设计一个 Hash 算法或者直接使用 md5 消息摘要算法。实际工作中 RK 算法并不常用，主要是学习该算法的思想。

7.4.3　RK 算法的代码实现

　　RK 算法的代码实现如代码 7.4 所示。

【代码 7.4】

RK 算法的
代码实现

```
1   /**
2    * RK算法的基本思想
3    * 将模式串P的Hash值跟文本串T中每一个与P等长的子串的hash值比较
4    * Hash值是一个数字,数字之间的比较非常快速
5    * 这样模式串跟子串的比较不再是一个个字符的比较,而是Hash值比较即可,比较效率大大
       提高
6    */
7   public class RKMatch {
8       public static void main(String[] args) {
9           String ts = "ABCABAAAABAABCAC";
10          String ps = "ABAABCAC";
11          int pos = rkSearch(ts, ps);
12          System.out.println("查找到位置是:" + pos);
13      }
14
15      public static int rkSearch(String ts, String ps) {
16          //计算模式串的hash值
17          int psHash = md5(ps);
18          System.out.println("psHash:" + psHash);
19          for (int i = 0; i < (ts.length() - ps.length() + 1); i++) {
20              //将文本串截成子串,并且计算所有子串的hash值
21              String subStr = ts.substring(i, i + ps.length());
22              int subStrHash = md5(subStr);
23              System.out.println(subStr + ":::" + subStrHash);
24              if (psHash == subStrHash) {
25                  return i;
26              }
27          }
28          return -1;
29      }
30
31      /**
```

```
32          * md5 消息摘要算法,参数为 String
33          */
34        public static int md5(String data) {
35            MessageDigest md = null;
36            try {
37                md = MessageDigest.getInstance("MD5");
38            } catch (NoSuchAlgorithmException e) {
39                e.printStackTrace();
40            }
41            md.update(data.getBytes());
42            byte[] digest = md.digest();
43            return byteArrayToInt(digest);
44        }
45
46        /**
47          * byte[]转 int
48          * @param bytes
49          * @return int
50          */
51        public static int byteArrayToInt(byte[] bytes) {
52            int value = 0;
53            //由高位到低位
54            for (int i = 0; i < 4; i++) {
55                int shift = (4 - 1 - i) * 8;
56                value += (bytes[i] & 0x000000FF) << shift;//往高位游
57            }
58            return value;
59        }
60    }
```

7.4.4　RK 算法的总结

RK 算法分为两部分:计算子串 Hash 值,模式串的 Hash 值和子串 Hash 值比对。

第一部分:计算子串的 Hash 值可以通过设计特殊 Hash 算法,只要扫描一遍主串就可以计算出所有子串的 Hash 值,所以第一部分的时间复杂度 O(n)。

第二部分:模式串和子串 Hash 值比对的时间复杂度 O(1),一共需要比对 $n-m+1$ 个子串的 Hash 值,所以这部分的时间复杂度是 O(n)。因此整体 RK 算法的时间复杂度就是 O(n)。

小　　结

本章讲解字符串匹配的四种算法——暴力匹配算法、KMP 算法、BM 算法、RK 算法。

暴力力匹配算法在最好的情况下时间复杂度是 O(n),最坏情况下是 O($n*m$)。其中 n 为文本串的长度,m 为模式串的长度。

KMP 算法和暴力匹配算法的区别在于模式串每次的移动的距离不再只是 1。KMP 算

法的时间复杂度是 $O(n+m)$，最坏情况下是 $O(n)$，最好情况下是 $O(n/m)$。

BM 算法是一种非常高效的字符串匹配算法。BM 算法改进了暴力匹配的关键代码，模式串不是每次移动一步，而是根据已经匹配的后缀信息移动更多的位数，从而加快匹配过程。BM 算法和 KMP 算法的基本原理相似。不过 BM 算法的执行效率要比 KMP 算法快 3～4 倍，且原理更容易理解，因此文本编辑器的查找功能都采用 BM 算法。BM 算法的时间复杂度平均为 $O(n+m)$，最坏情况下是 $O(m*n)$，最好情况下是 $O(n/m)$。

RK 算法是对暴力匹配算法的改进，其核心是使用哈希比较，事实上子串 Hash 值的计算是一个低效的过程，RK 算法的效率取决于哈希算法的设计。整体 RK 算法的时间复杂度是 $O(n)$。实际工作中 RK 算法并不常用。

本章要求大家熟练掌握以上四种字符串匹配算法的原理，以及每种算法的复杂度。

第 *8* 章 最短路径算法和最小生成树算法

随着计算机科学的发展,人们生产生活效率要求的提高,最短路径问题逐渐成为计算机科学、运筹学、地理信息科学等学科的一个研究热点,其在现实生活中占据的地位也越来越重要。例如,公交车辆的最优行驶路线和旅游线路的选择,在军事领域中作战部队的行军路线等问题就与寻找图的最短路径密切相关。最短路径问题是指在一个加权图的两个结点之间找出一条具有最小权的路径,这是图论研究的一个重要问题。求解图的最短路径最为常用的算法就是弗洛伊德算法和迪杰斯特拉算法。

图的最小生成树 MST(minimum spanning tree)是指一棵能连接图中所有的顶点,并具有权值最小的树(树的权为所有边的权值之和)。最小生成树可以应用在电路规划中,可以规划出既能连接各个结点又能使材料最为节省的布局。例如,在生活中假设需要在几个城镇之间修路,使得任意两个城镇都有路相连,中间可以穿过一个或者多个其他城镇,这时需要一个修路方案使修路的里程最小。再如,某海湾上需要设计一个海面上的天然气管道网路,将各个井口连接到岸边的运输点,设计的目标是最小化修建管道的费用。这些问题都是图的最小生成树问题。求解图的最小生成树最经典的算法就是普利姆算法和克鲁斯卡尔算法。

8.1 弗洛伊德算法

8.1.1 弗洛伊德算法的概念

Floyd 算法

弗洛伊德(Floyd)算法是解决图论问题的经典算法,用来求解加权图中任意一对顶点间的最短距离,在求距离的过程中也得到最短距离的路径。该算法以创始人之一,1978 年图灵奖获得者、斯坦福大学计算机科学系教授罗伯特·弗洛伊德的名字命名。Floyd 算法与迪杰斯特拉(Dijkstra)算法相似,都属于最短路径算法,只是 Dijkstra 算法更适合求图中给定两点的最短距离和路径,求任意顶点之间的距离计算量比较大。Floyd 算法则可以求解任意两点之间的最短路径。求解任意两点之间的最短路径问题也被称为多源最短路径问题。Floyd 算法相对比较简单,比较适合入门。

8.1.2 弗洛伊德算法的实现原理

Floyd 算法是一个经典的动态规划算法。用通俗的语言来描述,就是寻找从点 i 到点 j 的最短路径。从任意顶点 i 到任意顶点 j 的最短路径无外乎两种可能:一种是直接从 i 到 j,另一种是从 i 经过若干个顶点 k 再到 j。假设 $\text{dis}(i,j)$ 为顶点 i 到顶点 j 的最短路径的距离,对于每一个顶点 k,我们检查 $\text{dis}(i,k)+\text{dis}(k,j)<\text{dis}(i,j)$ 是否成立。如果成立,证明从 i 到 k 再到 j 的路径比 i 直接到 j 的路径短,我们便设置 $\text{dis}(i,j)=\text{dis}(i,k)+\text{dis}(k,j)$。当我们遍历完所有顶点 k,$\text{dis}(i,j)$ 中记录的便是 i 到 j 的最短路径的距离。

以图 8.1 所示的加权图为例,求任意两个顶点间的最短距离。首先构建初始的邻接矩阵 adjMatrix(其中,adjMatrix[i][j] 的值即为顶点 i 到顶点 j 的最短距离)。如图 8.2 所示,两个顶点之间没有直接关联的用 N 表示。

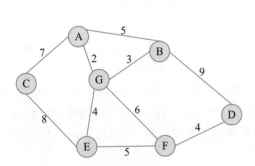

图 8.1 算法案例所用加权图 1

		0	1	2	3	4	5	6
		A	B	C	D	E	F	G
0	A	0	5	7	N	N	N	2
1	B	5	0	N	9	N	N	3
2	C	7	N	0	N	8	N	N
3	D	N	9	N	0	N	4	N
4	E	N	N	8	N	0	5	4
5	F	N	N	N	4	5	0	6
6	G	2	3	N	N	4	6	0

图 8.2 初始加权图的顶点邻接矩阵

以顶点 B 到顶点 C 为例,两个顶点间没有直接关联,adjMatrix[1][2] 等于 N,也就是无穷大。从图 8.2 中可以看到,虽然两个顶点不直接关联,但是当以 A 作为中转点,B 就能抵达 C。用程序语言描述就是当 $k=0$ 时,B 到 A 的距离是 adjMatrix[1][0]=5,A 到 C 的距离是 adjMatrix[0][2]=7,计算得出 adjMatrix[1][0] + adjMatrix[0][2]=5+7=12,12 小于无穷大,所以 adjMatrix[1][2]=12。

再以顶点 C 到顶点 G 为例,两个顶点间没有直接关联,adjMatrix[2][6] 等于无穷大。当以 A 作为中转点,C 就能抵达 G。也就是当 $k=0$ 时,C 到 A 的距离是 adjMatrix[2][0]=7,A 到 G 的距离是 adjMatrix[0][6]=2,计算得出 adjMatrix[2][0] + adjMatrix[0][6]=7+2=9,9 小于无穷大,所以 adjMatrix[2][6]=9。

以此类推,当 k 从 0 到 3,含义就是分别以 A、B、C、D 为中转点,在如图 8.2 所示的加权图中,所有无穷大的距离就都被替换成了实际数值(见图 8.3)。接下来继续执行 k 从 4 到 6 的过程。

再以顶点 B 到顶点 E 为例,当 $k=2$ 时,也就是以 C 为中转点,B 经过 A,再经过 C 到达 E,距离为 20,也就是 adjMatrix[1][4]=20。当 $k=5$ 时,以 F 作为中转点,B 经过 D,再经过 F 抵达 E,距离为 18,18<20,所以 adjMatrix[1][4]=18。当 $k=6$ 时,以 G 作为中转点,B 经过 G 抵达 E,距离为 7,7<18,所以 adjMatrix[1][4]=7。

执行完毕后,如图 8.3 所示的邻接矩阵中的数字就被替换成了更小的数字(见图 8.4)。此时图中标记的任意两个顶点间的距离就是最短距离了。

真正的算法实现无外乎就是三个循环嵌套。i 和 j 的循环是任意两个顶点,而 k 则是两个顶点之间所经过的中转点,在循环之中不断比较从 i 到 j 的距离与从 i 到 k 的距离加上从 k 到 j 的距离的大小,如果经过这个点,路径变短了,我们就接受这个点,认为可以经过这个点;否则就不经过这个点,就是从 i 到 j 最短。

		0	1	2	3	4	5	6
		A	B	C	D	E	F	G
0	A	0	5	7	14	15	18	2
1	B	5	0	12	9	20	13	3
2	C	7	12	0	21	8	25	9
3	D	14	9	21	0	29	4	12
4	E	15	20	8	29	0	5	4
5	F	18	13	25	4	5	0	6
6	G	2	3	9	12	4	6	0

图 8.3　Floyd 算法过程中形成的顶点邻接矩阵

		0	1	2	3	4	5	6
		A	B	C	D	E	F	G
0	A	0	5	7	12	6	8	2
1	B	5	0	12	9	7	9	3
2	C	7	12	0	17	8	13	9
3	D	12	9	17	0	9	4	10
4	E	6	7	8	9	0	5	4
5	F	8	9	13	4	5	0	6
6	G	2	3	9	10	4	6	0

图 8.4　Floyd 算法完成后的顶点邻接矩阵

如果需要记录最短路径的路径，那么需要引入路由矩阵 routeMatrix。路由矩阵中 routeMatrix(i,j)用来记录两点之间路径的前驱后继的关系，表示从顶点 i 到顶点 j 的路径经过编号为 routeMatrix(i,j)的顶点。路由矩阵里存放的不是权值，而是顶点编号（见图 8.5）。以下方式可以实现通过路由矩阵得到路径。

1. 从起始顶点 i 反向追踪

routeMatrix$(i,j)=k1$, routeMatrix$(i,k1)=k2$, routeMatrix$(i,k2)=k3\cdots$当 routeMatrix$(i,kn)=i$ 就完成反向追踪。最终路径就是 i、kn、$\cdots$、$k2$、$k1$、j。

2. 从终点 j 正向追踪

routeMatrix$(j,i)=q1$, routeMatrix$(j,q1)=q2$, routeMatrix$(j,q2)=q3\cdots$当 routeMatrix$(j,qn)=j$ 就完成正向追踪。最终路径就是 i、$q1$、$q2$、$\cdots$、qn、j。

		0	1	2	3	4	5	6
		A	B	C	D	E	F	G
0	A	0	0	0	0	0	0	0
1	B	1	1	1	1	1	1	1
2	C	2	2	2	2	2	2	2
3	D	3	3	3	3	3	3	3
4	E	4	4	4	4	4	4	4
5	F	5	5	5	5	5	5	5
6	G	6	6	6	6	6	6	6

（a）初始路由矩阵

		0	1	2	3	4	5	6
		A	B	C	D	E	F	G
0	A	0	0	0	5	6	6	0
1	B	1	1	0	1	6	6	1
2	C	2	0	2	5	2	4	0
3	D	6	3	4	3	5	5	3
4	E	6	6	2	5	4	4	4
5	F	6	6	4	5	5	5	5
6	G	6	6	0	5	6	6	6

（b）算法完成后的路由矩阵

图 8.5　Floyd 算法完成后的邻接矩阵

以顶点 A 到顶点 D 为例进行反向跟踪，routeMatrix[0][3]=5，routeMatrix[0][5]=6，routeMatrix[0][6]=0，反向跟踪结束。路径编号依次是 0、6、5、3，真实路径是 A→G→F→D。

顶点 A 到顶点 D 正向跟踪，routeMatrix[3][0]=6，routeMatrix[3][6]=5，routeMatrix[3][5]=3，路径编号依次是 0、6、5、3，真实路径是 A→G→F→D。

以顶点 C 到顶点 D 为例进行反向跟踪，routeMatrix[2][3]=5，routeMatrix[2][5]=4，routeMatrix[2][4]=2，反向跟踪结束。路径编号依次是 2、4、5、3，真实路径是 C→E→F→D。

顶点 C 到顶点 D 正向跟踪，routeMatrix[3][2]＝4，routeMatrix[3][4]＝5，routeMatrix[3][5]＝3，反向跟踪结束。路径编号依次是 2、4、5、3，真实路径是 C→E→F→D。

8.1.3 Floyd 算法的代码实现

Floyd 算法的代码实现如代码 8.1 所示。

Floyd 算法的
代码实现

【代码 8.1】

```
1    //Floyd算法：求解加权图中任意一对顶点间的最短距离
2    public class Floyd {
3        public static void main(String[] args) {
4            char[] vertex = new char[]{'A', 'B', 'C', 'D', 'E', 'F', 'G'};
5            int[][] arr = new int[vertex.length][vertex.length];
6            final int N = 100000;//定义一个大的整数，表示无穷大
7            //根据初始的邻接矩阵
8            arr[0] = new int[]{0,5,7,N,N,N,2};
9            arr[1] = new int[]{5,0,N,9,N,N,3};
10           arr[2] = new int[]{7,N,0,N,8,N,N};
11           arr[3] = new int[]{N,9,N,0,N,4,N};
12           arr[4] = new int[]{N,N,8,N,0,5,4};
13           arr[5] = new int[]{N,N,N,4,5,0,6};
14           arr[6] = new int[]{2,3,N,N,N,4,6,0};
15           Graph gp = new Graph(vertex, arr, vertex.length);
16           //用Floyd算法计算最短距离
17           gp.floyd();
18           //输出结果
19           gp.show();
20           //输出最后的邻接矩阵
21           for (int i = 0; i <gp.dis.length; i++) {
22               System.out.println(Arrays.toString(gp.dis[i]));
23           }
24       }
25
26       //图的内部类
27       static class Graph {
28           private char[] vertex;
29           private int[][] dis; //从顶点出发到其他结点的距离
30           private int[][] pre; //目标结点的前驱结点
31
32           //顶点数组、邻接矩阵、长度大小
33           public Graph(char[] vertex, int[][] dis, int len) {
34               this.vertex = vertex;
35               this.dis = dis;
36               this.pre = new int[len][len];
37               //对pre数组进行初始化
38               for (int i = 0; i < len; i++) {
39                   Arrays.fill(pre[i], i);
40               }
```

```
41              }
42
43          //打印输出结果
44          public void show() {
45              char[] vertex = new char[]{'A', 'B', 'C', 'D', 'E', 'F', 'G'};
46              for (int i = 0; i <dis.length; i++) {
47                  /* for (int j = 0; j <dis.length; j++) {
48                      System.out.print(vertex[pre[i][j]] + "   ");
49                  }
50                  System.out.println(); */
51                  for (int j = 0; j <dis.length; j++) {
52                      System.out.print("[" + vertex[i] + "->" + vertex[j] + "的最短
                          路径" + dis[i][j] + "]");
53                  }
54                  System.out.println();
55              }
56          }
57
58          //Floyd算法的时间复杂度为O(n³),空间复杂度为O(n²)
59          public void floyd() {
60              int len = 0;
61              //从中间结点进行遍历
62              for (int k = 0; k <dis.length; k++) {
63                  //对出发结点进行遍历
64                  for (int i = 0; i <dis.length; i++) {
65                      //遍历终点结点
66                      for (int j = 0; j <dis.length; j++) {
67                          len = dis[i][k] + dis[k][j];
68                          if (len < dis[i][j]) {
69                              //以下是为了方便理解,输出中间执行过程
70                              System.out.println("k=" + k);
71                              System.out.println("dis[" + i + "][" + k + "]=" + dis
                                  [i][k]);
72                              System.out.println("dis[" + k + "][" + j + "]=" + dis
                                  [k][j]);
73                              System.out.println("dis[" + i + "][" + j + "]=" + dis
                                  [i][j] + ",len=" + len);
74                              System.out.println("------");
75                              dis[i][j] = len;
76                              pre[i][j] = pre[k][j];
77                          }
78                      }
79                  }
80              }
81          }
82      }
83  }
```

运行结果:

```
[0,5,7,12,6,8,2]
[5,0,12,9,7,9,3]
[7,12,0,17,8,13,9]
[12,9,17,0,9,4,10]
[6,7,8,9,0,5,4]
[8,9,13,4,5,0,6]
[2,3,9,10,4,6,0]
```

8.1.4 弗洛伊德算法的复杂度

Floyd 算法的时间复杂度为 $O(n^3)$,空间复杂度为 $O(n^2)$。

8.2 迪杰斯特拉算法

8.2.1 迪杰斯特拉算法的概念

Dijkstra 算法

迪杰斯特拉(Edsger Wybe Dijkstra)是荷兰计算机科学家,早年钻研物理及数学,而后转为计算学,曾在 1972 年获得过素有计算机科学界的诺贝尔奖之称的图灵奖。迪杰斯特拉被西方学术界称为结构程序设计之父,他一生致力于把程序设计发展成一门科学。

迪杰斯特拉(Dijkstra)算法是迪杰斯特拉在 1956 年发现的算法。Dijkstra 算法的功能就是给出加权连通图中一个顶点,称为起点,找出起点到其他所有顶点之间的最短距离。该算法使用类似广度优先搜索的方法解决加权图的单源最短路径问题。

Dijkstra 算法原始版本仅适用于找到两个顶点之间的最短路径,后来更常见的迭代算法固定了一个顶点作为源结点,然后找到该顶点到图中所有顶点的最短路径,产生一个最短路径树。本算法每次取出未访问顶点中距离最小的,用该顶点更新其他顶点的距离。需要注意的是绝大多数的 Dijkstra 算法不能有效处理带有负权边的图。

Dijkstra 算法属于贪婪算法。本节介绍指定一个顶点到其余各个顶点的最短路径,也叫作单源最短路径。

8.2.2 迪杰斯特拉算法的基本思路

Dijkstra 算法的原理是逐个访问图中的顶点,同时跟踪并记录从起点到所有其他顶点的当前最短距离,并不断更新这些最短距离。每当算法访问某个未访问的顶点时,它会查看其所有的边,沿着当前已经获取到的最短路径访问未访问的顶点,并尝试更新从起点到边中的最短距离。一旦算法访问了所有顶点并考虑了它们的所有边,也就是找到了每个顶点的最短路径。

Dijkstra 算法采用贪心算法思想,进行 $n-1$ 次查找(n 为加权连通图的顶点总个数,除去起点则剩 $n-1$ 个顶点)。第一次进行查找,找出距离起点最近的一个顶点,标记为已遍历;下一次进行查找时,从未被遍历中的顶点寻找距离起点最近的一个顶点,标记为已遍历;直到 $n-1$ 次查找完毕,则结束查找,返回最终结果。

8.2.3 迪杰斯特拉算法的实现步骤

接下来以图 8.6 所示的加权图为例，讲解用 Dijkstra 算法寻找以顶点 A 为起点的单源最短路径的实现步骤。首先定义两个集合，一个是 S 集合，已经访问过的顶点集合；另一个是 U 集合，未访问过的顶点集合（分析过程见表 8.1）。

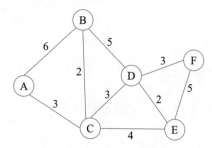

图 8.6　算法案例所用加权图 2

（1）初始状态时，S 集合只有起点（假设顶点 A 为起点），则 U 集合为[B,C,D,E,F]。此时 S 集合中只有顶点 A，所以没有其他中转点。从加权图中可以得到 A→B=6，A→C=3，A→其他顶点=无穷大。可以得出 A→C=3 为最短路径。此时将顶点 C 加入 S 集合。

（2）C 加入 S 集合后，S 集合为[A,C]，U 集合为[B,D,E,F]。沿着 A→C 这条最短路径查找，从图中可以看到 A→C→B=5（比第一步中 A→B=6 短），A→C→D=6，A→C→E=7，A→C→其他顶点=无穷大。可以得出 A→C→B=5 为最短路径。此时将顶点 B 加入 S 集合。

（3）B 加入 S 集合后，S 集合为[A,C,B]，U 集合为[D,E,F]。沿着 A→C→B 这条最短路径查找，从图中可以看到 A→C→B→D=10（比第二步中 A→C→D=6 长），A→C→B→其他顶点=无穷大。可以得出 A→C→D=6 是最短路径。此时将顶点 D 加入 S 集合。

（4）依次执行，当 U 集合为空时查找结束，将每一步中获取到的最短路径集中到一起就是顶点 A 到各顶点的最短路径和距离。

Dijkstra 算法实现步骤如表 8.1 所示。

表 8.1　Dijkstra 算法实现步骤

步骤	S 集 合	U 集 合
1	假设以 A 作为起始点，初始状态时 S=[A]。此时没有其他顶点作为中转点	U=[B,C,D,E,F]， A→B=6， A→C=3， A→其他 U 中顶点=∞， 得出：A→C=3 为最短路径
2	C 加入 S 集合，此时 S=[A,C]，沿着 A→C=3 这条最短路径继续寻找	U=[B,D,E,F]， A→C→B=5（比第一步中 A→B=6 短）， A→C→D=6， A→C→E=7， A→C→其他 U 中顶点=∞， 得出：A→C→B=5 为最短路径

续表

步骤	S 集 合	U 集 合
3	B 加入 S 集合,此时 S=[A,C,B],沿着 A→C→B=5 这条最短路径继续寻找	U=[D,E,F], A→C→B→D=10(比第二步中 A→C→D=6 长), A→C→D=6 替换 A→C→B→D=10, A→C→B→其他顶点=∞, 得出:A→C→D=6 为最短路径
4	D 加入 S 集合,此时 S=[A,C,B,D],沿着 A→C→D=6 这条最短路径继续寻找	U=[E,F], A→C→D→E=8(比第二步的 A→C→E=7 长), A→C→D→F=9 得出:A→C→E=7 为最短路径
5	E 加入 S 集合,此时 S=[A,C,B,D,E],沿着 A→C→E=这条最短路径继续寻找	U=[F], A→C→E→F=12(比第四步的 A→C→D→F=9 长), 得出:A→C→D→F=9 为最短路径
6	F 加入 S 集合,此时 S=[A,C,B,D,E,F],所有顶点都访问完毕	U 集合为空,查找完毕。 起始点 A 到各个顶点的最短路径为: A→A=0, A→C→B=5, A→C=3, A→C→D=6, A→C→E=7, A→C→D→F=9

8.2.4 Dijkstra 算法的代码实现

Dijkstra 算法的代码实现如代码 8.2 所示。

【代码 8.2】

Dijkstra 算法的
代码实现

```
1  /**
2   * Dijkstra 算法
3   * 下面的代码时间复杂度为 O(n²)
4   */
5  public class Dijkstra {
6      static int N = 65536;
7
8      public static void main(String[] args) {
9          Dijkstra test = new Dijkstra();
10         //邻接矩阵的关系使用二维数组表示,65536 这个大数,表示两个点不联通
11         int[][] adjMatrix = new int[][]{
12                 {0, 6, 3, N, N, N},
13                 {6, 0, 2, 5, N, N},
14                 {3, 2, 0, 3, 4, N},
15                 {N, 5, 3, 0, 2, 3},
16                 {N, N, 4, 2, 0, 5},
17                 {N, N, N, 3, 5, 0}};
18         int[] result = test.getShortestPaths(adjMatrix);
19         System.out.println("顶点 0 到图中所有顶点之间的最短距离为:");
```

```
20          for (int i = 0; i <result.length; i + + ) {
21              System. out. print(result[i] + " ");
22          }
23      }
24
25      / *
26       * 参数 adjMatrix:为图的权重矩阵,权值为 65536 的两个顶点表示不能直接相连
27       * 功能:返回顶点 0 到其他所有顶点的最短距离,其中顶点 0 到顶点 0 的最短距离为 0
28       * /
29      public int[] getShortestPaths(int[][] adjMatrix) {
30          //用于存放顶点 0 到其他顶点的最短距离
31          int[] result = new int[adjMatrix. length];
32          boolean[] used = new boolean[adjMatrix. length]; //用于判断顶点是否被遍历
33          used[0] = true; //表示顶点 0 已被遍历
34          for (int i = 1; i < adjMatrix. length; i + + ) {
35              result[i] = adjMatrix[0][i];
36              used[i] = false;
37          }
38
39          for (int i = 1; i < adjMatrix. length; i + + ) {
40              //用于暂时存放顶点 0 到 i 的最短距离,初始化为 Integer 型最大值
41              int min = Integer.MAX_VALUE;
42              int k = 0;
43              for (int j = 1; j < adjMatrix. length; j + + ) {
44              //找到顶点 0 到其他顶点中距离最小的一个顶点
45                  if(!used[j] && result[j] ! = N && min > result[j]) {
46                      min = result[j];
47                      k = j;
48                  }
49              }
50              used[k] = true;  //将距离最小的顶点,记为已遍历
51              //将顶点 0 到其他顶点的距离与加入中间顶点 k 之后的距离进行比较,更新最短
                      距离
52              for (int j = 1; j < adjMatrix. length; j + + ) {
53                  if(!used[j]) { //当顶点 j 未被遍历时
54                      //首先,顶点 k 到顶点 j 要能通行。这时,当顶点 0 到顶点 j 的距离大于顶点
                          //0 到 k 再到 j 的距离或者顶点 0 无法直接到达顶点 j 时,更新顶点 0 到
                          //顶点 j 的最短距离
55                      if (adjMatrix[k][j] ! = N && (result[j] > min + adjMatrix[k][j] ||
                          result[j] = = N)) {
56                          result[j] = min + adjMatrix[k][j];
57                      }
58                  }
59              }
60          }
61          return result;
62      }
63  }
```

8.2.5 迪杰斯特拉算法的复杂度

Dijkstra 的时间复杂度是 $O(n^2)$，如果用 binary heap 优化可以达到 $O((n+e)\log n)$，用 fibonacci heap 可以优化到 $O(n\log n+e)$。n 是顶点数，e 是图中的边数。空间复杂度是 $O(n)$。

8.2.6 迪杰斯特拉算法和弗洛伊德算法对比

Floyd 算法是一种动态规划算法，对于稠密图效果最佳，边权可正可负。此算法简单有效，由于三重循环结构紧凑，对于稠密图，效率要高于 Dijkstra 算法。其优点是容易理解，可以算出任意两个结点之间的最短距离，代码编写简单。但是时间复杂度比较高，不适合计算大量数据。

Dijkstra 算法是一种按路径长度递增的次序产生最短路径的算法，可求单源、无负权的最短距离。其适用于有向图及无向图。但是由于其遍历计算的结点很多，所以算法的效率较低。

Dijkstra 算法只能应用于不含负权值的图。因为在大多数应用中这个条件都满足，所以这种局限性并没有影响 Dijkstra 算法的广泛应用。要注意把 Dijkstra 算法与 8.3 节将要讲到的寻找最小生成树的 Prim 算法区分开来。两者都是运行贪心算法思想，但是 Dijkstra 算法是比较路径的长度，所以必须把起点到相应顶点之间的边的权相加，而 Prim 算法则是直接比较相应边的权值。

Floyd 算法、Dijkstra 算法，每种算法都有其自己的特点和优势。若路径规划问题较为简单，可采用 Floyd 算法。在实际应用中，根据路径问题的特点采用合理的路径规划算法，方能达到最优的效果。

8.3 普利姆算法

8.3.1 最小生成树的概念

最小生成树（MST），就是在一个具有 n 个顶点的带权连通图 G 中，如果存在某个子图 G′，其包含了图 G 中的所有顶点和一部分边，且不形成回路，并且子图 G′ 的各边权值之和最小，则称 G′ 为图 G 的最小生成树。由定义可得知最小生成树的以下三个性质。

（1）最小生成树不能有回路。

（2）最小生成树可能是一个，也可能是多个。

（3）最小生成树边的个数等于顶点的个数减一。

8.3.2 普利姆算法的概念

普利姆（Prim）算法基于贪心算法设计，其从一个顶点出发，选择这个顶点发出的边中权重最小的一条加入最小生成树中，然后从当前的树中的所有顶点发出的边中选出权重最小的一条加入树中，以此类推，直到所有顶点都在树中，算法结束。

具体做法是将顶点分为两类，一类是在查找的过程中已经包含在树中的顶点，剩下的另一

Prim 算法

类是未被包含在树中的顶点。定义两个集合，一个是 S 集合，已经包含在树上的顶点集合。另一个是 U 集合，未被包含在树上的集合。对于给定的连通图，起始状态全部顶点都放在 U 集合。在找最小生成树时，选定任意一个顶点作为起始点，并将之从 U 集合中移至 S 集合。然后找出 U 集合中到 S 集合中的顶点之间权值最小的顶点，将之从 U 集合移至 S 集合中。如此重复，直到 U 集合中没有顶点为止。所走过的顶点和边就是该连通图的最小生成树。

8.3.3 普利姆算法的实现步骤

接下来以图 8.1 所示的无向加权图为例（假设从顶点 A 出发），讲解使用 Prim 算法求解最小生成树的实现步骤。

（1）顶点 A 出发的边包括（A，B）、（A，C）、（A，G），其中权值最小的边为（A，G），于是我们将边（A，G）加入最小生成树中（见图 8.7）。

（2）从顶点 A、G 出发的边中寻找权值最小的一条。从顶点 A 和 G 出发的边包括（A，B）、（A，C）、（G，B）、（G，E）、（G，F），其中权值最小的边为（G，B），于是我们将边（G，B）加入树中（见图 8.8）。

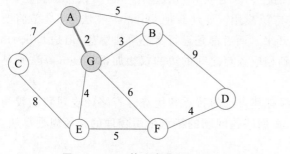

图 8.7　Prim 算法步骤 1

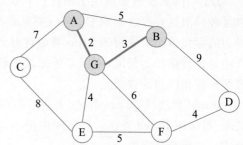

图 8.8　Prim 算法步骤 2

（3）继续上述步骤，从顶点 A、G、B 出发的边中寻找权值最小的一条。从（A，C）、（G，E）、（G，F）、（B，D）这些边中选出权值最小的边为（G，E），于是我们将边（G，E）加入树中（见图 8.9）。

（4）继续上述步骤，从顶点 A、G、B、E 出发的边中寻找权值最小的一条。从（A，C）、（G，F）、（B，D）、（E，C）、（E，F）这些边中选出权值最小的边为（E，F），于是我们将边（E，F）加入树中（见图 8.10）。

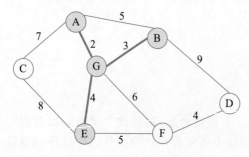

图 8.9　Prim 算法步骤 3

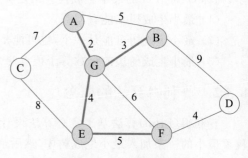

图 8.10　Prim 算法步骤 4

（5）继续上述步骤，从顶点 A、G、B、E、F 出发的边中寻找权值最小的一条。从（A,C）、（B,D）、（E,C）、（F,D）这些边中选出权值最小的边为（F,D），于是我们将边（F,D）加入树中（见图 8.11）。

（6）继续上述步骤，从顶点 A、G、B、E、F、D 出发的边中寻找权值最小的一条。从（A,C）、（E,C）这些边中选出权值最小的边为（A,C），于是我们将边（A,C）加入树中，最后得到图的最小生成树（见图 8.12）。

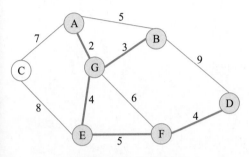

图 8.11　Prim 算法步骤 5

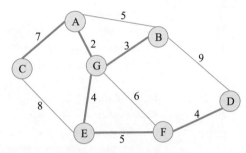

图 8.12　Prim 算法步骤 6

8.3.4　Prim 算法的代码实现

Prim 算法的代码实现如代码 8.3 所示。

Prim 算法的
代码实现

【代码 8.3】

```
1  / * *
2   * Prim 算法基于贪心算法设计
3   * 1.用邻接矩阵实现 Prim 算法,时间复杂度为 O(v²)
4   * 2.用邻接表实现 Prim 算法,时间复杂度为 O(elogv)
5   * 3.v 为顶点数,e 为边数
6   * /
7  public class Prim {
8      //使用 N 表示两个顶点不能连通
9      private static final int N = Integer.MAX_VALUE;
10
11     public static void main(String[] args) {
12         char[] data = new char[]{'A', 'B', 'C', 'D', 'E', 'F', 'G'};
13         int vertexs = data.length;
14         //邻接矩阵的关系使用二维数组表示,N 表示两个点不联通
15         int[][] matrix = new int[][]{
16             {0, 5, 7, N, N, N, 2},
17             {5, 0, N, 9, N, N, 3},
18             {7, N, 0, N, 8, N, N},
19             {N, 9, N, 0, N, 4, N},
20             {N, N, 8, N, 0, 5, 4},
21             {N, N, N, 4, 5, 0, 6},
22             {2, 3, N, N, 4, 6, 0}, };
23         //创建 MGraph 对象
24         MGraph graph = new MGraph(vertexs);
```

```
25              //创建一个 MinTree 对象
26              MinTree minTree = new MinTree();
27              minTree.createGraph(graph, vertexs, data, matrix);
28              //执行普利姆算法
29              minTree.prim(graph, 1);
30          }
31
32      //图的内部类
33      static class MGraph {
34          int vertex; //表示图的结点个数
35          char[] data;//存放结点数据
36          int[][] weight; //存放边,就是我们的邻接矩阵
37
38          public MGraph(int _vertex) {
39              this.vertex = _vertex;
40              data = new char[vertex];
41              weight = new int[vertex][vertex];
42          }
43      }
44
45      //最小生成树内部类
46      static class MinTree {
47          /* *
48           * 创建图的邻接矩阵
49           * @param graph 图对象
50           * @param verxs 图对应的顶点个数
51           * @param data 图的各个顶点的值
52           * @param weight 图的邻接矩阵
53           */
54          public void createGraph(MGraph graph, int verxs, char data[], int[][] weight) {
55              int i, j;
56              for (i = 0; i < verxs; i++) {//顶点
57                  graph.data[i] = data[i];
58                  for (j = 0; j < verxs; j++) {
59                  graph.weight[i][j] = weight[i][j];
60                  }
61              }
62          }
63
64          /* *
65           * 编写 prim 算法,得到最小生成树
66           * @param graph 图
67           * @param v 表示从图的第几个顶点开始生成树
68           */
69          public void prim(MGraph graph, int v) {
70              //visited[]标记顶点是否被访问过
71              int visited[] = new int[graph.vertex];
72              //visited[]默认元素的值都是 0, 表示没有访问过
73              //把当前这个结点标记为已访问
```

```
74          visited[v] = 1;
75          //h1 和 h2 记录两个顶点的下标
76          int h1 = -1;
77          int h2 = -1;
78          //将 minWeight 初始成一个大数,后面在遍历过程中,会被替换
79          int minWeight = N;
80          //因为有 graph.verxs 顶点,普利姆算法结束后,有 graph.verxs-1 边
81          for (int k = 1; k < graph.vertex; k++) {
82              //这个是确定每一次生成的子图,和哪个结点的距离最近
83              for (int i = 0; i < graph.vertex; i++) {
84              //i 结点表示被访问过的结点
85                  for (int j = 0; j < graph.vertex; j++) {
86                  //j 结点表示还没有访问过的结点
87                  if (visited[i] == 1 && visited[j] == 0 &&graph.weight[i][j] <
                    minWeight) {
88                  //替换 minWeight(寻找已经访问过和未访问过的结点间的权值最小的边)
89                          minWeight = graph.weight[i][j];
90                          h1 = i;
91                          h2 = j;
92                      }
93                  }
94              }
95          //找到一条边是最小
96          System.out.println("(" + graph.data[h1] + ", " + graph.data[h2] + ")
            [权值" + minWeight + "]");
97          //将当前这个结点标记为已经访问
98          visited[h2] = 1;
99          //minWeight 重新设置为最大值 N
100         minWeight = N;
101         }
102     }
103   }
104 }
```

运行结果:

(B, G)[权值 3]

(G, A)[权值 2]

(G, E)[权值 4]

(E, F)[权值 5]

(F, D)[权值 4]

(A, C)[权值 7]

8.3.5 Prim 算法的总结

Prim 算法的运行效率只与连通图中包含的顶点数相关,而和图所含的边数无关。所以 Prim 算法适用于稠密图。如果边的稠密度不高,则建议使用 Kruskal 算法求最小生成树。

(1) 用邻接矩阵实现 Prim 算法,时间复杂度为 $O(n^2)$。

（2）用邻接表实现 Prim 算法，时间复杂度为 O($elogn$)（n 为顶点数，e 为边数）。

8.4　克鲁斯卡尔算法

克鲁斯卡尔
算法

8.4.1　克鲁斯卡尔算法的概念

Prim 算法从顶点的角度为出发点，更适合解决边稠密的图。克鲁斯卡尔（Kruskal）算法从边的角度求解图的最小生成树，和 Prim 算法相反，更适合于求解稀疏图的最小生成树。

8.4.2　克鲁斯卡尔算法的实现思路

由于最小生成树本身是一棵生成树，所以需要时刻满足以下两点。

（1）生成树中任意顶点之间有且仅有一条通路，也就是说，生成树中不能存在回路。

（2）对于具有 n 个顶点的图，其生成树中只能有 $n-1$ 条边，这 $n-1$ 条边连通着 n 个顶点。

Kruskal 算法的实现思路是将所有边按照权值的大小进行升序排序，然后从小到大一一判断，如果这个边不会与之前选择的所有边组成回路，就可以作为最小生成树的一部分；反之则舍去。直到具有 n 个顶点的图筛选出来 $n-1$ 条边为止。筛选出来的边和所有的顶点构成此连通图的最小生成树。

如何判断是否会产生回路呢？在初始状态下给每个顶点赋予不同的标记，遍历过程中的每条边，其都有两个顶点，判断这两个顶点的标记是否一致，如果一致，说明它们本身就处在一棵树中，如果继续连接就会产生回路；如果不一致，说明它们之间还没有任何关系，可以连接。

假设遍历到一条由顶点 A 和 B 构成的边，而顶点 A 和顶点 B 标记不同，此时不仅需要将顶点 A 的标记更新为顶点 B 的标记，还需要更改所有和顶点 A 标记相同的顶点的标记，全部改为顶点 B 的标记。

8.4.3　克鲁斯卡尔算法的实现步骤

接下来以图 8.1 所示的无向加权图为例，讲解使用 Kruskal 算法求解最小生成树的实现步骤。

在初始状态下，对各顶点赋予不同的标记（用颜色区别）（见图 8.13）。

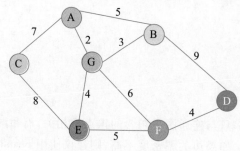

图 8.13　Kruskal 算法初始化顶点

对所有边按照权值的大小进行排序,按照从小到大的顺序进行判断。一共有 10 条边,分别是(A,G)[权值 2],(B,G)[权值 3],(D,F)[权值 4],(E,G)[权值 4],(A,B)[权值 5],(E,F)[权值 5],(F,G)[权值 6],(A,C)[权值 7],(C,E)[权值 8],(B,D)[权值 9]。

首先是(A,G)边,由于 A 和 G 的标记不同,所以可以构成生成树的一部分,将顶点 G 的标记更改为顶点 A 的标记(见图 8.14)。

其次是(B,G)边,因为两顶点标记不同,所以可以构成生成树的一部分,将顶点 B 的标记更改为顶点 G 的标记(见图 8.15)。

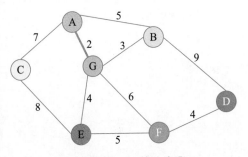

图 8.14 Kruskal 算法步骤 1

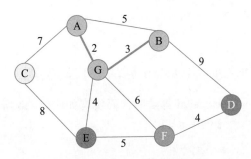

图 8.15 Kruskal 算法步骤 2

继续选择权值最小的边,轮到(D,F)边,两顶点标记不同,可以构成生成树的一部分,将顶点 F 的标记更改成 D 标记(见图 8.16)。

继续选择权值最小的边,轮到(E,G)边,两顶点标记不同,所以可以构成生成树的一部分,将 E 的标记更改成 G 的标记(见图 8.17)。

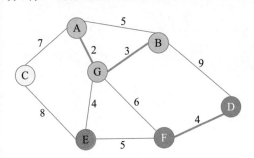

图 8.16 Kruskal 算法步骤 3

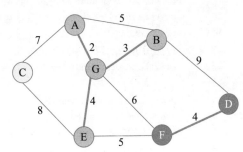

图 8.17 Kruskal 算法步骤 4

继续选择权值最小的边,应该是(A,B)边,A 和 B 两顶点的标记相同,如果连接会产生回路,舍去。轮到(E,F)边,因为 E 和 F 两顶点的标记不同,所以可以构成生成树的一部分。将跟 F 相同标记的顶点都更新成顶点 E 的标记(见图 8.18)。

继续选择权值最小的边,应该是(F,G)边,F 和 G 两顶点的标记相同,如果连接会产生回路,舍去。接下来是(A,C)边,A 和 C 两顶点的标记不同,可以构成生成树的一部分,将顶点 C 的标记更改成顶点 A 的标记(见图 8.19)。此时选取的边的数量为 6,比顶点的数量小 1,说明算法可以结束,最小生成树已经生成。

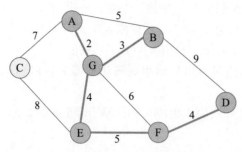

图 8.18　Kruskal 算法步骤 5

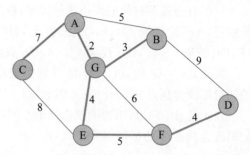

图 8.19　Kruskal 算法步骤 6

8.4.4　Kruskal 算法的代码实现

Kruskal 算法的代码实现如代码 8.4 所示。

Kruskal 算法的
代码实现

【代码 8.4】

```
1  /**
2   * Kruskal 算法
3   * 将所有边按照权值的大小进行升序排序
4   * 如果这个边不会与之前选择的所有边组成回路,就可以作为最小生成树的一部分;反之则舍去
5   * 直到具有 n 个顶点的图筛选出来 n-1 条边为止
6   * 筛选出来的边和所有的顶点构成此连通图的最小生成树
7   */
8  public class Kruskal {
9      private int edgeNum; //边的个数
10     private char[] vertexs; //顶点数组
11     private int[][] matrix; //邻接矩阵
12     //使用 N 表示两个顶点不能连通
13     private static final int N = Integer.MAX_VALUE;
14
15     public static void main(String[] args) {
16     char[] vertexs = {'A', 'B', 'C', 'D', 'E', 'F', 'G'};
17         //克鲁斯卡尔算法的邻接矩阵
18         int[][] matrix = new int[][]{
19             {0, 5, 7, N, N, N, 2},
20             {5, 0, N, 9, N, N, 3},
21             {7, N, 0, N, 8, N, N},
22             {N, 9, N, 0, N, 4, N},
23             {N, N, 8, N, 0, 5, 4},
24             {N, N, N, 4, 5, 0, 6},
25             {2, 3, N, N, 4, 6, 0}, };
26         //创建 KruskalCase 对象实例
27         Kruskal kruskal = newKruskal(vertexs, matrix);
28         //执行 Kruskal 算法
29         kruskal.kruskal();
30     }
31
32     //构造器
```

```java
33    public Kruskal(char[] vertexs, int[][] matrix) {
34        //初始化顶点数和边的个数
35        int vlen = vertexs.length;
36
37        //初始化顶点，复制粘贴的方式
38        this.vertexs = new char[vlen];
39        for (int i = 0; i <vertexs.length; i++) {
40            this.vertexs[i] = vertexs[i];
41        }
42
43        //初始化边，使用的是复制粘贴的方式
44        this.matrix = new int[vlen][vlen];
45        for (int i = 0; i < vlen; i++) {
46            for (int j = 0; j < vlen; j++) {
47                this.matrix[i][j] = matrix[i][j];
48            }
49        }
50        //统计边的条数
51        for (int i = 0; i < vlen; i++) {
52            for (int j = i + 1; j < vlen; j++) {
53                if (this.matrix[i][j] != N) {
54                    edgeNum++;
55                }
56            }
57        }
58    }
59
60    //Kruskal算法
61    public voidkruskal() {
62        int index = 0; //表示最后结果数组的索引
63        int[] ends = new int[edgeNum];
64        //用于保存"已有最小生成树"中的每个顶点在最小生成树中的终点
65        //创建结果数组，保存最后的最小生成树
66        EData[] rets = new EData[edgeNum];
67        //获取图中所有的边的集合
68        EData[] edges = getEdges();
69        //按照边的权值大小进行排序(从小到大)
70        sortEdges(edges);
71        //输出所有排好序的边
72        System.out.println("边集合排序后:" + Arrays.toString(edges) + " 共" + edges.
          length);
73        //遍历 edges 数组,将边添加到最小生成树中时,判断是准备加入的边否形成了回路,
            如果没有,就加入 rets, 否则不能加入
74        for (int i = 0; i < edgeNum; i++) {
75            //获取到第 i 条边的第一个顶点(起点)
76            int p1 = getPosition(edges[i].start); //p1 = 4
77            //获取到第 i 条边的第 2 个顶点
78            int p2 = getPosition(edges[i].end); //p2 = 5
79            //获取 p1 这个顶点在已有最小生成树中的终点
```

```
80              int m = getEnd(ends, p1); //m = 4
81              //获取 p2 这个顶点在已有最小生成树中的终点
82              int n = getEnd(ends, p2); // n = 5
83              //是否构成回路
84              if (m != n) { //没有构成回路
85                  ends[m] = n; //设置 m 在"已有最小生成树"中的终点
                                 <E,F> [0,0,0,0,5,0,0,0,0,0,0,0]
86                  rets[index++] = edges[i]; //有一条边加入到 rets 数组
87              }
88          }
89          System.out.println("最小生成树如下:");
90          for (int i = 0; i < index; i++) {
91              System.out.println(rets[i]);
92          }
93      }
94
95      /**
96       * 功能:对边进行排序处理,冒泡排序
97       * @param edges 边的集合
98       */
99      private void sortEdges(EData[] edges) {
100         for (int i = 0; i <edges.length - 1; i++) {
101             for (int j = 0; j <edges.length - 1 - i; j++) {
102                 if (edges[j].weight > edges[j + 1].weight) {//交换
103                     EData tmp = edges[j];
104                     edges[j] = edges[j + 1];
105                     edges[j + 1] = tmp;
106                 }
107             }
108         }
109     }
110
111     /**
112      * @param ch 顶点的值,如'A','B'
113      * @return 返回 ch 顶点对应的下标,如果找不到,返回 -1
114      */
115     private int getPosition(char ch) {
116         for (int i = 0; i <vertexs.length; i++) {
117             if (vertexs[i] == ch) {//找到
118                 return i;
119             }
120         }
121         //找不到,返回 -1
122         return -1;
123     }
124
125     /**
126      * 功能: 获取图中边,放到 EData[] 数组中,后面我们需要遍历该数组
127      * 是通过 matrix 邻接矩阵来获取
128      * EData[]形式 [['A','B', 12], ['B','F',7], ...]
```

```
129        *  @return
130        */
131       private EData[] getEdges() {
132           int index = 0;
133           EData[] edges = new EData[edgeNum];
134           for (int i = 0; i <vertexs.length; i++) {
135               for (int j = i + 1; j <vertexs.length; j++) {
136                   if (matrix[i][j] != N) {
137                       edges[index++] = new EData(vertexs[i], vertexs[j], matrix[i]
                            [j]);
138                   }
139               }
140           }
141           return edges;
142       }
143
144       /**
145        * 功能: 获取下标为 i 的顶点的终点(), 用于后面判断两个顶点的终点是否相同
146        * @param ends: 数组就是记录了各个顶点对应的终点是哪个, ends 数组是在遍历过程
                中, 逐步形成
147        * @param i:表示传入的顶点对应的下标
148        * @return 返回的就是 下标为 i 的这个顶点对应的终点的下标, 一会回头还有来理解
149        */
150       private int getEnd(int[] ends, int i) { // i = 4 [0,0,0,0,5,0,0,0,0,0,0,0]
151           while (ends[i] != 0) {
152               i = ends[i];
153           }
154           return i;
155       }
156
157       //创建一个类 EData,它的对象实例就表示一条边
158       class EData {
159           char start; //边的一个点
160           char end; //边的另外一个点
161           int weight; //边的权值
162
163           //构造器
164           public EData(char start, char end, int weight) {
165               this.start = start;
166               this.end = end;
167               this.weight = weight;
168           }
169
170           //重写 toString, 便于输出边信息
171           @Override
172           public String toString() {
173               return "(" + start + ", " + end + ")[权值" + weight + "]";
174           }
175       }
176   }
```

运行结果：

(A, G)[权值 2]

(B, G)[权值 3]

(D, F)[权值 4]

(E, G)[权值 4]

(E, F)[权值 5]

(A, C)[权值 7]

8.4.5　Kruskal 算法的总结

Prim 算法从顶点的角度为出发点，更适合解决稠密图。Kruskal 算法从边的角度求解图的最小生成树，时间复杂度为 O($n$log$n$)。Kruskal 算法和 Prim 算法相比，Kruskal 算法更适合于求解稀疏图的最小生成树。

小　　结

本章讲解了图的两类算法，最短路径算法和最小生成树算法。

Floyd 是多源最短路径算法，Floyd 算法采用动态规划的算法设计，对于稠密图效果最佳，边权可正可负。Floyd 算法的时间复杂度为 O(n^3)，空间复杂度为 O(n^2)。

Dijkstra 是单源最短路径算法，Dijkstra 算法采用贪心算法的设计思维，Dijkstra 算法只能应用于不含负权值的图。Dijkstra 的时间复杂度是 O(n^2)，优化后可以达到 O($n$log$n+e$)。其中 n 是顶点数，e 是边数。空间复杂度是 O(n)。

Prim 算法是采用贪心算法的设计思维。用邻接矩阵实现 Prim 算法的时间复杂度为 O(n^2)。该种实现方式的 Prim 算法的运行效率只与连通图中包含的顶点数相关，而和图所含的边数无关。所以 Prim 算法适用于稠密图。Kruskal 算法从边的角度求解图的最小生成树，和 Prim 算法相反，更适合于求解边稀疏的图的最小生成树。Kruskal 算法的时间复杂度为 O($n$log$n$)。

最短路径算法和最小生成树算法在日常生活中经常会用到，作为软件开发人员，熟练掌握这两类算法是必须具备的基本功。本章要求大家清晰理解 Floyd 算法、Dijkstra 算法、Prim 算法和 Kruskal 算法的实现原理，要能手工推演这些算法的实现步骤。要熟练掌握这四个经典算法的算法复杂度和适用场景。

参 考 文 献

[1] 严蔚敏. 数据结构(C 语言版)[M]. 北京：清华大学出版社, 2012.

[2] 李春葆. 数据结构教程[M]. 5 版. 北京：清华大学出版社, 2017.

[3] Robert Sedgewick, Kevin Wayne. 算法[M]. 4 版. 谢路云, 译. 北京：人民邮电出版社, 2012.

[4] 杰伊·温格罗. 数据结构与算法图解[M]. 袁志鹏, 译. 北京：人民邮电出版社, 2019.

[5] 石田保辉, 宫崎修一. 我的第一本算法书[M]. 张贝, 译. 北京：人民邮电出版社, 2018.